L'Eau pure

Par R. et S. LECOINTRE-PATIN

Librairie Larousse. PARIS

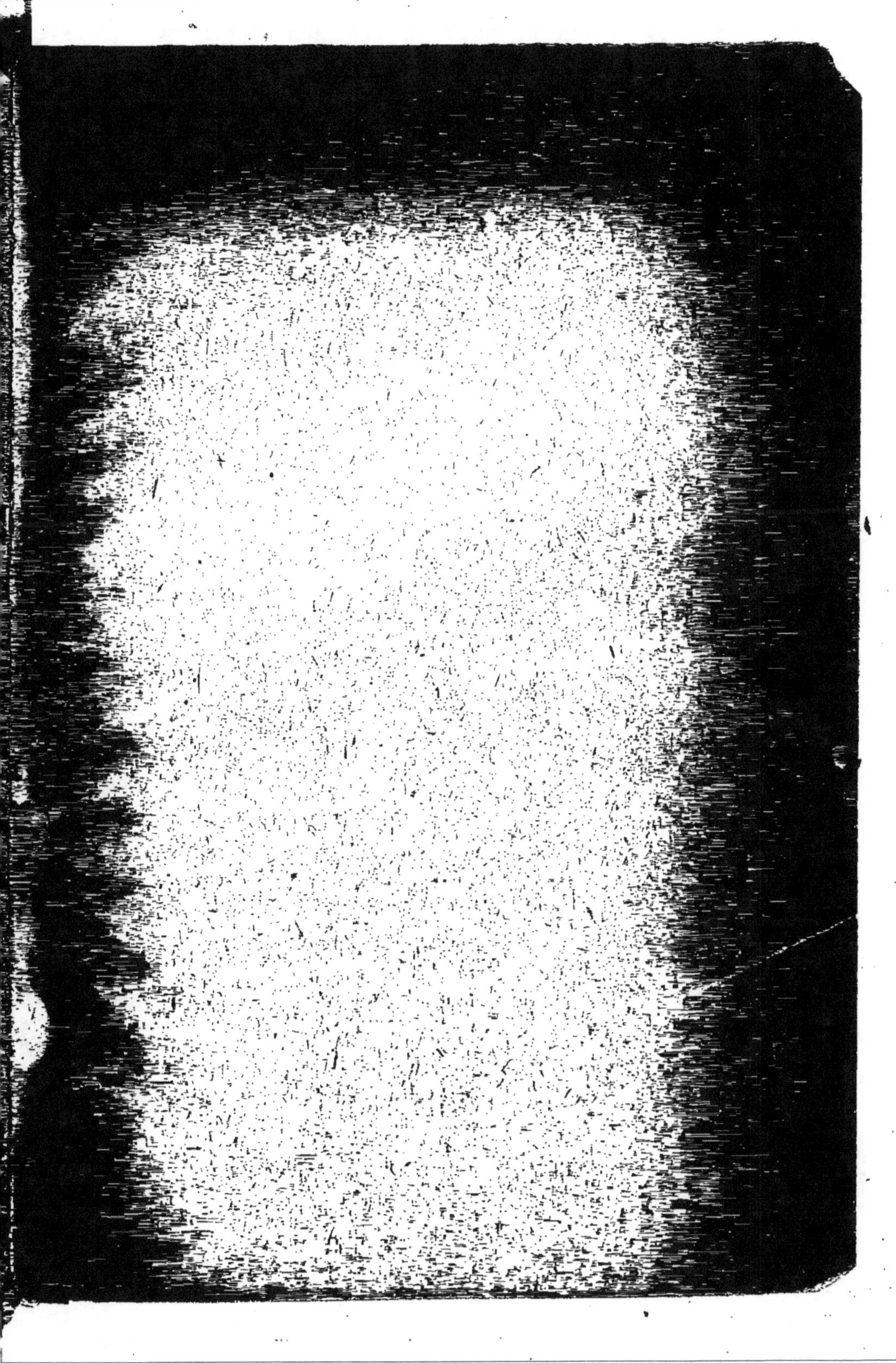

L'EAU PURE

TROISIÈME MILLE

L'EAU PURE

Protection et purification
des Eaux de boisson, par
R. et J. LECOINTRE-PATIN

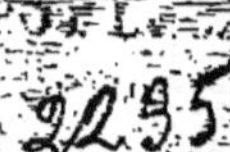

119 GRAVURES

LIBRAIRIE LAROUSSE, PARIS

13-17, RUE MONTPARNASSE. — SUCCURSALE : RUE DES ÉCOLES, 58

INTRODUCTION

EN écrivant cet ouvrage, nous nous sommes spécialement donné pour tâche de développer un des aspects du problème de l'eau : celui de sa purification.

Selon les contrées, suivant aussi qu'il s'agit des villes ou des campagnes, le problème de l'eau pure revêt un caractère très différent.

Pour certaines régions particulièrement arides, le problème se pose avec sa plus grande signification. Il importe de rechercher l'eau dans les profondeurs du sol, de l'amener à la surface au moyen de travaux appropriés. Si cette eau n'offre pas toutes les garanties d'une pureté constante, il est indispensable de la soumettre à un traitement purificateur avant de la livrer à la consommation.

Dans ce premier exemple, le problème de l'eau pure comporte quatre termes : Prospection, captation, purification, distribution.

Quelques régions, naturellement pourvues d'eau, offrent cependant des symptômes très marqués d'un assèchement progressif. La Bourgogne et la Franche-Comté présentent avec beaucoup de netteté un acheminement vers la dessication totale de leur sol; au régime hydrographique superficiel se substitue lentement un régime hydrologique souterrain. Des plateaux formés de puissantes assises de calcaire fissurées captent les eaux pluviales au profit de véritables rivières souterraines.

Cette évolution de l'hydrologie locale a pour conséquence la mort des sources et l'appauvrissement des cours d'eau; elle tend à imposer à la région le faciès désertique, l'architecture ruiniforme que la dessication du sol a déjà appliqué à l'immense étendue du pays des Causses. Le faciès caussique

INTRODUCTION

peut être ainsi défini : l'état d'une région perméable où la dessication est absolue au point de s'opposer à l'épanouissement de toute manifestation biologique animale ou végétale.

Cette évolution est-elle fatale ? Sur ce point les avis sont partagés. Peut-elle être accélérée ou retardée du fait de l'intervention humaine ? A cet égard, l'accord est complet. L'activité humaine peut précipiter, et cela même dans une assez large mesure, la dessication du sol.

L'observation a, en effet, montré que l'apparition des symptômes caractéristiques du stade précaussique coïncidait avec une consommation immodérée des richesses sylvestres. La ruine, ou pour mieux dire le pillage, des riches domaines forestiers fut incontestablement un arrêt de mort pour de luxuriantes contrées. L'étroite solidarité de l'arbre et de l'eau s'affirma par la mort des sources après l'extinction de la forêt.

Ainsi, par réciprocité, la conservation des arbres s'oppose à la dessication du sol. Cette constatation établie, le problème de l'eau ne subsiste pas moins pour les pays naturellement favorisés. Il apparaît sous la forme d'une action conservatrice : retenir l'eau en gardant les arbres.

Cette dernière modalité de la question implique la substitution du mot conservation à celui de prospection dans notre précédente définition du problème de l'eau. Il ne s'agit plus de rechercher mais de conserver l'eau.

Or, voici qu'un nouvel ordre de préoccupation surgit, commun à chacune des formes initiales du problème. Les règles de l'hygiène, privée ou publique, exigent des eaux destinées à l'alimentation un état de pureté minimum. La captation de sources ou l'exécution de travaux de recherches doivent par conséquent s'inspirer de cette impérieuse nécessité. Il ne faut rechercher ou capter que des eaux remplissant les conditions de pureté indispensables.

Nous définirons plus loin les conditions de la pureté d'une eau et nous montrerons que l'absence de cet état est presque toujours la conséquence d'une intervention humaine.

S'il en est ainsi, il est convenable d'inclure dans le problème le souci de ne point altérer la pureté naturelle des eaux. La protection devient ainsi un terme qui tend à exclure dans notre première définition celui de purification.

On purifie une eau parce qu'elle n'a point été protégée contre la pollution.

Reconstituons maintenant la formule du problème de l'eau dans son expression synthétique. Nous devons inscrire en premier lieu la nécessité de conserver le régime des eaux dans son état actuel. Le premier terme de notre formule sera : CONSERVATION. Vient ensuite l'intérêt de tirer le plus grand parti des ressources hydrologiques de la contrée dans l'état du régime existant. Le second terme de la formule sera donc : PROSPECTION. Enfin un troisième et dernier terme représentera le souci de PROTECTION.

Toute la solution du problème de l'eau, envisagée pour une région quelconque, dans n'importe quelles circonstances, tient en ces trois termes : CONSERVATION, PROSPECTION, PROTECTION. La réalisation de chacun d'eux implique le déploiement d'un art particulier. C'est ainsi que la conservation du régime hydrologique ne peut être obtenue que par une judicieuse pratique de la sylviculture. De même, la prospection est l'art de rechercher les eaux cachées : c'est l'hygroscopie. La protection relève entièrement du domaine de l'hygiène et consiste à savoir discerner ce qui est bon de ce qui est dangereux. Dans le cas où les mesures d'hygiène indispensables ne sont pas observées, la purification s'impose et c'est alors un nouvel art qui intervient.

Le schéma ci-dessous montre la répartition des divers éléments du problème de l'eau :

CONSERVATION   PROSPECTION   PROTECTION

    ↓   ↓   ↓

Sylviculture.   Hygroscopie   Hygiène publique
            rationnelle.   et privée.

Action combinée de la
sylviculture et de l'hygroscopie
rationnelle.   (A son défaut).

    ↓   ↓

Captation
Dérivation ⟩ → Adduction → [Purification] → Distribution.

Puisque nous nous sommes donné à tâche l'exposé des méthodes de purification des eaux, nous estimons que l'amélioration de leur qualité est, dans l'état actuel des choses, le premier pas que l'on puisse orienter vers la solution intégrale du problème de l'eau. Cependant, qu'on ne s'y trompe pas, la purification des eaux n'est et ne peut être qu'un *palliatif. Il importe avant tout d'orienter son effort vers la solution rationnelle du problème; il vaut mieux prévenir que guérir! Partant de ce principe, nous avons cru nécessaire de faire précéder notre étude sur la purification d'un exposé relatif à la pollution et à la contamination des eaux fluviales et souterraines.*

Nous avons également consacré quelques chapitres de cette première partie aux méthodes de protection des eaux et à la législation protectrice. Nous avons enfin indiqué les mesures préconisées par les hygiénistes pour la prospection, le captage et l'aménagement des eaux de boisson. Nous pensons ainsi avoir donné à notre ouvrage une plus large signification, ce qui nous autorise à espérer qu'il rendra ainsi de plus larges services.

R. et J. LECOINTRE-PATIN.

L'EAU PURE

PREMIÈRE PARTIE

LA PROTECTION DES EAUX DE BOISSON

C'est ici qu'il nous faut envisager le plus grave chapitre, peut-être, du problème de l'eau. A quoi servirait, en effet, d'avoir découvert les sources propres, par leur débit, à satisfaire largement aux exigences des agglomérations humaines? A quoi aboutirait le formidable travail d'adduction et de distribution des eaux captées si celles-ci étaient reconnues ensuite coupables d'impureté? A quoi bon tant d'efforts enfin si la consommation de l'eau potable constituait une menace pour la santé publique?

Nous définirons plus loin la pureté de l'eau; nous montrerons qu'une eau potable n'est pas nécessairement une eau pure et inversement; nous indiquerons enfin sous quelles conditions une eau est qualifiée « pure ».

Disons, sans empiéter pour cela sur les chapitres suivants, qu'une eau potable, pour être consommée sans danger, ne doit renfermer ni substance d'origine organique, ni produits dérivant de la putréfaction, ni organismes microscopiques vivants capables de provoquer des troubles ou, à plus forte raison, des manifestations morbides caractérisées.

De même qu'il ne recherche que des eaux potables pourvues des qualités physiques et chimiques en rapport avec les exigences de leur destination physiologique, l'ingénieur hydrologue doit porter ses efforts sur la découverte d'eaux potables réunissant des conditons évidentes de pureté.

On constate, dans la pratique, que ces deux conditions de potabilité et de pureté vont rarement de pair et qu'il est toujours extrêmement difficile d'affirmer qu'une eau potable *présente la garantie d'une pureté constante*. Or, comme il est plus aisé de purifier une eau potable que de rendre potable une eau pure, on préfère capter une eau n'offrant pas un caractère de très grande pureté quitte à la soumettre ensuite à un traitement purificateur.

I. — LA POLLUTION — GÉNÉRALITÉS

Pollution et contamination. — Un cours d'eau qui, dans la traversée d'un village, reçoit l'effluent de canalisation ou de rigoles d'écoulement des eaux usées, se pollue. Cette pollution est le résultat de la prise en charge d'impuretés par le cours d'eau.

On peut poser, en principe, qu'un cours d'eau se pollue en tous points compris entre sa source et son confluent ou son embouchure. Cependant cette pollution est très inégale tant en qualité qu'en puissance selon les points considérés.

Un ruisseau qui s'écoule sous le couvert d'une forêt, par exemple, se charge d'impuretés essentiellement végétales, d'ailleurs analogues à celles qui jonchent le sol des régions sylvestres. Ce sont des feuilles, des organes floraux, des fruits, etc. Ces corps saturés d'humidité se déposent sur le lit du cours d'eau, s'y accumulent si l'intensité du courant le permet; lentement, elles se décomposent et forment une sorte de boue alluviale extrêmement riche en produits et sous-produits de la fermentation putride. Dans le processus de la décomposition des matières végétales, ce sont d'abord les membranes cellulosiques et les corps parenchymateux qui se désintègrent les premiers; les parties lignifiées persistent beaucoup plus longtemps.

Il est à remarquer que l'effet de cette altération ne se propage guère au delà de la zone où s'effectue la pollution.

Les produits gazeux de la putréfaction se combinent rapidement avec les bases minérales accessibles dissoutes et forment, par suite, des sels minéraux absolument inoffensifs. Les microorganismes divers, les espèces de la flore saprophyte, en particulier, sont rapidement détruits par l'action bactéricide des rayons solaires.

On peut, de ce fait, négliger dans une certaine mesure cette forme particulière de la pollution des eaux.

Il en est tout autrement, lorsque l'altération des eaux de rivière est produite par le déversement des eaux usées. Ces dernières sont de deux provenances : d'origine industrielle ou d'origine domestique.

Eaux usées d'origine industrielle. — Elles sont appelées *eaux résiduaires*; leur composition varie nécessairement avec la nature de chaque industrie. Certaines sont chargées de substances chimiques, d'autres de matières organiques. Dans les cités manufacturières où dominent les industries similaires, la pollution des eaux prend un caractère très spécial. A Elbeuf-sur-Seine, par exemple, les eaux déversées en Seine sont très chargées en matières colorantes employées pour la teinture des draps. A Paris, la Bièvre, l'ancienne rivière des tanneurs, aujourd'hui convertie en égout « collecteur », se charge des eaux résiduaires déversées par les nombreuses tanneries riveraines.

Arrêtons-nous un instant à l'exemple fourni par cette rivière. Ici la pollution atteint un degré très élevé et offre un caractère constant.

La préparation industrielle des cuirs entraîne une très grande consommation d'eau ; c'est d'ailleurs cette consommation qui explique l'établissement des tanneries en bordure des rivières où l'on puise et déverse l'eau employée dans les différentes phases du traitement.

Le lavage des cuirs verts, le dessalage des peaux conservées exigent de très grandes quantités d'eau.

Le pélanage, opération qui a pour but de desserrer les fibres en vue de l'épilage, est obtenu par l'immersion des cuirs dans des cuves remplies d'eau de chaux.

Les opérations consécutives, lavage à l'eau et écharnage, exigent à leur tour un volume d'eau élevé. La grand'façon est un lavage à grande eau destiné à éliminer les impuretés débris de chairs, traces de sang, etc., détachés de la peau par les opérations précédentes.

Enfin le tannage comporte une série d'opérations au cours desquelles les peaux sont immergées dans une série de bains dits bains de jusée, de plus en plus riches en acide acétique.

Ce sont ensuite les bains de tannage proprement dits dans lesquels l'eau sert de véhicule pour la fixation, sur les fibres du cuir, du tannin contenu dans le tan.

Viennent enfin les derniers lavages à l'eau qui précèdent les opérations de corroyage.

Au début de l'installation des tanneries sur les rives de la Bièvre, l'espacement des établissements permettait le puisage direct à la rivière. Les industriels puisaient à l'amont l'eau nécessaire au traitement des cuirs ; ils rejetaient à l'aval les eaux souillées.

Mais au fur et à mesure que se multiplièrent les usines, l'utilisation de l'eau de la Bièvre devint de moins en moins possible étant donné l'état de pollution de la rivière. Bien avant la transformation du cours intra-muros de la Bièvre en collecteur, la coquette rivière d'antan portait à la Seine une eau noirâtre et nauséabonde. L'analyse chimique exprime très nettement la pollution du cours d'eau. Si l'on détermine la composition de l'eau sur deux points différents de son cours, on constate une élévation très considérable de sa teneur en matières organiques et en substances chimiques employées pour le tannage. Parmi ces dernières la chaux tient la première place ; les autres, d'origine organique (acide acétique, sous-produits du tan, etc.), s'ajoutent aux déchets organiques.

Voici d'ailleurs le résultat de l'analyse des eaux de la Bièvre puisées en deux points ; le premier à la poterne des Peupliers, c'est-à-dire à la porte de Gentilly, la seconde au 3, de la rue de Valence, c'est-à-dire près du carrefour de l'avenue des Gobelins et des rues Monge et Claude-Bernard.

		Poterne des peupliers.	Rue de Valence.
Degré hydrotimétrique.	total	$59°$	$69°$
	après ébullition	$35°$	$49°$
Chaux	totale	217^{mg}	320^{mg}
	carbonatée	130^{mg}	246^{mg}
Chlore		47^{mg}	256^{mg}
Matière organique		$25^{mg},5$	$120^{mg},6$
Azote	nitrique	$2^{mg},2$	$4^{mg},4$
	ammoniacal	$2^{mg},5$	$17^{mg},8$
	organique	3^{mg}	$17^{mg},6$

L'augmentation de la teneur en chaux totale s'explique par le déversement des eaux utilisées pour le pelanage des peaux. La fixation d'une grande partie de cette chaux à l'état de carbonate résulte de la combinaison de l'oxyde de calcium avec l'acide carbonique libéré par la décomposition de la matière organique et la réduction de l'acide acétique des bains de jusée. L'élévation du titre hydrotimétrique doit nécessairement être rapportée au déversement en rivière des pélains (bains de pelanage).

L'accroissement de la proportion de chlore combiné (chlorures) ne peut s'expliquer que par l'apport des eaux de dessalage des cuirs conservés.

Quant à la matière organique, l'élévation porte sur des substances d'origine animale (chairs, sang, etc.) et végétale (tannin et sous-produits du tan).

Eaux ménagères. — Cette catégorie représente l'ensemble des eaux souillées par leur utilisation aux multiples néces-

Fig. 1. — Petit égout avec canalisations d'eau suspendues au-dessus de la naissance de la voûte. Les eaux circulent sur le radier.

Fig. 2. — Egout avec banquette. Les eaux circulent dans une cuvette latérale large de 0m,40.

sités de la vie domestique. Elles renferment toujours une très forte proportion de matières organiques.

Dans les campagnes, on se débarrasse des eaux ménagères en les épandant purement et simplement sur le sol des cours et des jardins. Cette pratique n'offre en réalité aucun inconvénient, surtout lorsque l'épandage s'effectue à l'écart des puits. Les ferments du sol transforment rapidement les matières organiques et les fixent sous la double forme d'humus ou de sels minéraux.

Pour les villes, l'évacuation des eaux ménagères nécessite des dispositions très particulières.

L'histoire des grandes villes montre avec beaucoup de détails l'importance qui se rattache à cette obligation.

A Paris, par exemple, on constate aux origines la pratique de l'épandage jusqu'au moment où l'accroissement de la population s'oppose à cet usage. Paris eut son époque de cloaques infects. Le sol de la capitale gorgé d'eaux fétides, colmaté par l'entraînement des matières putrescibles, fut, durant des siècles, un épouvantable foyer de décomposition, une terre de corruption innommable.

Cet état de choses eut pour conséquence de rendre inutilisables les puits creusés sur la rive droite de la Seine. L'his-

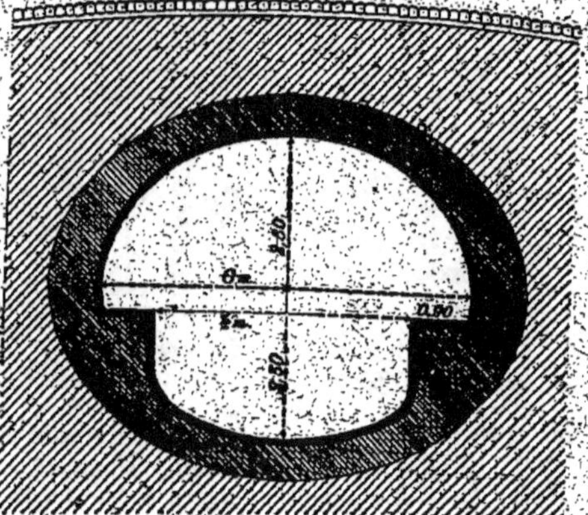

Fig. 3. — Coupe à travers le collecteur de Clichy, montrant la section elliptique de l'ouvrage.

toire des eaux de Paris montre à partir d'une certaine époque les Parisiens préférant puiser l'eau en rivière plutôt que de consommer l'eau de leurs puits. Il est même curieux de constater que l'ancienne corporation des porteurs d'eau « à tonneau » naquit de cette préférence que montrèrent les habitants pour l'eau de la Seine.

La construction du riche réseau d'égouts que l'on a très justement surnommés « les intestins de Paris » fut également la conséquence de l'infection du sol et du sous-sol parisiens par la pratique de l'épandage des eaux ménagères.

Dans les cités, le rôle des égouts est assez complexe. Les

canalisations souterraines *(fig.* 1, 2, 3, 4) qui desservent chaque voie peuvent être comparées à des drains ayant pour mission de collecter non seulement les eaux ménagères, mais encore les eaux usées d'origine industrielle, ainsi que les eaux de voirie et de pluie. A Paris, l'adoption du « tout à l'égout » provoque la prise en charge par les égouts des substances excrémentielles.

Quelques chiffres relatifs au développement métrique des

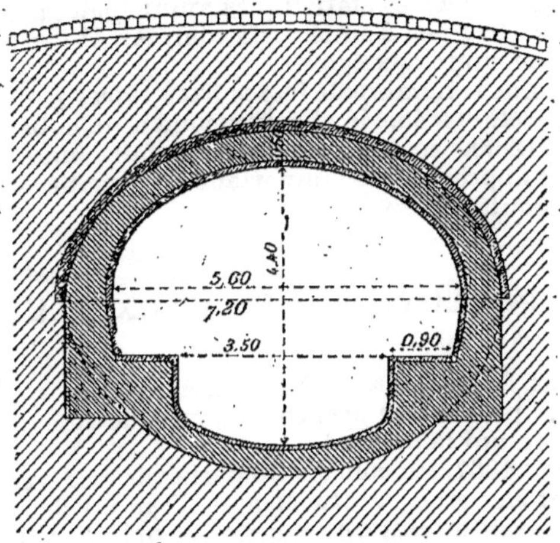

Fig. 4. — Coupe à travers le collecteur d'Asnières.
L'extrados de l'ouvrage est pourvu d'une chappe
de ciment protégeant la maçonnerie contre les
infiltrations.

égouts parisiens fixeront mieux sur l'importance de l'évacuation des eaux usées.

Assez récemment, le réseau des égouts comportait une longueur égale à 1.167.365 mètres soit 1.167 kilomètres, c'est-à-dire à peu de chose près la distance de Paris à Budapest; le développement extra-muros comptait 9 kilomètres 563 mètres.

A la même époque le débit total des collecteurs départementaux s'élevait à 276 millions de mètres cubes ; sur ce nombre la part des égouts parisiens proprement dits était évaluée, approximativement, à 218 millions de mètres cubes.

Si l'on cherche maintenant à dénombrer la portée totale des collecteurs parisiens à l'effet d'évaluer l'origine des eaux recueillies, on constate que sur 218 millions de mètres cubes, 50 millions proviennent de la chute des pluies. La différence, soit 168 millions de mètres cubes (à l'exception du cube de 112 000 mètres représentant le débit des anciennes sources dites du Nord versé aux égouts), correspond au volume des eaux usées de la capitale.

L'importance du rejet à l'égout des matières excrémentielles est exprimée dans les statistiques municipales par le nombre de chutes. Il y a peu d'années, on comptait 41 995 immeubles pourvus de chute aux égouts.

Or, comme le nombre de fosses fixes vidées par les pompes à vapeur s'élève à 43 446 et correspond à un cube de matière égal à 712 000 mètres, on peut se faire une idée suffisamment approchée de l'importance des matières charriées par les égouts.

II. — POLLUTION DES EAUX FLUVIALES

Pollution de la Seine. — On conçoit, par ce qui précède, que Paris puisse être pris comme type de ville polluant les cours d'eau qui la baigne.

Jusqu'en 1867, les collecteurs parisiens se déversaient directement en Seine. A cette époque, l'eau du fleuve, en aval de Paris, avait atteint un tel degré de pollution (bien que la pratique du tout à l'égout ne fut pas encore adoptée) que les pouvoirs publics s'émurent et cherchèrent à y remédier.

C'est effectivement en 1867 que commencèrent les essais d'épuration des eaux d'égout par la double action d'un sol perméable et de la végétation. Cette épuration devait avoir pour conséquence la désinfection des eaux de la Seine et l'enrichissement des terrains irrigués.

Le mode d'épuration par épandage des eaux d'égout dans un but d'utilisation agricole a été définitivement adopté et réglementé par les lois des 4 avril 1889 et 10 juillet 1894. La ville de Paris se trouvait, par suite, dans l'obligation d'assurer l'épuration de la totalité de ses eaux d'égouts en 1899 avec exclusion de tout déversement direct en Seine.

La statistique de 1906 nous montre cependant que cet effort n'a pu être totalement réalisé, puisque sur un cube

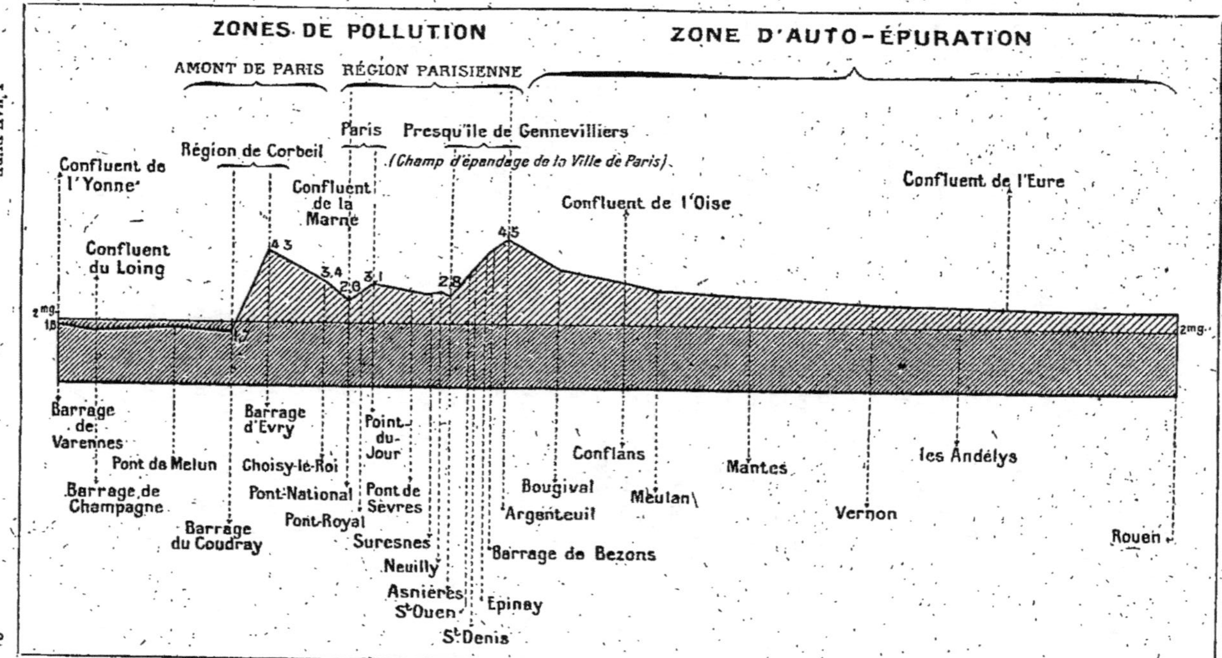

Fig. 5. — Graphique montrant le rôle des villes dans la pollution des cours d'eau.
(Les chiffres indiquent le nombre de milligrammes de matières organiques par litre d'eau.)

total de 276 millions de mètres cubes d'eau portés par les collecteurs, 201 millions de mètres cubes seulement ont été répartis sur les champs d'irrigation; le reste, c'est-à-dire 75 millions de mètres cubes ont été déversés en Seine.

Ces données nous permettent de suivre avec intérêt le graphique ci-contre (*fig.* 5) exprimant l'influence des grandes villes sur la pollution de la Seine.

Le degré de pollution a été exprimé par la teneur en matières organiques d'un litre d'eau.

Ces quantités ont été, dans la construction du graphique, portées en ordonnées, tandis que les distances, représentées par l'emplacement du lieu de prélèvement des échantillons, ont été portées sur l'axe des abscisses.

L'échantillon prélevé au barrage de Varennes, près le pont confluent de l'Yonne, accuse une teneur de 1 milligr. 8 de matières organiques par litre d'eau. Cette valeur n'a rien d'excessif, la quantité maximum admise par les hygiénistes étant de 2 milligrammes. Au barrage de Champagne, le Loing mêle aux eaux de Seine une eau sensiblement moins polluée; la quantité de matières organiques tombe à 1 milligr. 7. Au pont de Melun la traversée de la ville vaut à la Seine une élévation de sa teneur en matières organiques; celle-ci remonte en effet à 1 milligr. 8.

C'est en réalité entre les barrages du Coudray et d'Evry, c'est-à-dire entre le point de prélèvement d'amont et celui d'aval de Corbeil que se manifeste pour la première fois, avec une remarquable netteté, la pollution du fleuve. Jusqu'ici la teneur en matières organiques ne taxe pas d'impotabilité l'eau de Seine. Au barrage du Coudray, l'analyse décèle 1 millig. 7 de matières organiques, tandis que 10 kilomètres plus loin à peine, cette teneur s'élève brusquement à 4 millig. 3. Il est présumable que cette élévation se produit subitement à Corbeil, au confluent de l'Essonne.

L'Essonne est une rivière dont le cours inférieur est bordé d'importantes usines, de grandes papeteries en particulier.

Nous pourrions à ce sujet constater, comme nous l'avons fait pour les tanneries de la vallée de la Bièvre, une pollution très marquée de l'eau de la rivière par les eaux industrielles.

A Corbeil même, les eaux de lavage des grands moulins contribuent pour une très large part à la pollution du fleuve. Les égouts de la ville y participent également dans une mesure très appréciable.

Contrairement à ce qu'on pourrait admettre à priori, la courbe de la matière organique s'abaisse très sensiblement entre le barrage d'Evry et Choisy-le-Roi. Cette épuration partielle du fleuve paraît résulter de l'apport des eaux plus pures par deux affluents : l'Orge, qui se déverse en Seine à Juvisy, et l'Yères, qui s'unit au fleuve à Villeneuve-Saint-Georges. Mais cette sorte de dilution des eaux polluées reste évidemment insuffisante pour expliquer l'abaissement de la matière organique à 3 milligr. 4. Il convient de faire intervenir les phénomènes d'auto-épuration des eaux de rivières, phénomènes à la fois physiques et biologiques dont nous retrouvons de curieuses applications dans la partie de cet ouvrage consacré à la purification des eaux. Parmi les actions physiques qui contribuent à l'épuration naturelle des eaux courantes, il convient de citer la lumière et la pesanteur. La lumière agit alors non seulement sur les micro-organismes de l'eau, mais aussi sur la matière organique inerte dont elle facilite l'oxydation.

L'action de la pesanteur se manifeste par la sédimentation. Sur les rives convexes des méandres, la vitesse du courant, extrêmement ralentie, permet aux matières en suspension de se déposer.

Le rôle du facteur biologique dans l'auto-épuration des eaux de rivières est surtout appréciable en ce qui concerne la destruction des microbes. Il paraît subordonné au libre exercice de la concurrence vitale. Nous aurons d'ailleurs l'occasion de revenir sur ce point.

Quoiqu'il en soit, l'épuration du fleuve se poursuit jusqu'à Paris à tel point qu'au Pont-National, c'est-à-dire en aval du confluent de la Marne, on ne trouve plus que 2 milligr. 6 de matières organiques par litre d'eau. De ce point au Pont-Royal, la pollution du fleuve se manifeste à nouveau par une élévation de la teneur en substances putrescibles. Du Pont-Royal au Point-du-Jour, la Seine se montre encore plus nettement souillée. En ce point, on compte 3 milligr. 1 de matières organiques.

Jusqu'au pont d'Asnières, on constate à nouveau les effets de l'auto-épuration ; on note 2 milligr. 8 de matières organiques. Puis du pont d'Asnières à Argenteuil, nouvelle ascension de la courbe qui atteint en cette dernière localité 4 milligr., 5. C'est ici que la Seine atteint son plus haut degré de pollution ; c'est aussi sur cette section du cours du fleuve que Paris exerce son influence sur la qualité de l'eau.

Un coup d'œil sur la carte ci-dessous (*fig.* 6) fera mieux comprendre le mécanisme de la pollution de la Seine à 20 kilomètres environ en aval de sa sortie de Paris.

On remarque tout d'abord que la zone dite de pollution, comprise entre le pont d'Asnières et le barrage de Bezons, correspond à la boucle de la Seine dont la convexité formée

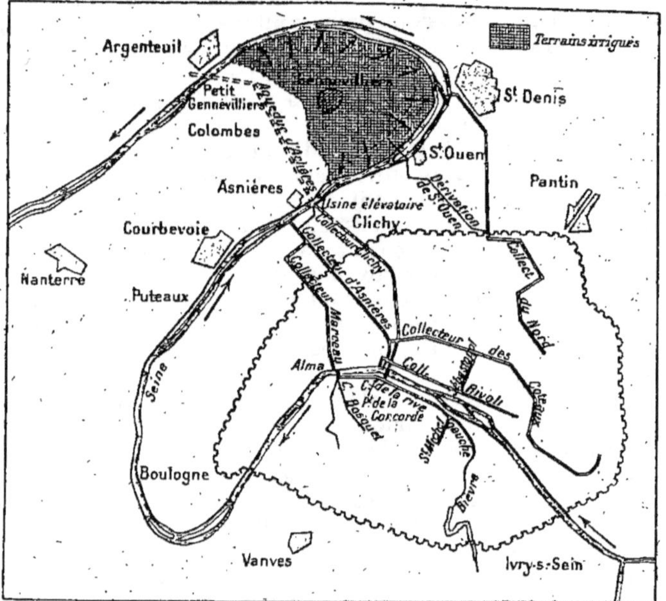

Fig. 6. — Carte montrant la position du champ d'épandage de Gennevilliers par rapport à la Seine, ainsi que le retour au fleuve des eaux portées par les collecteurs.

d'atterrissements sableux constitue la presqu'île de Gennevilliers. C'est sur cette vaste plaine alluviale que les collecteurs dits collecteur de Clichy et collecteur départemental irriguent pour une culture intensive.

La masse de sable qui forme le sous-sol de la presqu'île fait l'office de filtre. Les matières organiques sont retenues à la surface de la terre végétale et concourent à la nutrition des végétaux cultivés : les eaux clarifiées sont absorbées par

le terrain et s'écoulent souterrainement vers le fleuve selon
la direction indiquée par les flèches.

C'est ici qu'il devient intéressant d'examiner la qualité de
l'eau rejetée en Seine après l'épuration agricole. Voici, à cet
égard, les conclusions relatives aux analyses effectuées dans
les laboratoires de la Ville de Paris :

« Les eaux de drainage issues des eaux d'égout sont deve-
nues plus calcaires; leur degré hydrotimétrique est plus
élevé; elles renferment plus de matières minérales fixes ou
volatiles. Mais nous observons, une fois de plus cette année,
que les eaux d'égout, en traversant le sol, perdent presque
complètement leurs matières organiques et voient leurs sels
ammoniacaux complètement transformés en nitrates.

« Ces eaux de drainage sont en général claires, sans goût
appréciable, aussi pauvres en matières organiques que les
eaux de Seine en amont de Paris. »

Le tableau suivant justifie pleinement ces conclusions :

	Collecteur de St-Ouen.	Drain d'Épinay.
Degré hydrotimétrique total...........	50°	57°
Chaux totale....................	227^{mg}.	303^{mg}.
— carbonatée..................	204^{mg}.	166^{mg}.
Chlore.......................	92^{mg}.	69^{mg}.
Matière organique...............	50^{mg},6	1^{mg},3
Azote { nitrique.......	3^{mg},6	22^{mg},6
Azote { ammoniacal....	25^{mg},5	»
Azote { organique......	6^{mg},3	»

On ne saurait ainsi attribuer aux émissaires de la nappe
alluviale de Gennevilliers la pollution croissante de l'eau du
fleuve autour de la presqu'île. La cause paraît tenir, par
contre, au déversement en Seine de l'excédent des eaux
d'égout. Il est extrêmement probable que le débouché, à
Saint-Denis, du canal qui relie les canaux de l'Ourcq et de
Saint-Martin contribue également, pour une bonne part, à
l'élévation de la teneur de l'eau en matières organiques.

En définitive, et c'est là le point essentiel, la pollution de
l'eau de la Seine en aval de Paris est limitée et peut être,
dans un proche avenir, complètement supprimée par la
pratique de l'épandage sur des sols appropriés et dans des
conditions bien déterminées.

On constate, en effet, que dans l'état de choses actuel,
l'influence de la capitale est à peine plus accusée que celle de
la région de Corbeil. Le fait est d'autant plus digne de re-

marque que la disproportion entre les deux régions est extraordinairement grande.

A partir du barrage de Bezons, la teneur en matières organiques décroît régulièrement jusqu'à Rouen.

La région d'épuration agricole d'Achères (*fig.* 7) n'exerce

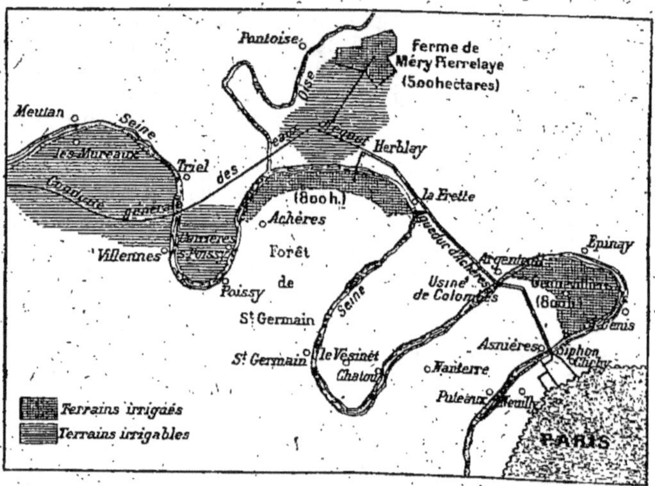

Fig. 7. — Carte indiquant la répartition des terrains irrigués et irrigables des vallées de la Seine et de l'Oise.

aucune influence sur la décroissance de la pollution. A Rouen (région d'amont), on ne trouve que 2 miligr. 5 de matières organiques par litre d'eau de Seine.

III. — POLLUTION DES EAUX SOUTERRAINES

Contrairement à une opinion fort répandue, l'eau — même très polluée — d'un cours d'eau n'affecte pas la potabilité des nappes souterraines riveraines. Par contre, un cours d'eau peut être pollué par les nappes phréatiques qui s'y déversent. On appelle *nappe phréatique* le plan d'eau souterrain le plus rapproché de la surface du sol et qui émerge au flanc des vallées, au-dessus du thalweg.

La figure 8 montre la disposition d'une nappe phréatique et sa relation avec le cours d'eau.

La nappe phréatique est celle qui alimente le plus grand nombre de sources ; c'est par conséquent jusqu'à son niveau que sont creusés le plus grand nombre des puits. C'est elle aussi qui est la plus polluée.

Nous allons maintenant examiner les diverses causes de pollution de la nappe phréatique. L'épuration agricole des eaux d'égout nous a montré que l'épandage d'eaux extrêmement polluées ne présentait guère d'inconvénients lorsque

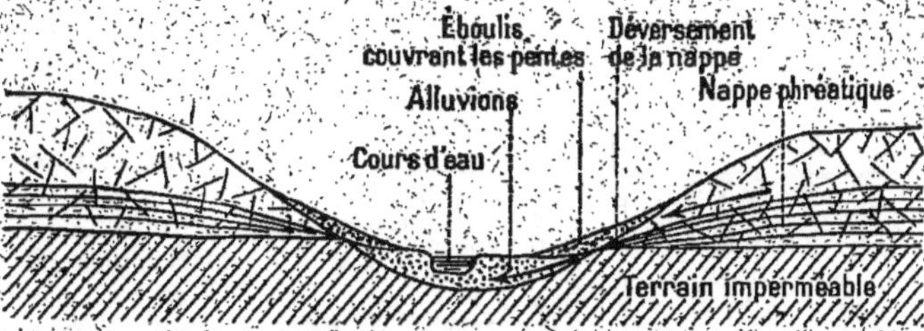

Fig. 8. — La nappe phréatique et son émergence au fond d'une vallée.

le sous-sol pouvait être, par sa nature lithologique, assimilé à un bon filtre et lorsqu'une culture suffisamment intense transformait rapidement les substances organiques.

Ceci posé, la pollution des eaux souterraines ne peut s'opérer que par l'effet d'une relation directe et rapide entre la surface du sol et la nappe phréatique. Il importe, à cet égard, de tenir très largement compte de la fissuration des terrains. Le complexe formé par l'anastomose des multiples cassures qui débitent en un très grand nombre de polyèdres irréguliers des massifs rocheux, correspond à un véritable système de drainage. Par ce réseau de drains développé selon les trois dimensions de l'espace, les eaux superficielles, animées par la pesanteur, gagnent directement les zones profondes de l'assise et s'écoulent latéralement, tantôt en nappe discontinue, tantôt dans de véritables collecteurs naturels.

Les terrains calcaires et gréseux drainent les eaux de

cette manière ; les terrains sableux, au contraire, contiennent de véritables nappes.

Il suffit donc qu'un réceptacle renfermant des substances putrescibles se trouve en communication avec un élément du réseau aquifère pour que l'effluent de ce réceptacle souille la nappe qui alimente puits et fontaines.

Voyons quels sont les cas de pollution les plus fréquemment observés :

Rôle des puisards. — Par stricte définition, un puisard est un puits, généralement bâti en pierres sèches, qui a pour mission d'absorber les eaux qu'on y déverse. Sa destination est ainsi exactement l'inverse de celle du puits.

Le schéma reproduit par la figure 9 accuse la différence entre ces deux ouvrages. On voit ainsi que, seul, le puits est foncé jusqu'à la nappe aquifère ; le puisard doit, par construction, se tenir suffisamment éloigné du niveau phréatique. On admettait, en effet, que la masse de terrain comprise entre le fond du puisard et la nappe souterraine devait agir à la façon d'un écran filtrant et protéger les eaux contre toute souillure.

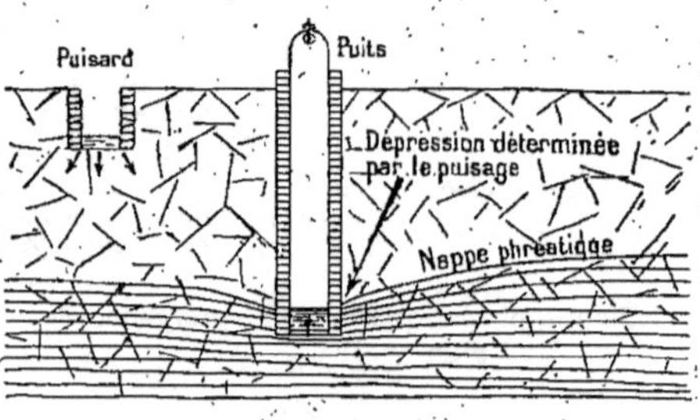

Fig. 9. — Puits et puisard. Le puisard souille et le puits recueille l'eau souillée.

Le schéma ci-contre (*fig. 10*) extrait du *Manuel des Eaux de boisson*, publié par le Touring-Club de France, dément cette assertion en montrant que, par le canal des fissures du sol, les eaux du puisard sont drainées jusqu'au périmètre d'absorption du puits. Le schéma de la figure 11 montre la pollution d'une source par un puisard.

Par extension, on a construit, sous le nom de puisard, des fosses d'aisance à fond non étanche. Le schéma (*fig. 10*) montre que le rôle de ces fosses est exactement le même que celui des puisards proprement dits. Au fur et à mesure de leur dilution, les matières excrémentielles sont entraînées par les liquides jusqu'au niveau aquifère dans le périmètre d'absorption du puits.

Rôle des réceptacles non étanches. — Ceux-ci peuvent être

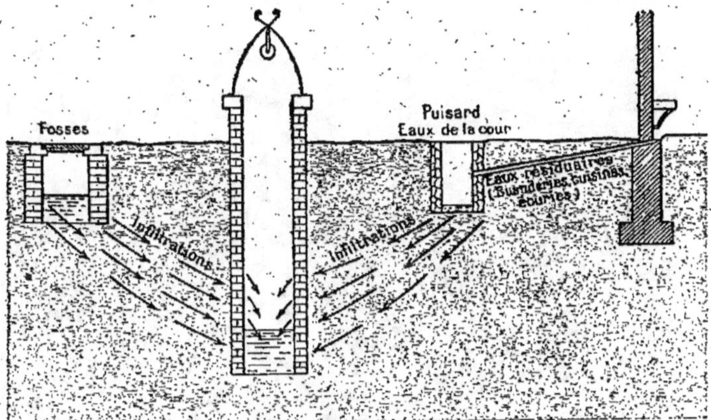

Fig 10. — Schéma montrant le mécanisme de la pollution d'un puits par un puisard et une fosse non étanches.

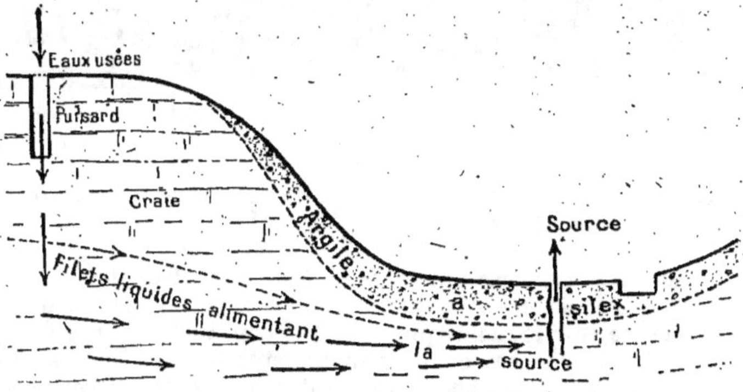

Fig. 11. — Source polluée par un puisard.

assimilés aux puisards puisque, par manque d'étanchéité, ils restent en relation permanente avec le sol environnant.

Parmi ces réceptacles se placent, après les fosses d'aisances, les fosses à fumier et les fosses à purin.

Le vice de ces mauvaises constructions se trouve très fréquemment accru par leur proximité avec le puits. La photographie ci-dessous (*fig.* 12) montre une disposition trop

Fig. 12. — Un mauvais voisinage : l'étable, le tas de fumier et le puits.

fréquemment réalisée (1). Le puits se trouve placé entre le mur d'une étable et un tas de fumier !

Rôle des décharges publiques. — La destruction des ordures ménagères et des résidus de voiries se place, par son importance, sur le même plan que l'évacuation des eaux usées. A la campagne, les ordures ménagères sont ou brûlées (papiers, chiffons), ou jetées au fumier (matières putrescibles, tels que débris de cuisine, épluchures de légumes, pelures de fruits, etc.)

(1) V. Dᴿ Galtier-Boissière, *Larousse médical*, p. 350.

Pour les agglomérations plus importantes, on recourt à l'enfouissement dans des cavités ouvertes dans le sol, généralement d'anciennes fouilles ou des gisements minéraux évidés.

On sait que les règlements concernant l'exploitation des gîtes minéraux exigent le remblayage des anciens travaux, et même des carrières à ciel ouvert. Ce sont ces dernières que l'on choisit pour l'enfouissement des ordures ménagères.

Les conséquences de cette pratique sont extrêmement néfastes et nous avons eu à constater de très nombreux exemples de pollution de la nappe d'eau par ces poches d'immondices.

Le plateau qui domine la petite ville de Villeneuve-Saint-Georges, à 15 kilomètres au sud-est de Paris, est couronné

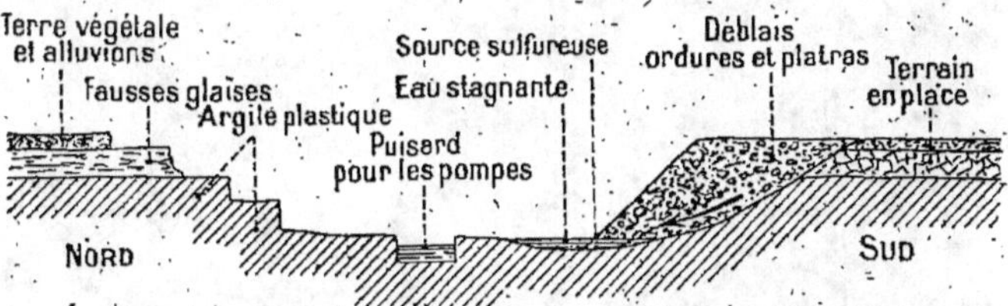

Fig. 13. — Coupe schématique d'une exploitation d'argile remblayée par des ordures ménagères et des platras.

par une puissante couche d'argile à meulières. De très nombreuses fouilles ont été ouvertes pour l'extraction d'une roche siliceuse de belle qualité. Après l'épuisement du banc rocheux, le terrain est remis en état de la façon suivante :

On livre l'excavation à la décharge des immondices et des platras, puis on recouvre le tout d'une couverture de terres rapportées. Ces terrains sont ensuite vendus et bâtis. Nous avons vu construire sur ces amas d'ordures ; en un certain endroit, les fouilles pour les fondations d'un pavillon ont rencontré une accumulation de couronnes en perles provenant du cimetière communal.

Il est à remarquer, en ce qui nous concerne, qu'en raison de la nature argileuse du sol, la nappe d'eau se maintient très près de la surface. En saisons pluvieuses, toutes les déclivités du terrain sont envahies par les eaux en raison du gonflement de la masse aquifère.

Un autre exemple, non moins édifiant, nous a été fourni

par une glaisière de la vallée de la Bièvre, aux portes même de Paris.

L'ensemble de l'exploitation affecte une forme elliptique. Le grand axe de l'ellipse correspond approximativement à la direction nord-sud. Au fur et à mesure que l'abatage de

Fig. 14. — Décharge des immondices dans une exploitation d'argile.

l'argile progresse vers le nord, on remblaye la partie méridionale de la carrière. Le remblai est formé d'ordures ménagères et de platras.

La coupe schématique représentée par la figure 13 montre la marche des opérations.

Les eaux provenant des chantiers viennent se réunir dans

le puisard où plonge la crépine des pompes de refoulement et sont rejetées dans la Bièvre.

Par contre, au pied du talus de déblais s'étale une nappe d'eau dormante alimentée par une source sulfureuse. Les deux photographies (*fig.* 14 et 15) que nous avons fait exé-

Phot. G. Vitry.

Fig. 15. — Source émergeant au pied d'un talus d'immondices.

cuter dans cette carrière rendent très visibles et l'émergence de la nappe et l'émissaire de la source.

Nous avons dit que l'eau de cette source était sulfureuse. Cette particularité s'explique aisément, étant donné les conditions de son émergence. Lorsque des plâtras, ou chimiquement parlant du sulfate de calcium hydraté, se trouvent au contact de matières organiques, l'hydrogène de ces derniers opère une réduction du sulfate de chaux; la réaction engendre un hydracide très soluble dans l'eau : l'acide sulfhydrique ou hydrogène sulfuré répondant à la formule SH^2.

L'origine de cette eau sulfureuse est un indice évident de l'extrême pollution des eaux au travers du remblai de la carrière.

Pour les grandes cités, la destruction des ordures soulève ainsi de très réelles difficultés. La ville de Paris, par exemple, enlève chaque année environ 1 300 000 mètres cubes de gadoues. L'évacuation se fait par chemin de fer, par bateaux ou par tombereaux. Les gadoues sont utilisées pour la fabrication des engrais ou pour la fumure des terres. Depuis quelques années des usines ont été établies dans la banlieue sud pour l'incinération intensive.

Au rôle des décharges publiques, il convient d'ajouter celui des cavités naturelles. Dans un très grand nombre de régions calcaires, l'élargissement, par érosion des diaclases (plans de fractures concourant au drainage des eaux) provoque l'ouverture, en rase campagne, de véritables puits naturels, souvent très profonds, appelés creux, gouffres, abîmes, endouzoirs, etc.

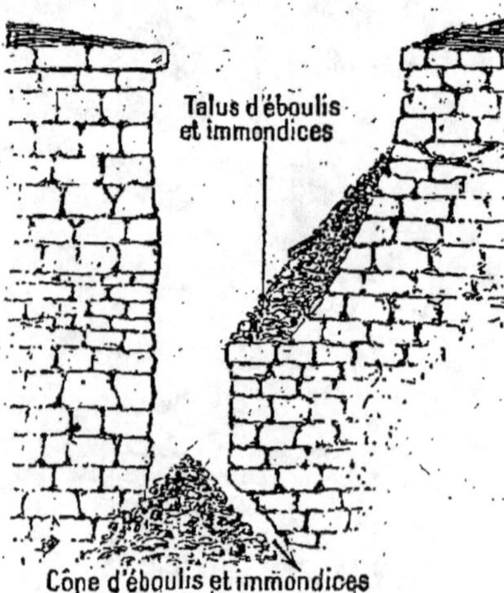

Fig. 16. — Coupe à travers un *abîme*.

Ces puits sont, en réalité, de véritables regards sur les cours d'eaux souterrains. Ils sont plus ou moins directs et plus ou moins accessibles à l'exploration, mais communiquent toujours avec la rivière cachée dont ils furent tributaires. Une détestable pratique consiste à utiliser ces cavités comme décharges publiques. Lorsque les habitants d'alentour ont à se débarrasser d'un animal mort, ils trouvent plus simple de le jeter dans l'abîme que d'ouvrir une fosse pour l'enfouir. L'exploration a toujours montré que ces creux étaient de véritables charniers, et rien de plus vrai que cette édifiante description qu'en donne l'écrivain Onésime Reclus dans son *Manuel de l'eau :*

« Le descentioniste donc, au bas de son échelle de corde, s'empêtre dans le pourri de corruption des charognes. De ce pourri filtre un ruisseau de décomposition. »

Le schéma de la figure 16 réunit les conditions observées dans la presque totalité des cas. Les *talus* et *cônes* d'éboulis sont constitués tant par les matériaux détachés des parois par les intempéries que par les ordures ménagères et détritus de toutes natures jetés par les habitants d'alentour.

Rôle des nécropoles. — « N'habitez jamais en dessous d'un cimetière mal tenu », recommandait Raspail. Voici la raison qu'il en donnait :

« La chaux, qui décompose les miasmes ou qui en prévient la formation, ne sert, au contraire, qu'à mieux isoler les bases toxiques que le mort a pu prendre en médicaments ou d'une autre manière, et surtout avec lesquelles on aurait pu l'embaumer (arsenic, sublimé corrosif, sels de cuivre, etc.). *Or qu'à travers la couche géologique sur laquelle reposent les cadavres il vienne à se former une faille, une voie de communication avec une source, et dès lors l'infiltration des eaux pluviales ne manquera pas d'infecter de ces sortes de poisons les eaux jusque-là les plus pures ; et il en naîtra des maladies d'autant plus fatales qu'on en soupçonnera moins l'origine.*

« Il est des terrains si perméables, si poreux ou si sablonneux, que là ces accidents sont en permanence, et qu'il serait souvent bien dangereux de s'abreuver ou de se laver même aux puits qui ont été creusés au bas de l'un de ces emplacements, sur l'étendue desquels se trouve un cimetière ; *on boit avec ces eaux une dissolution de cadavres.* »

Il était intéressant de rappeler — en dépit de l'erreur relative à l'empoisonnement des eaux souterraines — qu'en 1860, c'est-à-dire avant les applications prophylactiques des découvertes de Pasteur et bien avant les explorations spéléologiques entreprises dans un but scientifique, la perspicacité de Raspail s'était affirmée sur ce point comme sur beaucoup d'autres.

Dans sa théorie, la seule inexactitude qui soit à relever

affecte le nom seul des poisons. Raspail les découvre dans le règne minéral, la science moderne les place dans le règne organique. Au lieu de s'appeler arsenic, bichlorure de mercure ou cuivre, ils répondent aux noms génériques de ptomaïnes ou de leucomaïnes et sont des succédanés de la fermentation putride.

Le processus de la putréfaction est entretenu par diverses générations de microorganismes qui se succèdent accomplissant chacune une œuvre de désorganisation qui lui est propre.

Au début ce sont les microbes aérobies qui s'emparent du cadavre. Ces microorganismes qui ne vivent qu'en milieu oxygéné élaborent, par leur activité physiologique, du gaz carbonique jusqu'au moment où la composition chimique de l'ambiance leur devient nettement défavorable.

A ce moment ils disparaissent et sont remplacés par une classe d'organismes microscopiques indifféremment aérobies ou anaérobies, l'un ou l'autre selon les circonstances; ce sont les *facultatifs*.

L'activité biologique de ces derniers libère le cadavre de l'acide carbonique, de l'hydrogène et des combinaisons hydrogénées du carbone (hydrocarbures). Puis viennent les micro-organismes anaérobies proprement dits. Ceux-ci dégagent l'hydrogène, l'azote et diverses combinaisons ammoniacales de la substance organique.

Mais comme le plus grand nombre de ces ferments exudent une substance au sein de laquelle ils ne peuvent vivre, ils disparaissent à leur tour. Le premier cycle est accompli. Les aérobies réapparaissent pour inaugurer le second.

En dehors de l'activité des ferments putrides, la décomposition de la substance organique est accélérée par l'intervention d'une flore cryptogamique et d'une faune constituée par des insectes nécrophages.

C'est parmi les produits de la putréfaction que se rencontrent les alcaloïdes, poisons redoutables, que nous avons mentionnés sous les noms de leucomaïnes et de ptomaïnes.

Les leucomaïnes peuvent, d'après Brouardel, prendre naissance pendant la vie de l'individu, au cours d'une maladie.

Le développement des ptomaïnes est, d'après le même auteur, toujours *post mortem*. Elles peuvent apparaître au moment où les gaz inflammables prennent naissance.

L'ingestion d'une substance chargée de ptomaïnes provoque une intoxication aiguë avec tous les symptômes d'un empoisonnement par absorption de strychnine.

Par la pratique de l'inhumation on confie à la terre le soin de réduire à l'état squelettique, en un temps déterminé, les corps privés de vie.

Autour de chaque agglomération, on retrouve l'espace consacré au culte de la mort : le cimetière.

Dans les centres d'habitations à population très dense, la mortalité atteint, par rapport à la superficie habitée, un coefficient fort élevé. Dans ces conditions, l'étendue des nécropoles reste proportionnelle à la mortalité.

Pour Paris, par exemple, le nombre des inhumations est en moyenne de 46 767 par an et réparti dans 19 nécropoles dont 15 intra-muros et 4 extra-muros.

La superficie totale des cimetières parisiens est de 301 hectares. La superficie extra-muros atteint 206 hectares 8 ares. La surface intra-muros : 95 hectares 64 ares.

Ces étendues comprennent évidemment les voies de service, les concessions de 10 et 30 ans, les concessions à perpétuité.

Or, les nécropoles situées à l'intérieur de la ville sont exclusivement affectées aux concessions trentenaires et perpétuelles.

C'est ainsi qu'on trouve comme moyennes les chiffres suivants (1) :

	Moyennes des inhumations.	Concessions à perpétuité.
Nécropoles intra-muros	6 774	6 305
Nécropoles extra-muros	39 988	1 054

Il émane de cette comparaison que les cimetières intérieurs ne sont destinés qu'aux cadavres devant bénéficier d'une sépulture de longue durée. Un même point du sol ne reçoit de substances en putréfaction qu'à des intervalles suffisamment espacés, chaque fois qu'un caveau s'ouvre sur une nouvelle dépouille.

Inversement, la plus grande partie de la superficie des cimetières extra-muros est destinée à recevoir des corps toutes les cinq années.

La durée de la putréfaction ne doit normalement pas excéder cinq années. Au terme de cette période le corps doit être réduit à l'état squelettique. Or la consommation des

---

(1) D'après les statistiques de la Ville de Paris.

cadavres peut, selon la nature du sol, nécessiter un temps plus court ou plus long.

Le professeur Brouardel observa, dans le même cimetière d'Ivry-Parisien, des cas de décomposition intégrale après 16 mois de sépulture, d'autres de putréfaction incomplète au bout de cinq ans.

Si l'on admet en moyenne quatre années pour la réalisation intégrale de la fermentation putride, il convient donc de multiplier par quatre le nombre des cadavres inhumés chaque année. On trouve ainsi que les nécropoles extra-muros comportent en permanence 160 000 corps en période de consommation.

Nous pouvons aller plus loin. Si nous attribuons à chaque sépulture une superficie égale à 1 mètre carré 50, la surface totale consacrée à ces 160 000 corps compte 24 hectares.

Si l'on répartit sur cette étendue la hauteur moyenne et annuelle des pluies tombées, c'est-à-dire 534 millimètres, on obtient le joli volume de 128 208 mètres cubes ou 128 millions de litres d'eau annuellement en contact avec les matières organiques en putréfaction ou leurs dérivés.

Où vont ces eaux, si ce n'est aux sources après avoir alimenté les puits?

La constitution géologique du sol exerce une grande influence sur l'accomplissement de la fermentation putride. Les sols imperméables sont dits *conservateurs* parce qu'ils en ralentissent notablement la marche. Ils présentent ce gros inconvénient de polluer les eaux de ruissellement qui circulent à travers la terre végétale.

Les sols perméables constitués par des roches fissurées ou des dépôts arénacés (sables, graviers, cailloux) sont dits *dévorants*. Au sein des terrains de cette nature les phénomènes de décomposition se trouvent singulièrement activés par la circulation de l'air et le rapide drainage des eaux d'infiltration.

Les formations dévorantes offrent également un réel danger. La durée de la putréfaction se trouvant notablement réduite, les produits qui en résultent peuvent être libérés en trois ou quatre fois moins de temps. Les eaux d'infiltration prennent alors en charge trois ou quatre fois plus de substances nocives.

De très nombreuses régions, parmi lesquelles la Bourgogne, le Jura, la Franche-Comté, le Berry, les Cévennes, etc., comportent de vastes étendues de terrains dévorants.

En de nombreux points, l'inhumation ne peut se pratiquer sous le couvert de 1ᵐ,10 de terre prescrit par les règlements de police sanitaire. La terre végétale forme alors une couche souvent inférieure à 50 centimètres réposant directement sur des roches dures, extrêmement fissurées. Le cercueil est simplement déposé sur la roche crevassée et recouvert d'un tumulus compensateur.

On voit en réalité que l'avertissement de Raspail n'était pas dépourvu de raison et que la science moderne n'a pu que confirmer l'enseignement précieux du médecin qui fut si longtemps le conseiller fidèle des gens de la ville et des campagnes.

IV. — CONTAMINATION

Si l'on devait rechercher en son étymologie la signification du terme, on devrait faire du mot *contamination* un synonyme de pollution. Contamination dérive, en effet, du verbe latin *contaminare* qu'il nous faut traduire par le verbe français *souiller*.

Cependant l'hygiéniste n'admet pas la synonymie. Il réserve le terme de « pollution » pour marquer la prise en charge par les eaux de substances inertes d'origine organique ou minérale, mais pas nécessairement nocives.

Dans la pratique, il attribue au mot contamination un sens très restreint caractérisant la prise en charge par une eau polluée ou non d'organismes capables de provoquer, par leur ingestion, des troubles morbides plus ou moins grands dans l'économie du corps humain.

Il y a, en d'autres termes, contamination d'une eau chaque fois que cette eau se fait le porteur de contages, autrement dit de germes virulents ou atténués de maladies contagieuses.

Reprenant la définition sous un autre aspect, on peut encore dire qu'une eau est contaminée quand elle devient le véhicule de micro-organismes appartenant à des espèces contaminantes.

Un exemple marquera mieux la différence.

De nombreux cours d'eaux reçoivent l'effluent des fosses d'aisance édifiées sur leurs berges (*fig.* 17). Il y a dans ce cas *pollution,* puisque la rivière prend en charge des substances excrémentielles. Cet apport de matières organiques est, nous l'avons dit, contraire à la composition d'une eau potable.

Si, un jour, l'effluent d'une latrine riveraine mène au cours d'eau les selles d'un typhique, le cours d'eau se trouve contaminé. Il y a eu prise en charge de microbes spécifiques de la fièvre typhoïde; il y a eu apport d'espèces contaminantes. Le fait de contamination est accompli.

Ce point étant fixé, il est aisé de conclure qu'une cause de pollution peut être une cause de contamination. La pollution d'une eau doit ainsi être toujours redoutée comme un véritable présage de contamination.

Il faudrait bien cependant se garder d'admettre le principe d'une réciprocité et penser qu'une eau non polluée est nécessairement exempte de contages. Quoique le fait soit généralement exact, il est des circonstances où des microbes, agents spécifiques de maladies infectieuses, se retrouvent dans une eau n'offrant aucun symptôme de pollution.

S'il est exact que l'eau pure ne constitue pas un milieu de culture pour le monde des microbes, il n'est pas moins démontré que cette eau n'est nullement douée de propriétés abiotiques. Le microbe s'y trouve à peu près comme un chacal égaré dans le désert, végétant péniblement et épuisant ses réserves organiques avant de mourir de faim.

V. — CARACTÈRES D'UNE EAU POLLUÉE

L'enseignement qui doit se dégager de ce qui précède est qu'une eau polluée doit être systématiquement rejetée à moins d'être soumise à un traitement purificateur efficace.

Nous donnons ci-dessous quelques méthodes permettant, sinon de porter un jugement certain, du moins de soulever la défiance à l'égard de certaines eaux :

1° La limpidité n'est pas un gage de pureté ;

2° Les eaux donnant une réaction alcaline doivent être tenues en défiance. L'alcalinité n'est cependant pas un critérium absolu de pollution ;

3° Les eaux donnant une réaction nettement acide doivent être également tenues en défiance avec les mêmes réservés que pour l'alcalinité ;

4° Une eau pure doit rester neutre ;

5° Elle est inodore ;

6° Elle est sans saveur accusée;

7° La présence d'ammoniaque libre rend une eau suspecte lorsque sa teneur au litre excède 0 gr. 001 (Laboratoire municipal de Paris);

8e La présence d'ammoniaque albuminoïde rend une eau suspecte dès que sa teneur excède un dixième de milligramme au litre (Comité consultatif d'Hygiène de France);

9° La présence de nitrites (composés azotés) rend une eau dangereuse, quelle que soit sa teneur;

10° La présence de nitrates rend une eau suspecte dès que sa teneur dépasse 15 milligrammes;

11° Lorsqu'une eau a donné des traces d'ammoniaque et de nitrates, un excès de chlorures la rend dangereuse.

Réactions. — L'acidité ou l'alcalinité d'une eau peut être vérifiée au moyen du papier de tournesol. Le papier bleu se violace dans un milieu de faible acidité, il rougit en présence d'un acide énergique.

Dans un milieu alcalin, le papier préalablement rougi par un acide bleuit.

On reconnaît encore l'alcalinité d'une eau par la coloration rouge ou orangée que prend la teinture jaune de curcuma en milieu alcalin.

Odeur. — Une eau portant odeur doit être absolument proscrite.

On a indiqué plusieurs procédés destinés à faciliter cette épreuve olfactive.

Nous recommandons plus particulièrement le suivant:

Un petit ballon de verre, à large goulot, est rempli de l'eau à éprouver jusqu'à la base du col. On ferme hermétiquement au moyen d'un bouchon de liège *neuf*. On laisse chauffer jusqu'à 30 ou 40 degrés sur un bain de sable et l'on maintient la température pendant 5 ou 6 minutes. Le tampon d'air qui sépare la surface du liquide et le bouchon de liège se charge des effluves odorantes renfermées dans l'eau. Il suffit alors de déboucher brusquement le ballon pour percevoir ces odeurs.

Saveur. — La saveur est une mauvaise indication de la qualité d'une eau. Les substances dissoutes ou incorporées à l'eau ne réagissent sur les organes du goût qu'au-dessus d'une certaine proportion. Celle-ci peut varier entre 5 décigrammes et 1 gramme.

La sensation de fraîcheur, requise pour la qualification d'une bonne eau, ne peut cependant être tenue pour une garantie. Il a été, en effet, démontré qu'une quantité déterminée de corps suspects comme les nitrates et les chlorures peut communiquer à l'eau une saveur « fraîche ».

Dosages. — Nous mentionnons dans le tableau de la page 39 les quantités limites de certains corps. Le dosage de ces substances reste évidemment du domaine de la chimie. Il y a donc tout intérêt à faire procéder à l'analyse des eaux que l'on destine à l'alimentation. Nous allons cependant indiquer ci-après une ingénieuse méthode suffisamment rigoureuse, lorsqu'elle est pratiquée avec soin, pour donner une approximation très suffisante et dispenser d'une analyse chimique complète.

Nous reproduirons presque textuellement les instructions données par les inventeurs de la méthode, MM. Pignet et Hue.

Méthode de dosage par les comprimés.

Sans avoir aucunement l'habitude des manipulations chimiques, on peut facilement et rapidement déterminer la présence des diverses substances contenues dans l'eau. Nous donnerons pour chaque substance l'interprétation du résultat obtenu. Dès lors, en groupant les diverses données de l'analyse, on arrivera à se prononcer sur la qualité d'une eau, à dire si elle est potable ou non, en un mot si on peut en boire sans danger, ou si elle doit être rejetée. Une heure, et souvent moins, suffira pour résoudre cet important problème.

Matériel. — Il consiste dans les objets suivants :

3 verres à réaction d'une contenance de 120 c. c.
3 ballons de verre de la même contenance.
2 tubes de verre coudés deux fois à angle droit avec bouchon de caoutchouc s'adaptant au ballon.
3 tubes à essai gradués à 10 c. c.

1 éprouvette graduée à 100 c. c.
2 flacons à large ouverture de 250 c. c.
1 flacon hydrotimétrique.
1 lampe à alcool avec supports.
Agitateurs à bout aplati en forme de pilon.
1 pipette graduée de 2 c. c.
1 pince en bois.

TABLEAU DES LIMITES DE POTABILITÉ (1)

dressé d'après les données du tableau du *Comité consultatif d'hygiène de France* et du *Formulaire des Hôpitaux militaires*.

SUBSTANCES CONTENUES DANS L'EAU	EAU TRÈS PURE	EAU POTABLE	EAU SUSPECTE	EAU MAUVAISE
Nitrites.	Néant.	Néant.	Néant.	Tracés.
Nitrates.	Néant.	0 à 15 milligr.	15 à 30 milligr.	Au-dessus de 30 milligr.
Ammoniaque libre.	—	moins de 1 milligr.	—	—
Ammoniaque albuminoïde.	moins de 0 milligr. 05	de 0 milligr. 05 à 0 milligr. 10	de 0 milligr. 10 à 0 milligr. 15	Au-dessus de 0 milligr. 15
Chlorures (évalués en chlore).	moins de 15 milligr.	moins de 40 milligr.	de 50 à 100 milligr.	plus de 100 milligr.
Matières organiques (évaluées en oxygène).	moins de 1 milligr.	moins de 2 milligr.	de 3 à 4 milligr.	plus de 4 milligr.
Degré hydrotimétrique.	5° à 15°.	15° à 30°.	au-dessus de 30°.	au-dessus de 100°.

(1) Nous ferons remarquer que dans ce tableau la potabilité et la pureté sont confondues, de telle sorte qu'une « eau potable » est une eau simplement moins pure qu'une eau qualifiée « très pure ». Nous engageons nos lecteurs à se reporter au chapitre consacré à la définition de ces deux termes (II° partie, chap. X, p. 93).

Réactifs. — Les réactifs sont constitués par des comprimés. Ceux-ci sont dosés d'une façon rigoureusement exacte et remplacent les solutions titrées; ils permettent ainsi d'opérer sans avoir de connaissances spéciales en chimie.

Ces réactifs sont :

1° comprimés acide.	6° compr. de nitrate d'argent.
2° — alcalins.	7° — de savon.
3° — d'iodure.	8° — de permanganate.
4° — de zinc.	9° — de ferrocyanure.
5° — de chromate.	

Ampoules de solution alcaline concentrée de permanganate.
Ampoules de réactif de Nessler.

Prélèvement de l'eau. — Le mieux est de faire choix d'une bouteille ayant contenu de préférence un liquide alcoolique (rhum, cognac, eau-de-vie, etc.), de la laver à cinq ou six reprises et de la rincer au moment du prélèvement de l'échantillon avec l'eau à analyser.

Le mode de prélèvement doit se faire autant que possible à une certaine distance de la surface, c'est-à-dire au milieu de la masse liquide, dans le cas de source, puits, rivière. S'il s'agit d'une pompe ou d'un robinet, on devra laisser couler l'eau cinq à dix minutes avant de la recueillir. La bouteille ainsi remplie jusqu'aux deux tiers du goulot, si l'analyse ne doit pas être faite immédiatement, la boucher avec un bouchon de liège neuf, rincé lui aussi avec cette même eau. Noter les caractères physiques de l'eau : limpidité, odeur, couleur, saveur, etc.

Il sera utile de recueillir le plus de renseignements possibles sur la nature des terrains traversés par l'eau que l'on vient de prélever. On notera la profondeur de la source ou du puits, les causes permanentes ou périodiques qui peuvent en modifier la composition. Il sera également bon de comparer l'état atmosphérique antérieur et présent. Il est en effet avéré que l'alternance des périodes de sécheresse et de grandes pluies est susceptible de provoquer, dans certain cas, un changement notable dans la composition des eaux.

Recherche et dosage des nitrites. — Mettre dans un verre 100 centimètres cubes de l'eau à analyser. Ajouter un comprimé d'iodure et le faire dissoudre. Ajouter, après complète dissolution, un comprimé acide, l'écraser et le faire également dissoudre entièrement. Deux cas peuvent alors se présenter :

1º Le liquide reste incolore même après 5 minutes d'attente : *l'eau ne contient pas de nitrites ;*

2º Il se développe une coloration bleue, plus ou moins rapidement, pendant cette même durée de 5 minutes : *l'eau contient des nitrites.* La rapidité d'apparition de la teinte bleue et son intensité indiquent la proportion des nitrites contenus dans l'eau.

Si la teinte bleue apparaît immédiatement au moment où l'on écrase le comprimé acide et arrive au bleu foncé au bout de deux minutes, *c'est que l'eau contient deux milligrammes de nitrites par litre.*

Si cette teinte bleue apparaît presque immédiatement et se fonce de plus en plus pour arriver, au bout de 5 minutes, au bleu foncé, *c'est que l'eau contient un milligramme de nitrites par litre.*

Des colorations, moins rapides et moins intenses, indiquent une proportion moindre de nitrites. La coloration doit toutefois se produire en 5 minutes, car la présence de très légères traces de nitrites suffit à la faire naître en cette durée.

N'attacher aucune importance à la teinte bleue qui se manifeste beaucoup plus tard, une demi-heure ou une heure après ; cette colorationt ardive se produirait dans la plupart des eaux, même en l'absence de nitrites.

Nitrates. — La manipulation précédente sert aussi à la recherche et au dosage des nitrates.

Ayant opéré comme il est dit pour les nitrites, si aucune coloration ne s'est produite au bout de 5 minutes, ajouter un comprimé et l'écraser avec un agitateur. –

Ici encore deux cas peuvent se produire :

1º L'eau resté incolore, même après 5 minutes d'attente : *elle ne contient pas de nitrates ;*

2º L'eau se colore en bleu : *elle contient des nitrates.*

La coloration sera d'autant plus rapide et plus intense que l'eau est plus chargée en nitrates.

a) La teinte bleue apparaît immédiatement pour devenir foncée au bout d'une minute : *c'est qu'il y a environ 100 milligrammes de nitrates par litre.*

b) La teinte bleue se produit au bout d'une minute ou deux, pour devenir foncée au bout de 5 minutes : *c'est qu'il y a environ 50 milligrammes de nitrates par litre ;*

c) La teinte bleue apparaît au bout de 4 à 5 minutes : *c'est que cette eau contient 15 milligrammes de nitrates par litre;* elle est à sa limite de potabilité.

L'addition du zinc communique à l'eau une légère teinte gris bleuâtre qu'il ne faut pas confondre avec la coloration franchement bleue des nitrates. Il est évident que la présence des nitrites s'oppose à la recherche des nitrates, l'eau étant déjà bleue. Dans ce cas, la présence des nitrites révélant une contamination beaucoup plus grave que celle décelée par la présence des nitrates, une seconde constatation devient inutile.

Ammoniaque libre et ammoniaque albuminoïde. — Mettre dans un ballon 50 centimètres cubes de l'eau à analyser et y ajouter un comprimé alcalin. Fermer le ballon avec un bouchon de caoutchouc portant un tube de verre coudé deux fois à angle droit.

Prendre un flacon à large ouverture de 250 centimètres cubes environ rempli d'eau froide et quelques tubes à essai ordinaires gradués à 10 centimètres cubes. Placer l'un des tubes à essai dans le flacon plein d'eau et y introduire jusqu'au fond l'extrémité du tube de verre coudé deux fois. Le ballon étant placé sur une lampe à alcool munie d'un support approprié, nous avons un appareil permettant de distiller rapidement 10 centimètres cubes de liquide. Cette quantité de liquide recueilli étant très petite, sa température, à la fin de l'opération, ne dépasse jamais 45° à 50°; l'ammoniaque qu'elle peut contenir reste, de ce fait, en solution.

L'appareil étant ainsi disposé, distiller 10 centimètres cubes de liquide (tube 1). Retirer alors du tube à essai le tube d'arrivée de vapeur; déboucher le ballon et maintenir l'eau à l'ébullition pendant 5 minutes pour en chasser les dernières traces d'ammoniaque libre qu'elle pourrait contenir; le ballon ne renferme plus ensuite que 25 à 30 centimètres cubes d'eau.

Laisser refroidir (5 à 10 minutes), ajouter un demi-centimètre cube de la solution alcaline de permanganate, puis remonter l'appareil et recommencer la distillation.

Recueillir successivement 10 centimètres cubes de liquide dans deux autres tubes à essai placés chacun dans un flacon d'eau froide (tubes n° 2 et n° 3).

a) Le tube n° 1 renferme tout l'ammoniaque libre moins un quart.

b) Les tubes nº 2 et nº 3 renferment l'ammoniaque albuminoïde.

Pour le dosage, verser le contenu des tubes dans trois capsules de porcelaine et additionner chaque capsule d'un demi-centimètre cube de réactif de Nessler.

Dans le cas de présence de l'ammoniaque, il se produit dans ces conditions, au contact du réactif, une coloration jaune plus ou moins foncée.

En comparant cette coloration avec une gamme de couleurs (préparée par les auteurs de la méthode), on a immédiatement et sans calcul la quantité d'ammoniaque libre (tube 1) et la quantité d'ammoniaque albuminoïde (tubes 2 et 3) contenues dans un litre de l'eau analysée. Pour l'appréciation de la quantité de l'ammoniaque libre, ne pas oublier d'augmenter d'un quart le résultat trouvé.

Chlorures. — Prendre 100 centimètres cubes d'eau et y faire dissoudre un comprimé de chromate. Ajouter un à un des comprimés d'azotate d'argent (1). Écraser et faire dissoudre complètement le précédent avant d'ajouter le suivant et en ajouter ainsi jusqu'à ce que l'eau passe du jaune au rouge. Dès que la teinte rouge du précipité de chromate d'argent apparaît, la réaction est terminée. Compter le nombre de comprimés d'azotate d'argent employés (soit 3) : il y a par litre autant de fois 10 milligrammes de chlore qu'on a employé de comprimés pour obtenir la teinte rouge du précipité de chromate d'argent (soit 30 milligrammes dans le cas pris pour exemple). Il faut avoir soin de s'arrêter dès que la teinte rouge apparaît.

Si le dernier comprimé fondu donne une teinte franchement rouge, diminuer de 5 milligrammes.

Matières organiques. — Mettre dans un ballon 100 centimètres cubes d'eau et y ajouter un comprimé acide. Porter cette eau à l'ébullition sur la lampe à alcool et, lorsqu'elle bout, ajouter un comprimé de permanganate de potasse. Laisser l'eau bouillir ainsi pendant 15 minutes ; si, cependant, la décoloration se produit, c'est que l'eau contient entre 1 milligramme 5 et 2 milligrammes par comprimé et que l'eau se décolore encore par l'addition d'un second com-

---

(1) Il est bon, avant de commencer l'opération, de compter cinq ou dix comprimés et de les placer à côté du verre ; on sera certain ainsi de ne pas oublier le nombre de comprimés employés lorsqu'on aura fini la réaction.

primé, c'est qu'elle contient 3 à 4 milligrammes de matières organiques et ainsi de suite en comptant 1 milligramme 5 à 2 milligrammes par comprimé employé. Lorsqu'on n'a employé qu'un comprimé, l'intensité de la coloration restant après 15 minutes permet d'apprécier la quantité des matières organiques.

a) Avec les eaux très pures, il n'y a qu'une très légère diminution dans l'intensité de la teinte.

b) Avec les eaux très chargées en matières organiques, il se produit, après l'addition de deux ou trois comprimés, une teinte jaune qui masque la réaction. Ce fait n'a d'ailleurs qu'une importance secondaire, ne faisant que confirmer l'excès de matières organiques.

Nous donnerons maintenant l'application de la méthode rapide de MM. Pignet et Hue pour les recherches et le dosage des substances intéressant non la pureté, mais la potabilité de l'eau.

Métaux : plomb, fer, cuivre, zinc. — *On s'apercevra qu'une eau contient du plomb* s'il se forme un précipité lorsqu'on y ajoute un comprimé de chromate pour le dosage des chlorures.

Pour les autres métaux, prendre 100 centimètres cubes d'eau et y faire dissoudre un comprimé acide.

Lorsqu'il est dissous, ajouter un comprimé de ferrocyanure et attendre.

a) S'il se produit en 4 ou 5 minutes une coloration bleue, *il y a du fer.*

b) S'il se produit une coloration rouge, *il y a du cuivre.*

c) S'il se produit un précipité même léger, *il y a du zinc.*

Colorations et précipités sont d'autant plus intenses que la quantité de métal est plus considérable.

Degré hydrotimétrique. — Mesurer 40 centimètres cubes de cette eau, les mettre dans un flacon hydrotimétrique ; ajouter un comprimé de savon ; écraser le comprimé avec un agitateur et secouer fortement. Continuer ainsi en ajoutant des comprimés jusqu'à ce qu'il se produise par agitation une mousse persistante pendant 5 minutes.

Chacun des comprimés correspond à 4 degrés hydrotimétriques. Faire donc la somme des comprimés employés et la multiplier par 4. Retrancher du total un degré hydrotimétrique représentant la quantité de savon nécessaire pour produire de la mousse dans 40 centimètres cubes d'eau distillée.

Dans les eaux *très potables*, un seul comprimé suffit ou même n'a pas besoin d'être dissous complètement pour que la mousse se produise d'une façon persistante. Il peut arriver également, lorsqu'on a mis plusieurs comprimés, que le dernier ne soit pas complètement dissous au moment de la production de la mousse persistante. Dans ces deux cas, il faut tenir compte de ce qui reste du comprimé. Si on estime par exemple qu'il en reste la moitié, ce comprimé ne comptera que pour 2 degrés hydrotimétriques au lieu de 4. S'il en reste un quart ou les trois quarts, ce comprimé comptera pour 3 ou pour 1 degré hydrotimétrique.

Les comprimés Pignet et Hue peuvent remplacer la liqueur alcoolique de savon pour faire l'hydrotimétrie complète suivant la méthode de Boutron et F. Baudet. Cependant, les indications fournies ne sont plus d'une exactitude rigoureuse au-dessus de 22°. Lorsque cette limite est dépassée, diluer l'eau en l'additionnant d'eau distillée.

Interprétation des résultats. — L'analyse terminée, il importe de grouper les différents résultats obtenus afin d'en tirer une conclusion significative. Nous avons dit précédemment, au cours de chaque manipulation, comment devait être interprétée la présence ou l'excès des substances cherchées ; quelques exemples feront encore mieux comprendre les conclusions à déduire de chaque analyse.

PREMIER EXEMPLE

1° *Nature de l'eau.* — Eau de source.

2° *Observations.* — Source située à 12 kilomètres de Vannes ; eau amenée par des conduites à un réservoir et distribuée ensuite en ville.

3° *Caractères physiques.* — Eau limpide, incolore, inodore, insipide.

4° *Analyse chimique.*

Nitrites	Néant.
Nitrates	Néant.
Ammoniaque libre	Traces.
Ammoniaque albuminoïde	Traces.
Chlorures	30 milligrammes.
Matières organiques	0 milligr. 7
Degré hydrotimétrique	3°.
Métaux	Néant.

5° *Conclusion.* — *Eau très bonne.*

DEUXIÈME EXEMPLE

1° *Nature de l'eau.* — Eau de puits (rue de la Loi, Vannes).

2° *Observations.* — Puits situé dans un jardin. Écurie et fosse à fumier non cimentées, à 30 mètres environ.

3° *Caractères physiques.* — Eau très légèrement trouble, inodore, teinte très faiblement bleutée.

4° *Analyse chimique.*

Nitrites.	Grande quantité : environ 1 milligr.
Nitrates.	(L'eau contenant des nitrites, cette recherche, devenue inutile du reste, n'a pu être opérée).
Ammoniaque libre	30 milligr.
Ammoniaque albuminoïde	1 milligr.
Chlorures	110 milligr.
Matières organiques	1 milligr. 5
Degré hydrotimétrique	23°.
Métaux	Néant.

5° *Conclusions.* — *L'eau examinée renferme des nitrites dont la présence suffit pour la faire rejeter de l'alimentation ; elle renferme en outre une très forte proportion d'ammoniaque albuminoïde et de chlorures.*

En résumé : Eau très mauvaise, impropre à l'alimentation.

Au prix ordinaire des réactifs comprimés, l'analyse revient à une somme variant entre un franc et un franc cinquante.

VI. — LÉGISLATION DES EAUX POTABLES

Ayant, dans les précédents chapitres, insisté tant sur les causes que sur le mécanisme de la pollution et de la contamination des eaux, il nous faut envisager ici les remèdes à apporter à cette altération de leur pureté naturelle.

Nous sera-t-il permis de déclarer, d'ores et déjà, qu'entreprendre la description des procédés d'épuration des eaux — ce qui est le but de cet ouvrage — c'est avouer le peu de confiance qu'inspire, en l'état actuel de la question, l'application de ces remèdes ?

La protection des eaux potables est, en effet, entièrement subordonnée à deux puissances également inopérantes : la conscience publique et la loi. La conscience publique est trop inéclairée pour inspirer une sorte d'auto-discipline collective imposant à chacun le respect d'un bien commun.

La loi, conçue même dans un but d'intérêt général, apparaît draconienne à la conscience publique mal éclairée et demeure par suite sans efficacité.

Il serait cependant illusoire de chercher hors la protection systématique des eaux — fut-ce même dans l'épuration — la solution du problème de l'eau pure. L'altération de la pureté des eaux étant un fait relevant essentiellement de l'inconscience des hommes, le remède ne peut évidemment se trouver ailleurs qu'en la conscience humaine. Mais notre rôle consiste à relater également ce qui devrait être et ce qui est. C'est pour cette raison que nous allons indiquer successivement ce que réclame l'intérêt public et ce qu'exige la loi.

C'est en 1902 qu'on voit pour la première fois le législateur se préoccuper, du moins d'une manière effective, du rôle de l'eau pure dans la protection de la santé publique.

Les statistiques avaient montré que le taux de la mortalité — comme celui de la morbidité — se trouvait sensiblement réduit au cours des 25 années précédentes dans les pays qui avaient adopté des mesures d'hygiène rigoureuses. On comptait alors en France 22 décès pour 1 000 habitants, en Belgique 21, en Angleterre 20, en Suède 17, en Norvège 16.

Nous devons faire remarquer dès maintenant qu'on ne saurait attribuer l'abaissement de la mortalité dans ces pays à une législation particulière à la protection des eaux potables. Il est possible que celle-ci y participe pour une part, mais il est certain qu'un autre facteur intervient pour partie prédominante.

La Suède et la Norvège sont en effet les deux États de l'Europe où la lutte contre l'alcoolisme ait été engagée d'une manière rationnelle et soutenue avec une ardeur systématique. Les deux pays scandinaves sont ceux où l'alcoolisme exerce le moins de ravages. L'intoxication ou l'hérédité alcoolique se trouvant très réduites, il faut nécessairement s'attendre à une réduction parallèle de la morbidité et de la mortalité.

Mais ceci posé, pour éviter toute confusion, revenons à l'œuvre du législateur français. Le taux relativement élevé de la mortalité en France a déterminé le Parlement à adopter des mesures sanitaires analogues à celles des services d'hygiène étrangers.

C'est dans ces conditions que fut présentée et votée la loi, du 15 février 1902 relative à la protection de la santé publique.

Nous devons retenir de cette loi les articles 9 et 10 visant plus particulièrement les eaux potables.

ART 9. § 1. — Lorsque pendant trois années consécutives le nombre des décès dans une commune a dépassé le chiffre de la mortalité moyenne de la France, le préfet est tenu de charger le Conseil départemental d'hygiène de procéder, soit par lui-même, soit par la commission sanitaire de la circonscription, à une enquête sur les conditions sanitaires de la commune.

§ 2. — Si cette enquête établit que l'état sanitaire de la commune nécessite des travaux d'assainissement, notamment qu'elle n'est pas pourvue d'eau potable de bonne qualité ou en quantité suffisante, ou bien que les eaux usées y restent stagnantes, le préfet, après une mise en demeure à la commune, non suivie d'effet, invite le Conseil départemental d'hygiène à délibérer sur l'utilité et la nature des travaux jugés nécessaires. Le maire est mis en demeure de présenter ses observations devant le Conseil départemental d'hygiène.

§ 3. — En cas d'avis du Conseil départemental d'hygiène contraire à l'exécution des travaux ou des réclamations de la part de la commune, le préfet transmet la délibération du Conseil au ministre de l'Intérieur, qui, s'il le juge à propos, soumet la question au Comité consultatif d'hygiène publique de France. Celui-ci procède à une enquête dont les résultats sont affichés dans la commune.

§ 4. — Sur les avis du Conseil départemental d'hygiène et du Comité consultatif d'hygiène publique, le préfet met la commune en demeure de dresser le projet et de procéder aux travaux.

§ 5. — Si dans le mois qui suit cette mise en demeure, le Conseil municipal ne s'est pas engagé à y déférer, ou si dans les 3 mois il n'a pris aucune mesure en vue de l'exécution des travaux, un décret du Président de la République, rendu en Conseil d'État, ordonne ces travaux, dont il détermine les conditions d'exécution. La dépense ne pourra être mise à la charge de la commune que par une loi.

§ 6. — Le Conseil général statue, dans les conditions prévues par l'article 46 de la loi du 10 août 1871, sur la participation du département aux dépenses des travaux ci-dessus spécifiés.

Art. 10. § 1. — Le décret déclarant d'utilité publique le captage d'une source pour le service d'une commune déterminera, s'il y a lieu, en même temps que les terrains à acquérir en pleine propriété, un périmètre de protection contre la pollution de ladite source. Il est interdit d'épandre sur le terrain compris dans ce périmètre des engrais humains et d'y forer des puits sans l'autorisation du préfet. L'indemnité qui pourra être due au propriétaire de ces terrains sera déterminée suivant les formes de la loi du 3 mai 1841 sur l'expropriation pour cause d'utilité publique, comme pour les héritages acquis en pleine propriété.

§ 2. — Ces dispositions sont applicables aux puits ou galeries fournissant de l'eau potable empruntée à une nappe souterraine.

§ 3. — Le droit à l'usage d'une source d'eau potable implique, pour la commune qui la possède, le droit de curer cette source, de la couvrir et de la garantir contre toutes les causes de pollution, mais non celui d'en dévier le cours par des tuyaux ou rigoles. Un règlement d'administration publique détermine, s'il y a lieu, les conditions dans lesquelles le droit à l'usage pourra s'exercer.

§ 4. — L'acquisition de tout ou partie d'une source d'eau potable par la commune dans laquelle elle est située peut être déclarée d'utilité publique par arrêté préfectoral, quand le débit à acquérir ne dépasse pas 2 litres par seconde.

§ 5. — Cet arrêté est pris sur la demande du Conseil municipal et l'avis du conseil d'hygiène du département. Il doit être précédé de l'enquête prévue par l'ordonnance du 23 août 1835. L'indemnité d'expropriation est réglée dans les formes prescrites par l'article 16 de la loi du 21 mai 1836.

L'article 97 de la loi du 5 avril 1884 sur l'organisation municipale donne aux maires tous pouvoirs afin « de prévenir, par des précautions convenables, et celui de faire cesser les accidents et les fléaux calamiteux.... »

Aux termes de cette loi, un maire a non seulement le droit, mais le devoir de prescrire toutes mesures susceptibles d'améliorer l'état sanitaire de la commune et d'édicter par suite toute interdiction visant au même but.

Il va de soi que la stricte observation de cet article 97 eût dispensé le législateur d'armer, par la loi du 15 février 1902, les pouvoirs centraux contre l'incurie des municipalités. Nous constatons, en effet, qu'en dehors des précisions tech-

niques inspirées par le progrès des sciences prophylactiques et le perfectionnement des moyens d'application, la loi
du 15 février 1902 a pour objet essentiel de contraindre les
municipalités d'arrêter et d'appliquer des mesures qu'elles
pouvaient prescrire *de motu proprio*.

C'est ainsi que la législation, elle-même, nous apporte un
éclatant témoignage de son inefficacité lorsqu'elle vise
un ordre d'idées ou de faits incompris des intéressés.

Une loi est d'intérêt général lorsque son application apporte, en dernière analyse, plus de bien-être ou plus de sécurité aux citoyens d'un État. Mais la vertu d'une loi réside
pour le moins autant dans sa possibilité d'application que
dans sa signification sociale.

Pour qu'une loi soit applicable il ne lui suffit pas d'être
bonne, il lui faut encore être admise — il faudrait peut-être
mieux dire comprise — par les citoyens qui doivent bénéficier de ses bienfaits. Il importe que la nécessité de la loi
s'impose à chacun pour que son application rencontre la
collaboration de tous. Car nous avons dû constater, il y a un
instant, que l'esprit de la loi du 5 avril 1884 était demeuré
sans écho auprès des fonctionnaires et des assemblées res-
ponsables de la santé publique.

Pouvons-nous, en conséquence, attendre plus de la loi du
15 février 1902 ? Il est permis d'en douter si l'on envisage
l'immense majorité des cas. Son plus grand mérite fut
d'armer les autorités vigilantes en leur permettant la pro-
mulgation d'arrêtés municipaux portant « règlement sanitaire ». Quant aux autres, elles échappent à la rigueur des
lois tant « qu'un fléau calamiteux » ne vient engager la
responsabilité préfectorale.

D'une manière générale, les règlements sanitaires com-
munaux approuvés par les préfets sur avis du Conseil départemental d'hygiène prescrivent entre autres obligations :
a) L'épandage sur terrains appropriés, des eaux résiduaires d'origine industrielle et leur épuration avant leur
rejet au cours d'eau ; *b)* approvisionnement en eau potable
offrant la garantie d'une réelle pureté ; *c)* la répression contre
toute pratique consciente ou involontaire susceptible d'altérer la pureté des eaux.

Notons enfin que, le 24 décembre 1910, le Gouvernement
déposait à la Chambre des députés un projet de loi visant
« la conservation des eaux qui ne font pas partie du domaine
public ».

Le texte de ce projet comporte un certain nombre de dispositions complémentaires à celles que nous avons dégagées des articles 9 et 10 de la loi du 16 février 1902.

Dans son ensemble, ce projet apparaît comme une extension et une spécification de la loi de 1902.

Voici d'ailleurs le texte des articles essentiels du projet :

ARTICLE PREMIER. — Il est interdit de jeter, déverser ou laisser écouler, soit directement, soit indirectement, dans les cours d'eau, aucune matière susceptible de nuire : 1° à la conservation et à l'écoulement des eaux ; 2° à la salubrité ; 3° à l'utilisation des eaux pour l'alimentation des animaux, pour les besoins domestiques, pour les emplois agricoles ou industriels ; 4° à la faune et à la flore aquatiques utiles.

ART. 2. — Des arrêtés concertés avec le ministre des Travaux publics fixeront les conditions que les jets, déversements ou écoulements devront remplir au point de vue organoleptique, physique, chimique et bactériologique.

Le simple fait qu'un jet de déversement ou écoulement ne remplit pas les conditions ainsi fixées, constitue un délit, sans qu'il y ait lieu de rechercher quelles en ont été les conséquences.

ART. 3. — Des arrêtés ministériels fixeront les industries qui ne pourront déverser directement ou indirectement leurs résidus dans les cours d'eau qu'après leur avoir fait subir une épuration efficace.

Les dispositions à prendre pour épuration seront proposées par l'industrie et devront être reconnues acceptables par un arrêté du préfet rendu, dans le délai d'un an, sur le rapport du Service hydraulique.

ART. 12. — Aucune évacuation, aucun déversement direct ou indirect de matières ne pourront être effectués dans le sol, dans les excavations naturelles ou artificielles, dans les puits ou forages qu'après que les dispositions convenables auront été prises pour ne pas compromettre l'utilisation des eaux souterraines et ne pas nuire à la salubrité.

Ces dispositions seront proposées par l'intéressé et devront être reconnues acceptables par un arrêté du préfet rendu dans le délai d'un an, sur le rapport du service hydraulique.

Le simple fait qu'une évacuation ou un déversement de matières auront été effectués dans le sol, dans des excavations naturelles ou artificielles, dans des puits ou forages sans autorisation ou en ne se conformant pas aux dispositions acceptées par le préfet, constituera un délit, sans qu'il y ait lieu de rechercher quelles en ont été les conséquences.

ART. 13. — Un arrêté du préfet sur le rapport du Service hydraulique pourra, soit interdire, soit subordonner à certaines conditions le dépôt, le déversement direct ou indirect, à la surface du sol, de matières qui compromettraient l'utilisation des eaux souterraines ou qui nuiraient à la salubrité.

ART. 15. — Les opérations d'épuration par le sol des eaux usées, provenant des communes, ne pourront être effectuées qu'à la condition de ne pas compromettre l'utilisation des eaux souterraines et de ne pas nuire à la salubrité.

Toute la sagesse de la loi projetée se dégage de la simple lecture de ses principaux articles. Au point de vue de la protection des eaux sa conception reste irréprochable ; il n'est pas douteux qu'elle réalise *ipso facto* l'unanimité des suffrages.

Mais lorsqu'on réfléchit tant soit peu aux conséquences qu'elle comporte, on est obligé d'admettre que son application suppose une véritable révolution des habitudes de la vie rurale. Et c'est là que nous nous heurtons de nouveau à l'inévitable pierre d'achoppement.

Il ne faut pas se dissimuler qu'aux termes de la loi projetée il y a à peu près autant de délinquants que d'habitants des campagnes et que chacun d'eux est délinquant à divers titres. Et ce qui est plus grave encore, c'est qu'en dépit de l'adage « nul n'est censé ignorer la loi », chacun consomme le délit sans en avoir le moindre soupçon.

Si l'on peut admettre, à la rigueur, que l'industriel n'ignore pas que l'effluent de ses machines ou de ses bacs souille le cours d'eau, il en est tout autrement du cultivateur qui, de mémoire d'homme, a vu déposer le fumier dans le même angle de la cour à dix pas du puits. Il n'a jamais constaté que cette pratique porte le moindre préjudice à quiconque et ce n'est pas le titre de « délinquant » et la condamnation à l'amende qui le lui feront mieux comprendre.

Averti, il ne modifiera pas ses habitudes ; menacé, il promettra, mais ne tiendra pas sa promesse, parce que l'utilité lui échappera ; poursuivi, il obéira sans doute, admettant

que « la loi est dure, mais qu'après tout c'est la loi ! » Ne
pensez pas cependant que sa condamnation l'empêchera
d'aller jeter la prochaine charogne dans « l'abîme » le plus
proche !

Ces observations ne retirent absolument rien au bien fondé
de la loi ; elles signifient tout simplement que son application donnera lieu à de graves mécomptes si les populations
rurales ne sont pas suffisamment préparées à en admettre
la portée. Qui a tant soit peu vécu aux champs ne peut
ignorer que le monde des campagnes est parfaitement acces-
sible aux notions du progrès pourvu qu'on lui en justifie les
avantages. La ville s'emballe fréquemment, la campagne
écoute, réfléchit, pèse, accepte ou refuse et c'est ainsi beaucoup mieux.

VII. — MÉTHODES DE PROTECTION DES EAUX FLUVIALES

Nous avons vu jusqu'ici comment les eaux se polluent
et se contaminent et ce que la législation en cours exige en
vue de la protection de la santé publique contre les maladies
d'origine hydrique.

Nous allons, maintenant, exposer les diverses méthodes
proposées pour protéger les eaux fluviales ou souterraines
contre toutes causes de pollution.

Puisqu'il est dans l'ordre des phénomènes naturels que
l'eau des sources se rende à la mer par le canal des rivières,
le même enchaînement logique implique nécessairement la
contamination des eaux courantes par les eaux souterraines.

Nous devons envisager, ici, les moyens propres à protéger
les eaux fluviales à l'exclusion des moyens particuliers aux
eaux cachées.

Contre les eaux usées d'origine industrielle.

Ces eaux doivent être évacuées et versées en rivière après
avoir subi un traitement purificateur. Celui-ci consiste à
débarrasser l'eau des substances putrescibles qu'elle tient en
suspension et des matières dissoutes, des produits chimiques
dans la majeure partie des cas.

L'élimination des matières tenues en suspension s'effectue par divers procédés que nous retrouverons pour la purification, en grand, des eaux de boisson. Nous n'avons pas à aborder ici la description de ces procédés ; nos lecteurs en trouveront l'exposé dans la seconde partie de cet ouvrage, aux chapitres consacrés aux procédés mécaniques, chimiques et mixtes.

La destruction des substances dissoutes ne peut être résolue que par l'intervention d'une réaction chimique appropriée. Ces réactions sont *neutralisantes* ou *précipitantes*. Elles sont neutralisantes lorsque le réactif ajouté a pour effet de neutraliser les propriétés chimiques du corps dissout et d'en supprimer la nocivité. Elles sont précipitantes lorsque le réactif incorporé produit avec le corps dissous un composé insoluble qui se sépare de la masse liquide par sédimentation ou par surnatation.

On ne recourt, en vérité, à ces dernières sortes de réactions que dans des cas très particuliers. D'une manière générale, on compte sur la dilution pour opérer l'extrême division des corps dissous. Un effluent très chargé d'acide sulfurique, par exemple, se dilue dans l'eau de la rivière au point d'échapper au dosage. Cet acide en réagissant sur le bicarbonate de chaux se fixe à l'état de sulfate de calcium. L'acide carbonique déplacé par la réaction reste incorporé à l'eau jusqu'à ce que l'acide fort (l'acide sulfurique) se trouve entièrement fixé. A partir de ce moment, l'acide carbonique formera un nouveau composé, carbonaté ou bicarbonaté, dès qu'il entrera en contact avec une base libre.

La composition de chaque effluent constitue en définitive un problème particulier dont la solution n'est subordonnée à aucune règle fixe. Il importe ainsi de procéder à l'analyse physique et chimique de chacun et d'envisager une solution d'espèce.

Contre les eaux ménagères.

Nous avons vu que la pratique la plus simple pour se débarrasser de ces eaux consiste à les épandre sur le sol des cours ou des jardins. C'est du moins le moyen employé dans les campagnes. Nous avons également vu que cette pratique ne comportait pas d'inconvénients appréciables, à la condition, toutefois, que cet épandage soit effectué à l'écart des puits ou des citernes. Le déversement direct en rivière doit être rigoureusement prohibé.

Dans beaucoup de localités, voire même au sein des

Fig. 17. — Le tout à la rivière : lavoirs et latrines.

grandes villes, les « éviers » ou les « plombs » des habitations riveraines se déchargent directement dans les cours d'eau.

Un exemple typique en est donné par l'Aubette et les divers bras du Robec qui traversent à plusieurs reprises l'un des vieux quartiers de Rouen. La disposition des tuyaux de descente montre à quel point se pratique, sur l'Aubette, le tout à la rivière. On remarque-même qu'on n'a pas toujours recours aux tuyaux de descente. En maints endroits, l' « évier » ou le « plomb » est prolongé d'un bout de tuyau traversant la muraille qu'il ne dépasse guère plus de cinquante ou soixante centimètres. Les eaux ménagères se déversent en cascades malodorantes et la force de leur chute soulève au fond de la rivière une boue noire et fétide.

Mais ce que nous avons constaté sur l'Aubette et l'eau du Robec à Rouen, nous l'avons encore constaté sur le Puchot dans le vieil Elbeuf, à Troyes, à Pont-Audemer, à Lure et à Paris même, il y a peu d'années, sur les rives de la Bièvre.

On voit parfois côte à côte, sur maintes rivières, une latrine et un lavoir ! Comme de juste, le lavoir se trouve en aval de la latrine ! (*fig.* 17)

Peu de villes, en réalité, échapperaient à des critiques de cet ordre.

Pour la campagne, il est prudent d'éviter le déversement au sol sur un emplacement consacré à cet effet. Une disposition fréquemment réalisée consiste à prolonger à l'extérieur de l'habitation le conduit de l'évier. Les eaux ménagères s'épandent sur le sol autour du point de chute et se trouvent absorbées par infiltrations ou quelquefois par simple imprégnation de la terre végétale. D'autres fois, les eaux usées ruissellent jusque vers une dépression avoisinante, imprègnent le sol, le colmatent et donnent finalement naissance à d'immondes cloaques.

La meilleure pratique serait celle qui consisterait à recueillir dans des tonneaux *ad hoc* ou dans des fosses cimentées et bien étanches, les eaux usées et de les utiliser pour l'arrosage du jardin potager. Les eaux de savonnages, pourraient être épandues sur les parties du jardin encore inensemencées.

Pour les villes, le problème se pose sous l'aspect du traitement des eaux d'égoût. Nous avons brièvement présenté déjà le système d'épuration par épandage à fin d'utilisation agricole, adopté par la ville de Paris; nous n'y reviendrons pas, nous contentant d'exposer ici le principe fondamental des méthodes concurrentes.

La dilution. — Cette méthode, la première dans l'ordre historique, consiste à rejeter les eaux usées, soit à la mer, soit dans le cours d'eau le plus proche.

Trois conditions essentielles président à l'admissibilité de cette méthode :

1° Il faut que les agglomérations se trouvent situées à proximité de la mer ou d'un cours d'eau ;

2° Il faut que le rapport entre le volume de la masse diluante et celui de la masse diluée soit suffisamment faible. Il faut, en d'autres termes, que le volume des eaux usées n'excède pas 1/100 du volume d'eau débité par la rivière pendant la même unité de temps ;

3° L'eau de la rivière ne peut être utilisée pour l'alimentation sans avoir subi un traitement purificateur préalable.

L'utilisation agricole. — L'eau d'égout est employée à l'irrigation de vastes surfaces de terres cultivées. Les ferments de divers ordres s'emparent des substances putrescibles, leur imposent une série de transformations chimiques qui ont pour effet de les amener à la forme assimilable pour la nutrition végétale. C'est ainsi que les substances azotées passeront une série d'étapes dont le terme final est leur fixation à l'état de nitrates, c'est-à-dire de corps minéraux solubles. Ceux-ci pénètrent ensuite par endosmose (à travers les membranes externes des racines) dans l'économie du végétal.

Il convient d'ajouter que l'application de cette méthode n'a pas été partout couronnée du même succès. La constitution géologique du sous-sol exerce une grande influence sur la marche de la fermentation. Il s'ensuit que les surfaces à irriguer par un même cube d'eau varient, d'une région à l'autre, dans de notables proportions.

La précipitation chimique. — « Le traitement chimique des eaux d'égout consiste à ajouter à ces eaux certains produits, généralement de la chaux et du fer, puis à amener le mélange dans de vastes bassins ouverts à travers lesquels le liquide coule avec lenteur de manière à permettre au précipité formé, qui renferme pratiquement toutes les substances solubles putrescibles, de se déposer et à n'avoir comme effluent qu'un liquide clair et exempt de toutes matières en suspension.

Le traitement chimique des eaux d'égout est coûteux ; il

faut compter en moyenne 2 francs à 2 fr. 50 par an et par habitant ; la quantité de matière organique enlevée ne représente guère que 55 pour 100 de la quantité totale contenue dans l'eau. L'effluent est encore susceptible de putréfaction et ne peut, par suite, être évacué dans un cours d'eau qui, en étiage, débiterait moins de dix fois le volume à y projeter. D'autre part, le précipité recueilli dans les bassins de décantation est difficile à traiter ; s'il ne peut être jeté à la mer, comme c'est le cas à Londres et à Manchester, il faut le faire passer à la presse pour l'enlever et soit le brûler, soit le répandre sur des terrains inoccupés et sans valeur. De grandes installations existent cependant encore pour le traitement chimique des eaux d'égout ; la plus grande de toutes est celle de Londres où plus de 800.000 mètres cubes sont traités chaque jour. L'installation de Worcester (Massachusetts), la plus importante des États-Unis, traite environ 67.000 mètres cubes par jour, ce qui constitue déjà une entreprise sérieuse. »

L'exposé des méthodes d'épuration plus récentes a été fait, d'une manière remarquable, par M. Léonard P. Kinnicut, en 1902, au Congrès de l'association américaine pour l'avancement des sciences. C'est de cet exposé que nous extrayons la description des méthodes dites microbiennes.

La filtration intermittente. — L'auteur de la communication rappelle que, dès 1865, Alexandre Muller, de Berlin, montrait qu'en faisant passer l'eau d'égout d'une façon intermittente à travers du sable on débarrassait cette eau des matières nocives ; mais l'application du processus est de date beaucoup plus récente. On sait aujourd'hui que les eaux d'égout fraîches renferment, en nombre immense, des bactéries vivant sur la matière organique morte et causant sa décomposition. Chaque groupe de microbes (aérobies et anaérobies) joue son propre rôle spécial dans la destruction des matières usées contenues dans les résidus domestiques.

En faisant passer l'eau d'égout d'une façon intermittente à travers du sable, on développe des conditions favorables à l'accroissement et à l'action des bactéries et l'on provoque la destruction des substances nocives par ces organismes microscopiques.

« L'installation pratique répondant à ces notions consiste en un certain nombre de couches de sable, de chacune environ un demi-hectare de superficie, soigneusement nivelées, drainées et séparées les unes des autres par des digues de hauteur variant de 0ᵐ,90 à 1ᵐ,80. L'eau d'égout brute, après passage à travers une chambre de dégrossissage et des écrans pour se débarrasser des gros corps flottants ou des boues lourdes, passe successivement sur les diverses couches, aucune de celles-ci ne recevant les eaux durant plus de six heures par vingt-quatre heures...

« En ne faisant couler l'eau d'égout que six heures sur vingt-quatre, le liquide est évacué par les drains et remplacé par de l'air ; les conditions favorables à la double action des bactéries anaérobies et aérobies se trouvent ainsi assurées.

« Ce procédé permet l'épuration de 560 à 850 mètres cubes d'eau par jour et par hectare de surface de sable, pourvu que l'eau d'égout ne renferme pas une grande proportion de résidus industriels. *Les substances qui polluent l'eau sont enlevées dans une mesure telle que le liquide sortant des couches filtrantes est clair, à peu près sans odeur et peut être évacué sans aucune crainte dans un petit cours d'eau.* »

Le bassin septique. — « Un bassin septique n'est pas autre chose qu'un bassin, clos ou ouvert, à travers lequel l'eau d'égout coule continuellement, mais avec une si grande lenteur qu'elle met de douze à vingt-quatre heures pour traverser ce bassin. L'eau d'égout même contient, nous l'avons vu, des bactéries anaérobies et, en obligeant cette eau à rester dans le bassin hors du contact de l'air, on provoque une augmentation considérable du nombre de ces bactéries qui, agissant sur les substances liquides et solides dans le bassin, produisent les changements groupés sous le nom de putréfaction. En d'autres termes, l'eau d'égout s'épure elle-même ou, comme le disait M. Sedgwick, elle « travaille » dans le bassin comme le jus des pommes fermentant sous l'action des ferments sauvages. Dans la fabrication du cidre, le jus des pommes, chargé des micro-organismes fournis soit par la poussière sur la pelure des fruits, soit par l'atmosphère, soit par les parois du récipient, se trouve attaqué lentement par ces micro-organismes et changé en cidre dur, ou même en vinaigre. De même dans un bassin septique, l'eau d'égout chargée de bactéries anaérobies entre en fermentation sous l'action de ces bactéries qui éliminent ou changent complètement une grande quantité de substances polluantes et donnent un produit qui n'est plus de l'eau d'égout ordinaire, mais une eau usée dans laquelle une forte proportion de matières solides a été liquéfiée et changée en gaz.

« Dans ce processus, comme dans tous les processus de fermentation, des gaz se développent et au moment où la fermentation est la plus active, le volume de ces gaz atteint environ 60 mètres cubes pour chaque mètre cube d'eau passant à travers le bassin.

« La grande valeur pratique du bassin septique, c'est que — enlevant comme il le fait la moitié des impuretés — il réduit la superficie du sable nécessaire pour l'épuration dés eaux d'égout. Avec le procédé de filtration intermittente, où les bactéries anaérobies et aérobies travaillent côte à côte, on ne peut guère traiter que 560 à 850 mètres d'eau d'égout par hectare ; avec le bassin septique assurant le travail à part des anaérobies, le cube pouvant être traité avec la même surface se trouve quintuplé. »

Lits de contact. — « Cette méthode est le résultat d'expériences faites par M. W. J. Dibdin sur l'eau d'égout de Londres. Elle diffère de la filtration intermittente en ce que l'eau, au lieu d'être amenée lentement et de filtrer à travers une couche de sable, est versée rapidement dans un bassin étanche rempli de matériaux tels que mâchefer, coke ou pierre cassée, et retenue dans ce bassin pendant un nombre donné d'heures, après quoi le liquide est évacué rapidement.

« Un lit de contact anglais est un bassin étanche, de 10 à 20 ares de surface, 0^m,90 à 1^m,20 de profondeur, soigneusement drainé et rempli de matériaux durs, cassés, tels que terre cuite, coke, mâchefer, pierre en morceaux passant juste dans un tamis à mailles de 12 millimètres et rejetés par le tamis à mailles de 6 millimètres. Le plus souvent, ces bassins sont construits à deux étages, de sorte que, si le premier bassin n'assure pas une épuration suffisante, le liquide sortant de ce bassin passe ensuite dans le bassin inférieur. L'installation prend alors la dénomination de système à double contact.

« Le procédé ne convient pas pour le traitement des eaux d'égout brutes, car l'action du lit de contact est de favoriser le travail des seules bactéries aérobies. Le bassin est rempli aussi rapidement que possible, généralement en une demi-heure, avec de l'eau d'égout traitée chimiquement ou ayant passé dans un bassin septique ; on laisse le bassin plein pendant deux ou trois heures ; puis, ouvrant les vannes du système de drainage, on vide le bassin dans le même temps à peu près que pour le remplissage.

« Le même bassin ne peut servir que deux fois, ou au plus trois fois, par vingt-quatre heures, et pour rester en bon état il faut qu'il soit laissé au repos un jour sur sept. En opérant de cette façon, on peut épurer environ 5 600 mètres cubes d'eau d'égout par hectare de bassin et par jour, ce qui représente certainement plus de cinq fois la quantité qu'il est possible d'épurer par le procédé de filtration intermittente. »

Se prononçant sur l'efficacité de la méthode, M. Léonard P. Kinnicut ajoute :

« Mon avis personnel, après mûr examen de la question, c'est que l'eau d'égout brute ne peut pas être traitée avec succès par la méthode des lits de contact ; que les eaux d'égout clarifiées, débarrassées des matières solides par un traitement chimique, ou ayant subi une fermentation dans le bassin septique, peuvent être épurées avec succès sur les lits de contact, et que pour des eaux d'égout ainsi préparées la méthode offre une solution de la question de l'épuration des eaux d'égout des villes ne disposant pas de grandes surfaces de sable. Ce n'est pas toutefois un procédé qui puisse être appliqué fructueusement sans soins et sans attention ; pour réussir, il exige, tout comme le procédé de filtration sur le sable, la surveillance personnelle d'un chimiste ou d'un ingénieur sanitaire compétent. »

La filtration continue. — « La filtration continue est un essai pour augmenter encore la quantité d'eau d'égout susceptible d'être traitée sur une surface donnée ; elle permet le traitement de 22 500 à 33 000 mètres cubes d'eau d'égout par jour et par hectare.

« Les méthodes permettant ce résultat sont toutes basées sur l'idée que les périodes de repos nécessaires avec les lits de contact et avec la filtration intermittente peuvent être laissées de côté pourvu que l'air soit fourni au filtre en même temps que l'eau d'égout et que le filtre soit établi de façon telle que l'air frais y circule continuellement. Le seul but des périodes de repos est, en effet, de fournir l'air en quantité suffisante aux bactéries.

« La fourniture continue d'air et sa rétention dans le filtre peuvent être assurées, prétendent les partisans de la filtration continue, en épandant l'eau d'égout clarifiée sous forme de jets fins, de manière que chaque goutte de liquide se trouve entourée d'air quand elle pénètre dans le filtre; pour retenir cet air dans le filtre, il suffit de faire celui-ci assez peu compact et de le drainer soigneusement afin que le liquide ne puisse remplir les vides entre les particules du matériel filtrant.

Divers systèmes de filtres ont été expérimentés. Mais l'emploi des installations de cet ordre implique la clarification préalable des eaux soumises au traitement.

Etant donné le cadre limité de cet ouvrage, nous ne pouvons envisager ici avec plus de détails l'important problème urbain que constitue l'épuration des eaux d'égout.

En invoquant par les lignes qui précèdent l'autorité d'un spécialiste dont la compétence ne saurait être mise en doute, nous avons voulu permettre à nos lecteurs d'envisager, sous la forme la plus concise, à la fois la situation et la complexité du problème.

VIII. — MÉTHODES DE PROTECTION DES EAUX SOUTERRAINES

Contre les puisards. — Le puisard est une menace permanente pour la salubrité publique. Il entretient un foyer de pollution constant et de contamination éventuelle.

Les puisards doivent être supprimés ou la nappe phréatique sous-jacente abandonnée. Les émergences issues de cette nappe doivent être également misés à l'index.

Divers ingénieurs hygiénistes ont préconisé l'abandon pur et simple de la nappe phréatique toujours exposée à de multiples causes de pollution. Il nous paraît plus rationnel d'organiser la protection systématique de cette nappe. La suppression des puisards serait un premier pas accompli vers ce but. Néanmoins lorsque l'évacuation par le sol est le seul procédé qui permette de se débarrasser des eaux usées, on pourra recourir au puisard à la double condition de n'y diriger que l'effluent d'une fosse septique fonctionnant d'une manière efficace et que ce puisard se trouve en dehors du périmètre de protection des puits ou des émergences tributaires de la nappe phréatique.

Faut-il encore, en pareille occurrence, tenir compte des règlements de police sanitaire en vigueur sur l'étendue du département ou de la commune. Nous aurons à revenir sur ces considérations un peu plus loin.

Notons cependant qu'un puisard aménagé pour servir de filtre dans les conditions indiquées par les figures 18 et 19 peut être mis en service sans com-

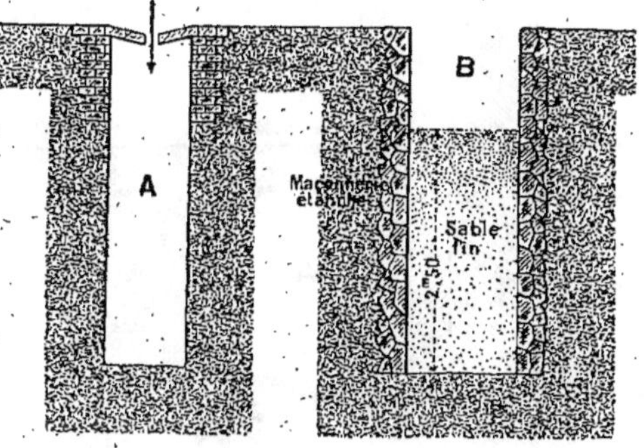

Fig. 18. — Construction d'un puisard.
A, puisard ouvert en pleine terre (défectueux); B, puisard à parois étanches, garni de sable fin.

promettre la pureté de la nappe souterraine. Il importe avant tout que la maçonnerie soit parfaitement étanche jusqu'à la base du lit filtrant et qu'il n'y ait à proximité ni source ni puits.

Contre les réceptacles non étanches. — En 1908, le Conseil général de l'arrondissement de Vouziers institua un certain nombre de primes destinées aux cultivateurs créateurs des meil-

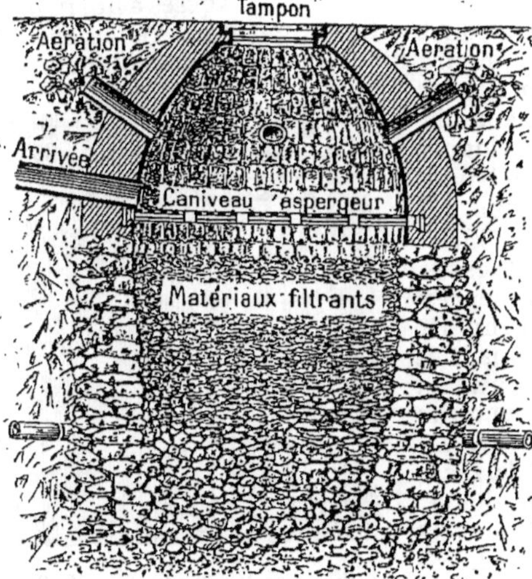

Fig. 19. — Puisard couvert avec couche filtrante pouvant recevoir l'effluent d'une fosse septique.

leurs types de fosses à fumier ou à purin étanches. Le Conseil général et le cercle agricole de cet arrondissement du département des Ardennes donnèrent ainsi un exemple qu'il importe de louer sans réserve. Les initiatives de cette nature sont infiniment plus fructueuses que les règlements de police appliqués par surprise à une population non prévenue.

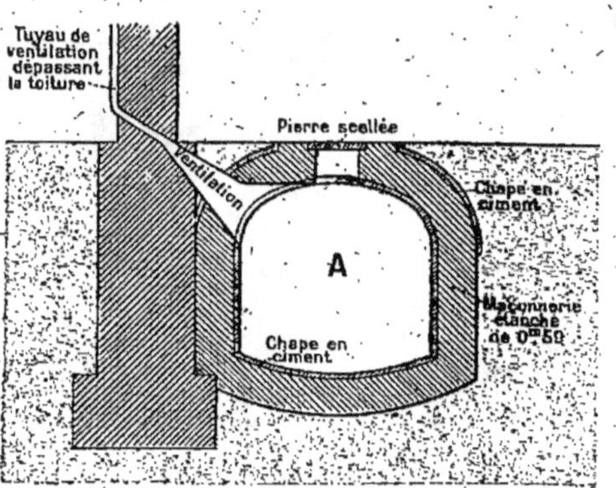

Fig. 20. — Type de fosse d'aisance parfaitement étanche.

Comme pour les puisards, les fosses à purin ou à vidange doivent être construites en moellons reliés entre eux par du mortier hydraulique et intérieurement enduites d'une chape en ciment.

La figure 20 montre la disposition d'une fosse à vidange fixe répondant aux conditions d'une étanchéité absolue. On donne autant que possible la forme circulaire à ces fosses. Le fond présente une dépression centrale. La maçonnerie est formée de moellons liés par un mortier hydraulique. La paroi intérieure est enduite d'une chape en ciment. La partie supérieure de la fosse affecte la forme d'un dôme; celui-ci est muni d'une ouverture donnant accès dans la cavité et ordinairement fermée d'un tampon scellé. L'extrados de la construction est

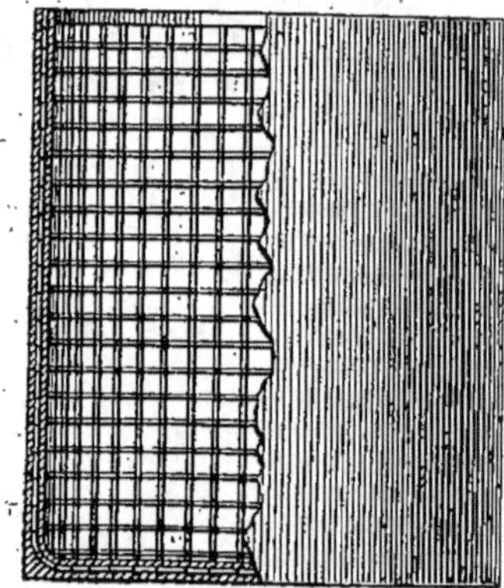

Fig. 21. — Réservoir en ciment armé pouvant être utilisé dans la construction des fosses étanches.

également pourvu d'une chape en ciment. On calcule la capacité de ces fosses à raison de 1 mètre cube par personne et par an.

Dans les campagnes on utilisera avec profit, pour l'établissement des fosses d'aisance, fosses à purin, lavoirs, etc., des réservoirs en ciment avec ossature métallique (*fig.* 21). En fournissant au constructeur toutes les indications utiles on obtiendra, avec ces réservoirs, des fosses absolument étanches répondant aux exigences de leur destination.

Fosses septiques. — Ces appareils fonctionnent automatiquement sans surveillance ni entretien, par la seule intervention de la fermentation anaérobique. Ils transforment les matières fécales en substances liquides et gazeuses et restituent un effluent aqueux présentant les caractères d'une eau à peu près épurée.

Chaque appareil comporte en réalité deux compartiments. La conception du premier est inspirée par les conditions favorables au développement des microbes anaérobies : c'est le compartiment septique proprement dit. Le second est aménagé de façon à satisfaire aux exigences des espèces aérobies ; c'est le compartiment d'oxydation. Le compartimentage de la fosse a donc pour but de localiser le travail de chaque groupe d'organismes.

L'épuration biologique peut d'ailleurs se représenter de la façon suivante :

Principales substances traitées.

Hydrates de carbone (choux, pommes de terre).
Cellulose (papier, toile, ficelle).
Albuminoïdes.
Albumine cuite.
Graisses.
Viande.
Substances minérales.
Eau.

a) *Compartiment septique*
(action des groupes anaérobies, travaillant à la température de 16-17° C).

Hydrates de carbone.... désintégration rapide.
Cellulose.............   —   en 5 semaines.
Albuminoïdes.........   —   rapide.
Albumine cuite........   —   en 6 semaines environ.

Graisses . . . . très résistantes, se transformant en acide gras et en glycérine.
Viande . . . . désintégration entre 2 et 6 semaines selon sa nature.
Substances minérales . . . se déposent.
Eau . . . . joue le rôle de support.

En résumé : actions de réduction, dégagement de gaz inflammables.
L'effluent constitué par un liquide, homogène est fortement ammoniacal.
L'azote albuminoïde a été transformé en azote ammoniacal.
L'eau entraîne de nombreux microbes anaérobies.
Les pathogènes ne sont pas tous détruits.
Jamais de bacille typhique.
Rarement de coli-bacille.

b) Compartiment d'oxydation.
(action des groupes aérobies).

Destruction des anaérobies.
Nitrification des composés ammoniacaux.

En résumé : action microbicide de l'oxygène.
Oxydation de l'azote ammoniacal.
L'effluent est presque imputrescible.
Assez nombreuses espèces aérobies.
Pas de germes pathogènes.
Pas de coli-bacille.

L'analyse d'une eau du « tout à l'égout » de Paris a donné les résultats suivants (D' Ogier) :

	EAU		
	du tout à l'égout.	de l'effluent septique.	de l'effluent du lit bactérien.
Matières en suspension (séchées dans le vide).	1,494	0,074	»
Après calcination	1,037	0,046	»
Différence (matières organiques en suspension).	0,457	0,028	»
Azote ammoniacal (en ammoniaque).	0,0148	0,0182	0,0052
Azote albuminoïde (en azote).	0,0052	0,0026	0,0000

Examen bactériologique.

Bactéries par c. c.	415.000 (bacillus coli)	67.000 (pas de b. coli).	4.700 (pas de b. coli).

En 1909, M. S. Peussi préconisait, dans la *Revue d'hygiène*, l'établissement de fosses ou la transformation des fosses fixes des habitations en se basant sur les données que nous venons de résumer.

La fosse est divisée en deux compartiments séparés par une murette en briques. Le premier fonctionne comme une fosse septique et le second comme un lit bactérien d'oxydation.

Voici les prescriptions de l'auteur :

Compartiment septique. — Pour que les microbes anaérobies puissent y exercer leur travail de destruction dans de bonnes conditions, il faut :

1º Que la fosse étanche ait une capacité de liquide de 8 à 20 fois celle du liquide journalier envoyé à la fosse par les tuyaux de chute. Lorsque les eaux grasses de cuisine vont à la fosse, le volume de celle-ci doit être de 15 fois au moins plus grand. Avec une capacité moindre, la transformation est moins complète ;

2º Que les matières fécales soient diluées dans un volume d'eau suffisant, au minimum de 10 à 15 litres par habitant et par jour ; une proportion double donne de meilleurs résultats ;

3º Que la fosse ne reçoive, ni les eaux de salles de bains, ni celles des buanderies, qui, par leur grand volume, produisent une vive agitation de la masse liquide qui trouble les microbes dans leur travail. Il en est de même des eaux pluviales, qui ont en outre l'inconvénient de faire entrer de l'air dans le compartiment septique ;

4º Que les tuyaux de chute descendent à une faible hauteur, en contre-bas du niveau constant, 0^m,35 à 0^m,30 au maximum. La tranche verticale du tuyau de sortie doit plonger bien davantage (0^m,60 à 0^m,70), ce qui correspond au moins à 1/3 de la hauteur du liquide.

Compartiment d'oxydation (lits bactériens). — L'air doit arriver à ce compartiment en aussi grande quantité que possible, puisque ce sont les microbes aérobies qui vont travailler pour détruire les anaérobies et pour nitrifier les produits ammoniacaux du premier compartiment. Le tuyau d'évent de la fosse drainée doit donc déboucher dans le deuxième compartiment et, s'il est possible d'y amener aussi tout ou partie des eaux pluviales du toit, on aura ce double avantage d'un nouvel afflux d'air dissous ou entraîné par succion, et d'un moyen automatique de nettoyage du distributeur de l'effluent venant du compartiment septique.

Le deuxième compartiment recevra un lit d'oxydation formé de corps poreux qui devra être alternativement sec et mouillé pour la facile et intermittente pénétration de l'air dans toute la masse ; le lit bactérien partira du fond, au-dessus du tuyau d'évacuation du liquide épuré, jusqu'à une hauteur telle qu'il reste en contre-bas du niveau constant du premier compartiment une hauteur libre aussi grande que possible pour pouvoir y placer un réservoir de chasse automatique, pour les grandes fosses, et un distributeur de l'effluent septique permettant sa répartition sur la surface du lit bactérien. Pour les petites fosses, le réservoir de chasse pourra ne pas exister, l'intermittence des afflux y existant naturellement. On peut admettre pratiquement que cette différence de niveau entre le dessus du bassin septique et le dessus du lit d'oxydation sera d'au moins 0^m,60 pour les grandes fosses et de 0^m,30 pour les petites.

Le lit bactérien d'oxydation aura une surface aussi grande que possible, au moins 1 mètre carré pour 8 à 10 personnes, ce qui correspond à une moyenne de 11 décimètres carrés par personne et un volume minimum de 1 mètre cube pour ce même nombre de personnes.

On prendra ces corps spongieux parmi ceux qui se trouvent dans la région. On y trouvera toujours du mâchefer, des scories, du coke, de la tourbe, des briques creuses concassées dont le mélange donnera de bons résultats. Quand on aura à sa disposition des pierres calcaires tendres, on les réduira en morceaux gros comme un œuf et on les mélangera avec un volume égal ou double de scories.

L'effluent septique sera réparti aussi uniformément que possible sur la surface du lit bactérien. Deux cas sont à considérer, selon qu'il y a ou qu'il n'y a pas de réservoir de chasse automatique. Dans le premier cas le réservoir fonctionnant par intermittence déversera son volume dans une rigole distributrice percée de trous latéraux vers la partie inférieure. Dans le deuxième cas, le tuyau de sortie de l'effluent septique aura une forme de bec de canard infléchie pour avoir du liquide en pression au-dessus des trous latéraux de distribution.

En pratique, on sera souvent amené à mettre deux de ces tuyaux de sortie pour une bonne répartition.

Le tuyau des eaux pluviales débouchera tangentiellement dans la rigole distributrice qui sera ainsi nettoyée, ou bien, en l'absence de rigole, le tuyau se terminera en pomme d'arrosoir au-dessus du lit bactérien.

Ce qui précède s'applique surtout aux habitations des petites agglomérations et aux habitations isolées, dont la plupart ont une fosse à fond perdu, non étanche, ou un simple puisard absorbant non aéré.

La figure 22 concerne une application dérivée des principes précédents. La conduite des eaux ménagères, celle des eaux souillées à la salle de bain, celle des eaux pluviales ainsi que le tuyau de chute des water-closets aboutissent à la fosse septique. Un siphon règle l'admission des eaux épurées sur le lit bactérien.

Dans le premier cas, il suffira de rendre étanche le premier compartiment septique et de placer le lit d'oxydation dans

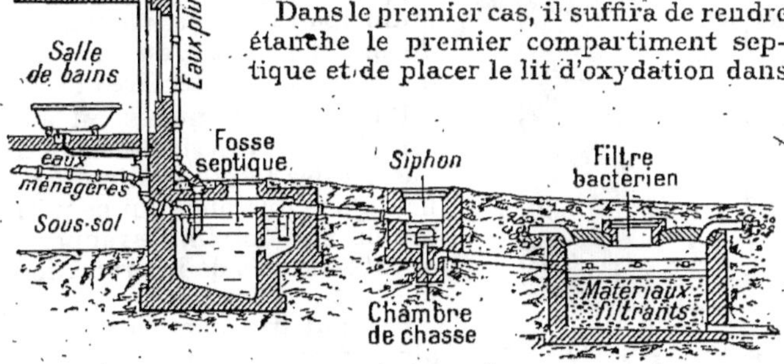

Fig. 22. — Schéma résumant les conditions de fonctionnement d'une fosse septique.

le deuxième dont le liquide non nocif pourra continuer à sortir par le fond perdu.

Dans le second cas, il faudra placer sous le tuyau de chute une tinette septique en ciment armé dont l'effluent ira à un puisard absorbant et aéré formant lit bactérien et aménagé de telle sorte qu'il soit inoffensif pour les nappes d'eau d'alimentation, même si elles sont à faible distance.

La transformation de la fosse étanche d'une maison d'habitation nécessitera une faible dépense très rapidement amortie par la suppression des frais de vidange.

Dans une maison ayant une fosse à fond perdu, il suffira de la diviser en deux compartiments, l'un étanche, septique, l'autre bactérien, pouvant rester à fond perdu.

Enfin dans une maison sans fosse, on placera une tinette septique déversant son liquide au puisard transformé en lit bactérien d'oxydation (*fig.* 19).

Ajoutons que de nombreux constructeurs se sont efforcés de créer des fosses septiques à encombrement restreint. La figure 23 présente l'aspect extérieur d'un de ses appareils. La figure 24 montre une de ces fosses avec filtres mobiles.

Nous devons maintenant attirer l'attention de nos lecteurs sur un point important de la législation actuellement en vigueur.

La loi n'autorise pas l'usage des fosses septiques et les règlements de police sanitaire édictés par les municipalités avec l'assentiment du préfet peuvent, au nom même de cette loi, en interdire l'usage.

Dans les communes où aucun arrêté n'en prescrit l'interdiction, l'usage des fosses septiques bénéficie d'une tolérance qui peut prendre fin sur un simple rapport des agents chargés de la protection de la santé publique.

Cet état très particulier et pour ainsi dire expectant de la législation à l'égard de ce procédé de destruction des matières excrémentielles s'explique par la contradiction des résultats acquis, dans la pratique, par l'épuration biologique.

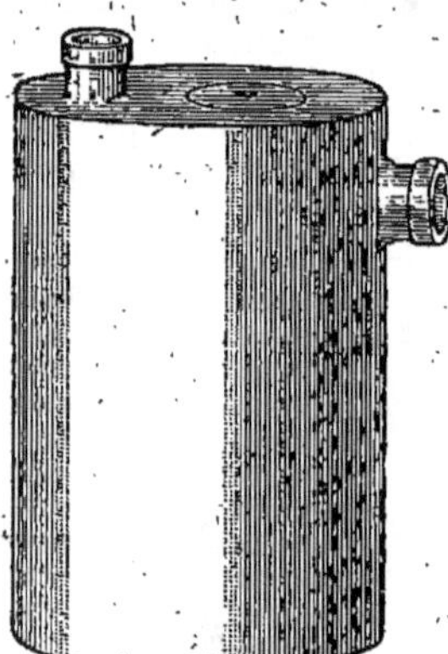

Fig. 23. — Aspect extérieur d'une fosse septique mobile.

Nous avons vu précédemment qu'une épuration efficace est subordonnée à de nombreuses conditions. Or, les appareils du commerce ou les dispositifs réalisés par les entrepreneurs de maçonnerie sont souvent loin de satisfaire à ces exigences essentielles. De très nombreuses fosses libèrent un effluent putrescible contenant en abondance le colibacille.

Il est d'ailleurs à présumer que, dans un prochain avenir, la loi n'exclura pas un procédé d'épuration d'une réelle efficacité ; il est vraisemblable qu'elle en autorisera l'usage sous réserves de garanties sévères et sous la responsabilité commune des constructeurs et des usagers.

Contre les ordures ménagères. — Nous avons montré le danger qui résulte du déchargement des ordures ménagères, charognes et résidus de cuisine dans les excavations naturelles ou artificielles du sol.

Vingt-quatre heures après leur enlèvement, les ordures ménagères deviennent d'actifs foyers d'infection. Il importe donc de s'en débarrasser au plus vite.

Dans les campagnes, les ordures ménagères sont généralement mises à pourrir sur le fumier. La pratique peut être

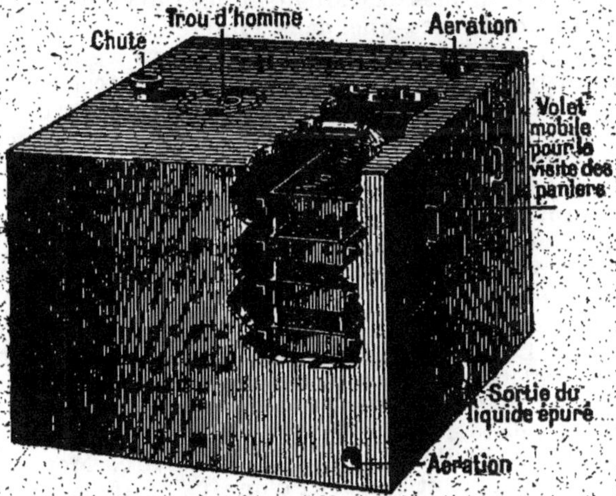

Fig. 24. — Fosse septique avec filtres d'oxydation mobiles et superposés.

admise, si la fosse à fumier présente les conditions d'étanchéité requises pour les fosses d'aisance ou à purin. Il importe aussi que cette fosse soit établie à l'écart des habitations. Une autre pratique, très recommandable, est l'incinération. Elle offre le réel avantage de détruire tous les germes. La question, pour les localités où il est procédé à l'enlèvement des ordures, est plus complexe.

Depuis de nombreuses années, un débat toujours pendant et sur lequel nous n'insisterons pas, est engagé entre les partisans de l'incinération *in toto* et les partisans du broyage, du traitement par digestion dans la vapeur ou de méthodes mixtes.

Au point de vue purement hygiénique, l'incinération inté-grale offre le maximum de garanties.

C'est ce point de vue qui animait M. Nàve lorsqu'il soumettait, en 1909, à l'assentiment de là Société de méde-cine publique, le vœu suivant :

« La Société de médecine publique et de génie sanitaire réprouve, comme absolument contraire aux règles les plus élémentaires de l'hygiène, les procédés de triage et de chif-fonnage actuellement pratiqués, soit sur la voie publique, soit dans les usines de traitement des immondices.

Elle émet le vœu que, dans l'intérêt de la salubrité pu-blique, les municipalités apportent dans l'étude des pro-cédés d'évacuation et de destruction de ces résidus de la vie humaine, le même souci de l'hygiène que pour l'évacuation et l'épuration des eaux usées, en s'efforçant de mettre la population et les ouvriers eux-mêmes à l'abri des dégage-ments d'odeurs et de poussières qui se produisent pendant la manutention de ces immondices. »

L'incinération des ordures a pris naissance en Angleterre et s'est rapidement développée en Allemagne, en Belgique et en Russie.

En France, en 1908, il n'y avait encore que trois projets. Lyon et Le Havre se proposaient d'incinérer les ordures. Paris projetait l'établissement d'une usine pour l'incinéra-tion des boues à Asnières.

A la fin de la même année, les communes suburbaines de Gentilly, Arcueil-Cachan, Kremlin-Bicêtre, Montrouge et Villejuif étudiaient le projet d'une usine intercommunale.

Contre le danger des nécropoles. — Il n'y a pas de remède à apporter à la permanence de ce danger. Il faut d'abord con-naître le mal et s'efforcer de se mettre hors sa zone d'in-fluence. Les municipalités agiront sagement en s'entourant, à cet égard, de précautions rigoureuses qui peuvent se ré-sumer ainsi :

1° Détermination du périmètre de contamination du ci-metière. Cette opération a pour objet de déterminer la partie de la nappe phréatique ou du réseau aquifère, selon le cas, en relation avec le point contaminant. La détermination peut être effectuée par une série d'expériences de coloration à la fluorescéine ou à la fuschine.

Pour ce faire, on creusera en divers points du cimetière, un trou profond de 50 à 60 centimètres. On préparera

ensuite la solution suivante : fluorescéine : 100 grammes
par 10 mètres de longueur calculés du point contaminant au
point à vérifier.

Faire dissoudre le sel dans une quantité suffisante d'alcool
ou d'ammoniaque.

Verser la solution dans les trous.

Verser de l'eau dans la cavité de manière que cette dernière soit toujours remplie.

Si le terrain est très perméable, l'opération demande

Fig. 25. — Prélèvement d'échantillons pour vérification
de la coloration à la fluorescéine.

2 heures ; s'il n'est que très difficilement perméable, il faut
la prolonger pendant 36 ou 48 heures.

Si l'on emploie la fuschine, multiplier par 10 la quantité
calculée pour la fluorescéine.

S'il y a des puits à l'entour, pomper fréquemment 75 à
100 litres chaque fois.

On prélèvera, pendant toute la durée de l'expérience, des
échantillons de l'eau en tous ces puits ainsi qu'aux sources
servant de déversoir à la nappe étudiée (*fig.* 25).

Pour vérifier la coloration on procèdera comme suit :

Un tube de cristal ayant 1 mètre de longueur et 2 centimètres de diamètre est fermé à l'une de ses extrémités par un bouchon de liège enduit de plombagine. Ce tube, placé verticalement, est rempli de l'eau du puits ou de la source avant le début de l'expérience et servira de témoin.

A chaque prélèvement on emplit un tube analogue. Pour reconnaître la présence de la fluorescéine dans l'eau prélevée, on approche l'œil de l'extrémité du tube de manière que le regard traverse l'épaisseur de l'eau contenue dans l'éprouvette. Si la masse liquide présente un reflet verdâtre, lumineux, fluorescent, c'est qu'il y a communication entre le puits ou la source et le point contaminant.

En groupant les résultats acquis à chaque station, il devient possible de déterminer le périmètre de contamination de la nécropole.

Si l'on note les heures où la coloration apparaît à chaque station, on peut, par différence avec l'heure marquant le début de l'expérience, évaluer la rapidité de la contamination, du moins dans des circonstances analogues à celles où l'on opère.

Ajoutons que la fluorescéine, qui est une phtaléine de la résorcine, est un corps absolument inoffensif. L'eau colorée peut être bue sans aucun danger.

La fluorescéine vaut environ 30 francs le kilogramme.

2° Le périmètre de contamination étant déterminé, condamner les puits inclus dans ce périmètre ainsi que les sources alimentées par la même nappe et incluse dans ce même périmètre ;

3° Si la contamination entre le point contaminant et les sources est rapide, on fera bien de ne déverser en rivière l'eau de ces sources qu'après un traitement à l'hypochlorite. En cas d'épidémie cette mesure devient indispensable.

IX. — L'HYGIÈNE APPLIQUÉE A LA CAPTATION DES EAUX DE BOISSON

Type d'installation. — Depuis quelques années on s'est vivement préoccupé de garantir les installations de puisage et de captage contre les dangers d'une pollution à la source même. On entoure également les organes d'aménagement et de distribution de précautions analogues.

La figure 26 résume les conditions générales d'une instal-

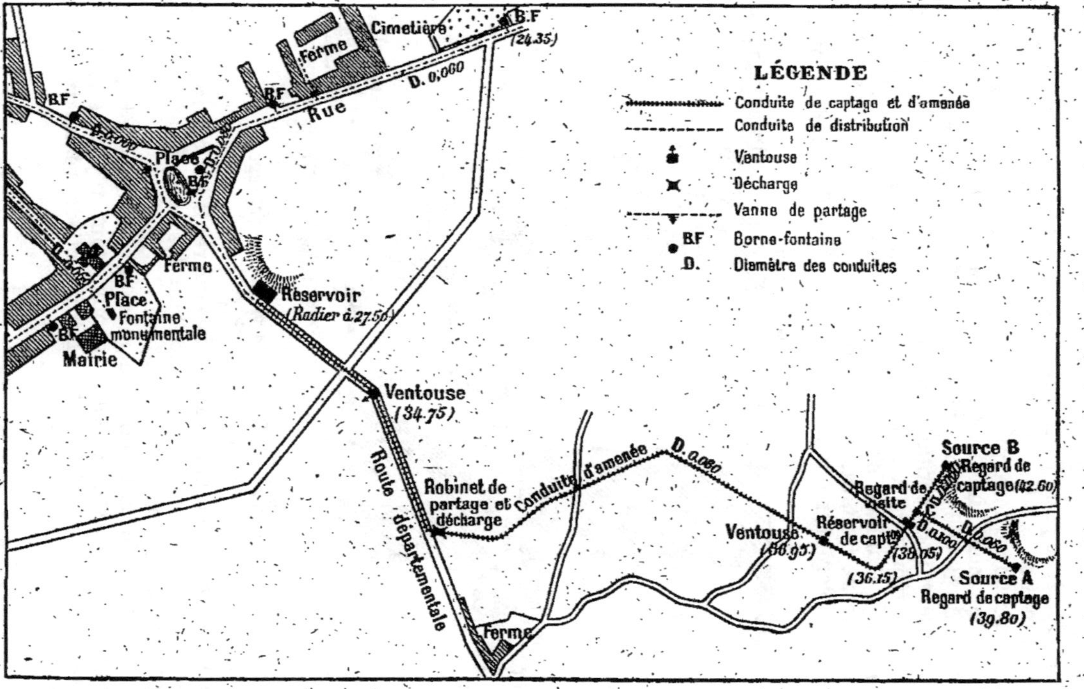

Fig. 26. — Plan d'installation d'une distribution d'eau pour petite commune.

lation créée pour l'alimentation en eau potable d'une petite commune.

On remarquera qu'il s'agit, en l'espèce, d'une installation extrêmement simple. Les eaux captées en A et en B à l'altitude de 42ᵐ,60 et de 39ᵐ,80 gagnent par simple gravitation le réservoir de captation à la cote de 36ᵐ,15, puis le réservoir de distribution à la cote de 27ᵐ,50, enfin les organes de puisage établis à une altitude voisine de 24 mètres (24ᵐ,35 à la borne-fontaine du cimetière.)

Si la commune avait été alimentée par des sources situées

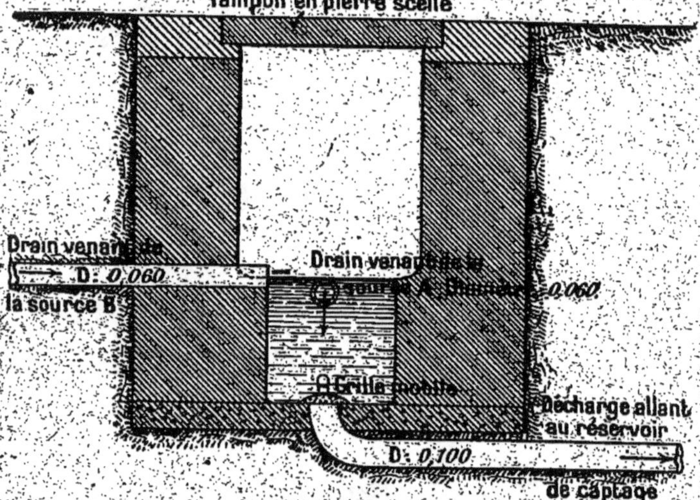

Fig. 27. — Regard de visite sur captage.

en contre-bas ou par l'eau de la rivière, il eut été indispensable d'établir une pompe refoulant les eaux dans le réservoir de charge ou de distribution.

Laissons de côté, pour le moment, la question du captage ou du puisage et envisageons, pour n'y plus revenir, les organes essentiels de conduite et de répartition des eaux.

Regard de visite sur captage. — La figure 27 montre la disposition d'un de ces ouvrages. On remarque que les drains venant des sources A et B se déversent dans une sorte de réservoir. Le radier de ce réservoir est traversé par la conduite de décharge qui mène les eaux dans le réservoir de captage. Les figures 28 et 29 montrent l'aspect extérieur de ces travaux de protection des sources.

Réservoir de captage des sources (*fig.* 30). — Cet ouvrage a un rôle à la fois régularisateur et protecteur à l'égard du

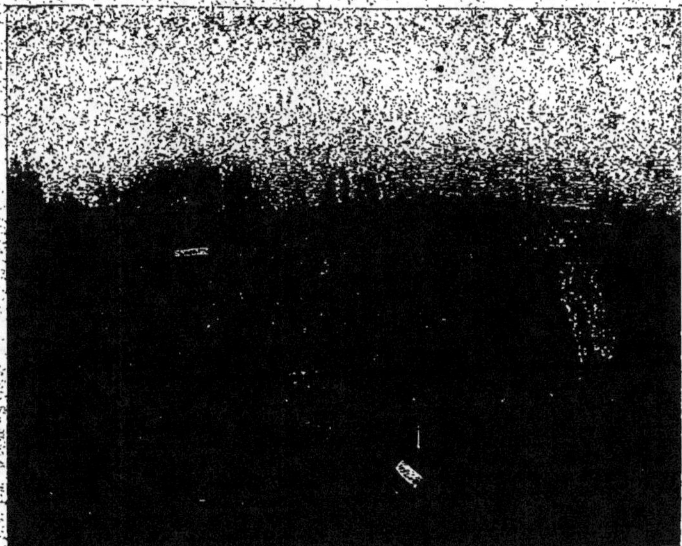

Fig. 28. — Vue extérieure d'un regard sur captation.

réservoir de distribution. Il tend à régulariser la pression dans la conduite d'*amenée* et accumule les matières terreuses qui pourraient être entraînées. Une disposition particulière à la tuyauterie de départ, d'ailleurs bien visible sur la figure, permet la vidange du réservoir. Pour ce faire, on met en décharge la conduite d'amenée et l'on démasque la bonde placée au niveau du radier.

Ce réservoir, comme les regards de visite ou de captage, est établi en maçonnerie formée de moëllons ou de pierres

Fig. 29. — Source souterraine de la Dhuys.

Le monticule à gauche de la maison de garde indique le point où la source est captée.

meulières liés par un mortier hydraulique et enduits d'une chape en ciment. Les tampons d'accès sont en pierres et scellés après chaque visite.

Conduites. — Les conduites de dérivation sont généralement formées de drains en grès. Les conduites d'amenée et

Fig. 30. — Réservoir de captage des eaux.

de distribution sont en fonte (*fig.* 31). On emploie beaucoup aussi les tuyaux et aqueducs en ciment armé.

Ventouses. — La circulation de l'eau dans les conduites draine un certain volume d'air. Celui-ci tend à s'accumuler sur les points hauts du profil, là où les ondulations de la canalisation forment des convexités. L'accumulation de ces tampons aériformes et la résistance pneumatique qu'ils opposent au libre écoulement de l'eau provoquent des « à-coups », des « coups de bélier » qui se répercutent sur toute la longueur de la conduite et risqueraient d'entraîner la rupture des tuyaux. On obvie à cet inconvénient en plaçant aux points hauts du profil des appareils appelés *ventouses*. Celles-ci sont souvent de simples cloches branchées sur la canalisation et munies d'un robinet qu'on ouvre périodiquement.

On préfère, en général, recourir aux ventouses à flotteur, fonctionnant d'une manière automatique.

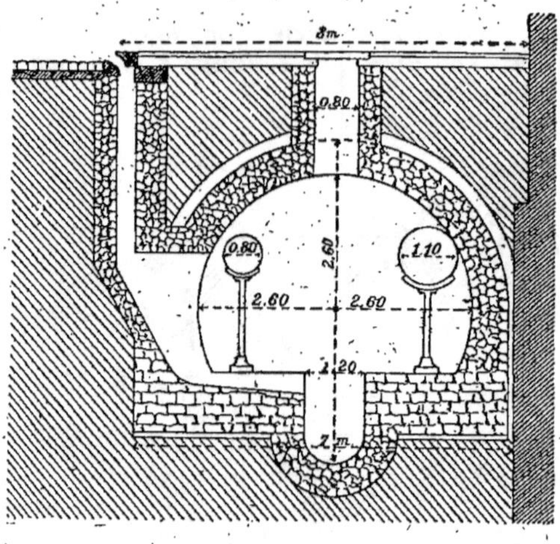

La figure 32 montre la disposition d'un de ces appareils.

Le flotteur métallique F est solidaire de la tige T portant l'obturateur O. En temps normal, le niveau de l'eau dans le corps de la ventouse est tel que l'obturateur s'applique sur l'orifice du chapeau C. L'air s'accumule dans la partie supérieure de l'appareil et exerce une pression croissante sur la surface du liquide. A un certain moment la tension devenant supérieure à la pression dans la conduite; le niveau de l'eau s'abaisse entraînant le flotteur. L'orifice du chapeau démasqué laisse échapper l'air de la ventouse et supprime la résistance pneumatique.

Fig. 31. — Coupe schématique d'un égout collecteur montrant l'emplacement des conduites de fonte portant, pour la distribution, des eaux de source et de rivière.

Réservoir de distribution. — Ce réservoir a pour but d'assurer la régularité du débit aux appareils de distribution, bornes-fontaines, fontaines monumentales, prises d'eau diverses. Ses dimensions sont calculées de manière à contenir une réserve d'eau suffisante et

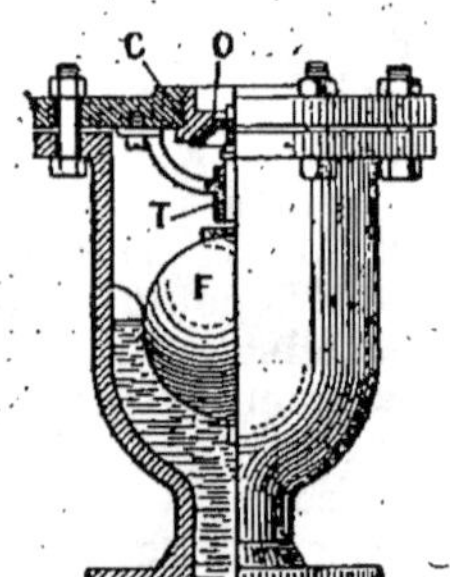

Fig. 32. — Coupe au travers d'une ventouse à flotteur.

pour recevoir la portée de la conduite d'amenée aux moments de moindre consommation, la nuit par exemple.

Le réservoir de distribution est ainsi à la fois un organe d'emmagasinage et de régularisation.

Il est établi à une hauteur suffisante pour donner la pression aux points extrêmes du réseau de distribution et aux points les plus élevés de la localité.

La construction de ces réservoirs exige de grandes précau-

Fig. 33. — Réservoir en ciment armé construit à flanc de coteau.

tions pour que la qualité des eaux ne s'y trouve point altérée — non plus que sa température — durant leur séjour.

Lorsqu'un réservoir est établi « en fouille », la maçonnerie doit être parfaitement étanche et l'extra-dos de la voûte recouvert d'une chape en ciment. Depuis quelques années, l'usage du ciment armé s'est énormément propagé pour la construction de ces réservoirs (*fig.* 33 et 34).

En maintes circonstances, on augmente l'effet utile du réservoir sur la pression de l'eau dans les conduites en l'élevant sur un pylône construit en maçonnerie, en fer ou en ciment armé (*fig.* 35). Dans ce cas, le réservoir est clos afin d'éviter la pollution par voie aérienne ou par infiltration des eaux pluviales chargées de poussières et de germes.

Précautions hygiéniques à observer pour l'emplacement, la construction et l'aménagement d'un puits. — Le puits est un véritable regard foré sur la nappe ou le réseau aquifère. Un puits est dit *superficiel* lorsqu'il descend jusqu'à la nappe phréatique; il est dit *profond* lorsqu'il s'alimente à un ni-

Fig. 34. — Réservoir en ciment armé. Partie inférieure.

veau hydrologique développé en profondeur (*fig.* 36). Certains puits profonds furent forés jusqu'à 200 mètres.

Détermination de l'emplacement. — Les méthodes de prospection hydrologique ayant déterminé le point favorable au forage du puits, il importe ensuite de s'assurer que cette détermination reste compatible avec une situation hygiénique irréprochable. MM. Martel et Henry résument comme suit les précautions à observer à ce point de vue :

1° Supprimer tous les puits creusés au milieu ou à côté des maisons, fermes, etc., si les infiltrations des fosses et

Fig. 35. — Réservoir et pylône en ciment armé.

fumiers sont inévitables dans ces puits; 2° pratiquer le forage à 100 ou 200 mètres au moins de toute construction; 3° créer autour des forages *un périmètre de protection effectif*, c'est-à-dire acquis, en pleine propriété, d'au moins 25 mètres de rayon.

Construction et aménagement. — La figure 37 montre le mécanisme de la pollution et de la contamination des puits non maçonnés ou pourvus d'un revêtement en maçonnerie non étanche.

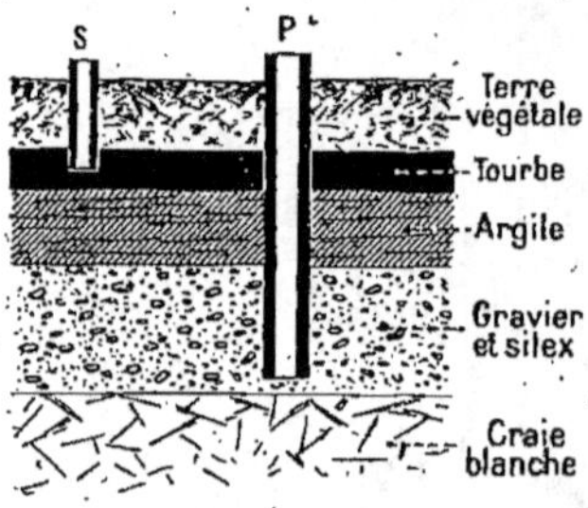

M. G. Philbert, ingénieur des travaux sanitaires de Paris, résume comme suit les précautions à observer pour la construction et l'aménagement d'un bon puits :

« Le puits, qui a environ 1 mètre à 1^m,25 de diamètre intérieur, est descendu jusqu'au niveau inférieur de la nappe souterraine, et la maçonnerie doit s'encastrer dans la couche imperméable, de manière à prendre l'eau au fond.

« Pour mettre ensuite le puits à l'abri des eaux de surface, il faut le construire en maçonnerie hydraulique étanche dans toute la partie située au-dessus du fond de la nappe. L'eau de la nappe seule peut ainsi y pénétrer par la maçonnerie inférieure en pierre sèche ou hydraulique dans laquelle on a ménagé des barbacanes. D'ailleurs on prolongera toujours la maçonnerie au-dessus du sol par une margelle en maçonnerie de 0^m,60 à 0^m,80 de hauteur, et on couvrira le puits pour qu'il soit mieux protégé et pour empêcher que des ordures n'y soient projetées.

«Autour de l'ouverture, le sol devra être constitué par une aire imperméable, sur fondation de béton, jusqu'à une distance de deux mètres au moins, avec une pente vers un ruisseau d'écoulement destinée à éloigner des abords les eaux qui pourraient s'infiltrer et y entraîner des matières insalubres.

Fig. 36. — Puits superficiel et puits profond dans la vallée du Thérain (Oise).

S, puits superficiel foré jusqu'au niveau de la tourbe (pollué par les infiltrations venues à la surface).

P, puits profond foré jusqu'au niveau de la craie blanche. La nappe de la couche des sables et graviers est protégée par le niveau argileux sus-jacent.

« Il faut également que l'ustensile de puisage ne souille pas l'eau; aussi doit-on, si l'on n'a pas pourvu le puits d'une pompe, fixer le seau d'une manière définitive à la chaîne ou à la corde, afin que l'on ne contamine pas l'eau avec des récipients sales.

La publication du Touring-Club de France recommande, en outre, d'appliquer à l'extérieur de la maçonnerie un corroi d'argile complétant l'étanchéité (*fig.* 38, 39 et 40).

« Dans les pays où l'eau est rare, on a l'habitude de rejeter

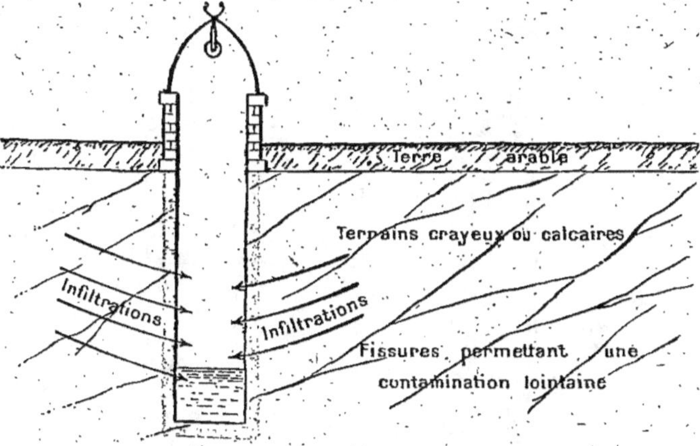

Fig. 37. — Exemple de puits défectueux.

dans les puits les eaux de pluie tombées sur le toit de la maison. Cette pratique est à abandonner : les eaux qui sont ainsi déversées dans le puits n'y restent pas ; elles se diffusent dans la nappe qui alimente le puits ; elles ne constituent donc pas le bénéfice immédiat que l'on cherche, et, ayant lavé les toits, elles se sont chargées de poussières de toute nature qui constituent souvent une cause de pollution.

Mais M. G. Philbert conclue en ces termes :

« On peut ainsi arriver à avoir un puits présentant une certaine garantie de salubrité ; mais on n'aura jamais la certitude que, par suite de tassements du sol, il ne se produira pas de fissures par lesquelles de l'eau de surface s'infiltrera et viendra contaminer l'eau d'alimentation. C'est pour cela que l'on doit encourager les municipalités à assurer la distribution d'eau potable aux habitants de leur commune pour les mettre à l'abri des maladies épidémiques dont l'eau peut être le véhicule ».

La figure 40 montre la coupe d'un puits filtrant dont on rencontre de nombreux exemples dans la région des Landes. L'alios est une formation imperméable qui supporte la nappe superficielle. Les puits sont foncés au travers de la couche sableuse sous-jacente. Le muraillement est constitué par une maçonnerie parfaitement étanche M. Un corroi d'argile C préserve la nappe profonde des infiltrations au niveau de l'alios.

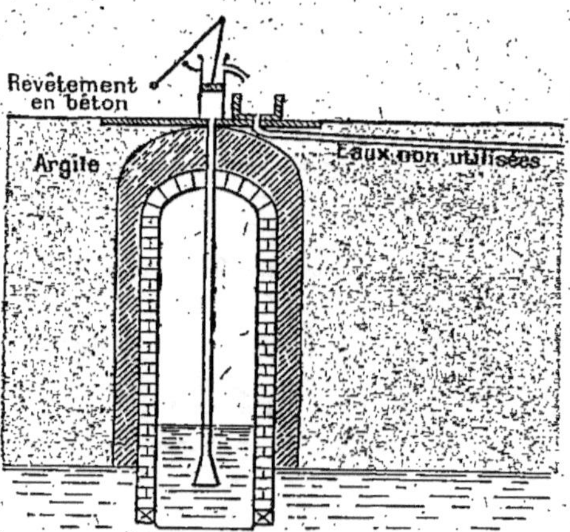

Fig. 38. — Puits sous voûte. La maçonnerie est protégée extérieurement par un corroi d'argile. Ce procédé s'applique surtout aux faibles profondeurs.

Le fonds du puits est garni d'une couche de sable S s'élevant au-dessus du niveau des barbacanes. L'eau qui s'élève dans le puits subit ainsi une filtration sommaire en circulant de bas en haut au travers de la couche S.

Il est bon de renouveler de temps à autre la masse filtrante.

Le captage des sources. — Comme pour la recherche de l'emplacement et l'aménagement des puits, le captage des sources exige de nombreuses précautions hygiéniques. Une source peut, dans le plus grand nombre des cas, être assujettie à la définition suivante : l'affleurement d'une nappe souterraine ou d'un réseau aquifère au point d'intersection du plan hydrostatique avec une surface d'érosion (flanc d'une vallée abrupte, d'une falaise, etc.). La figure 41 exprime nettement la disposition que rappelle cette définition. La source apparaît au point où le flanc de la vallée recoupe l'assise imperméable qui supporte la nappe souterraine, c'est ce qu'on appelle une *source géologique*. Mais on observe aussi, dans la majeure partie des cas, un recouvrement complet de la source géologique par les matériaux meubles, alluvions ou éboulis, recouvrant les pentes. Dans ces conditions, l'eau issue de la source géologique filtre au travers des matériaux de couverture et réapparaît en contre-bas où elle forme *la source réelle*. Cette disposition, la plus commune, est représentée par la figure 42. C'est dans le trajet entre la source géologique et la source réelle que les eaux risquent de se polluer par leur voisinage avec la surface.

« Aussi, quand on effectue une captation d'eau potable, faut-il supprimer ou tout au moins protéger le trajet des sources sous les éboulis et les alluvions et remonter autant que possible les captations jusqu'au niveau des sources géologiques, c'est-à-dire jusqu'aux affleurements des terrains bien en place. » (IMBEAUX.)

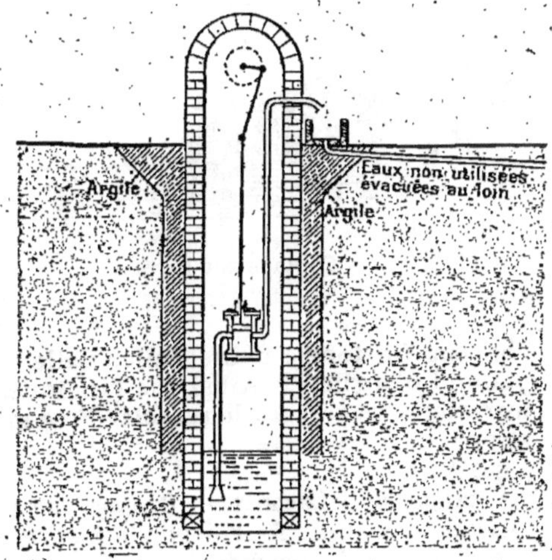

Fig. 39. — Autre disposition recommandable pour puits profonds. Les organes de puisage sont logés dans une chambre maçonnée.

La détermination du *périmètre de protection* d'une source est une tâche à la fois délicate et complexe. Elle ne peut être pratiquée que par la collaboration d'un géologue et d'un bactériologiste.

Les figures 43 à 48 résument les conditions les plus fréquemment réalisées par les travaux de captation des sources.

Captages défectueux. — *Captage par barrage* (*fig.* 43). — Les eaux s'écoulant au travers du terrain perméable P s'accumulent dans l'amas des pierres Pi faisant office de réceptacle en arrière du barrage B. Un drain D conduit les eaux recueillies vers le réservoir de captation. Ce mode de captage ne protège pas les eaux contre des infiltrations venant de la surface. Cet exemple est donc celui d'un captage défectueux.

Captage par pierrée (fig. 45). — Il en est de même du mode de captage par pierrée. La pierrée est un petit aqueduc construit en pierres sèches. Les piédroits P supportent un

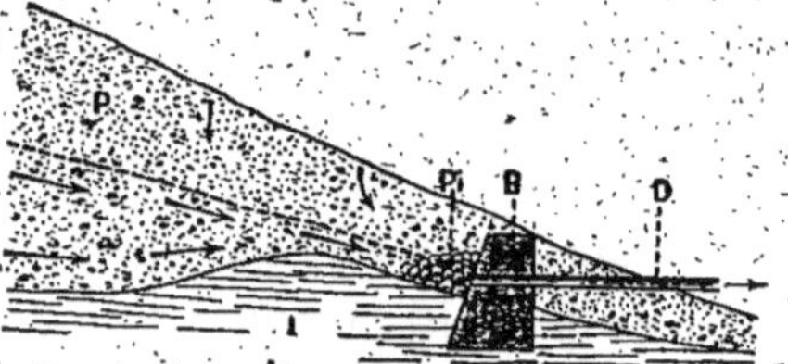

Fig. 40. — Captage par barrage.

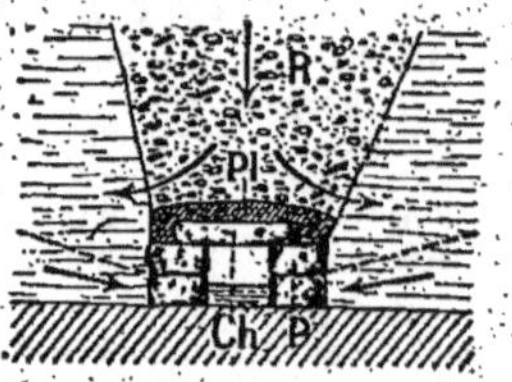

Fig. 41. — Captage par pierrée.

chapeau Ch formé d'une dalle. Celle-ci est recouvert d'un plafond d'argile Pl. Ainsi que l'indiquent les flèches, les infiltrations traversant le remblai R se mêlent facilement à la nappe.

Captages satisfaisants. — *Captage par galerie (fig. 45 et 46).* — Dans l'exemple fourni par la figure 45, la galerie est ouverte en terrain perméable P. Un corroi C appliqué en arrière du piédroit Pd de la paroi d'aval et un plafond d'argile Pl protègent la source contre les pollutions venues de la surface. Entre le chapeau Ch de la galerie et le plafond est disposée une couche de sable Sa faisant office de masse filtrante pour les eaux venant de la formation meuble de couverture S. Les infiltrations issues du talus T sont entraînées vers l'aval.

Dans l'exemple fourni par la figure 46, la galerie est ouverte au contact de la formation perméable formée par les couches S et P et du substratum imperméable. Elle est protégée contre les infiltrations superficielles par le corroi d'argile C placé en arrière du piédroit de la paroi d'aval et le plafond Pl incliné de l'amont vers l'aval. Un tumulus T, régularise la température à l'intérieur de la galerie.

Captage par puits (fig. 47 et 48). — L'exemple de la figure 47 est donné par le captage de la fontaine Saint-Thomas dans la vallée du Lunain (Seine-et-Marne). Le puits est foncé avec les garanties de sécurité que nous avons précédemment mentionnées. Le fonçage a atteint la source géolo-

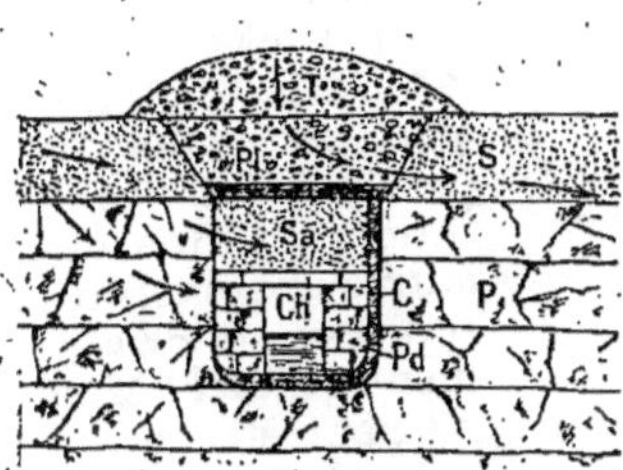

Fig. 42. — Captage par galerie avec plafond horizontal.

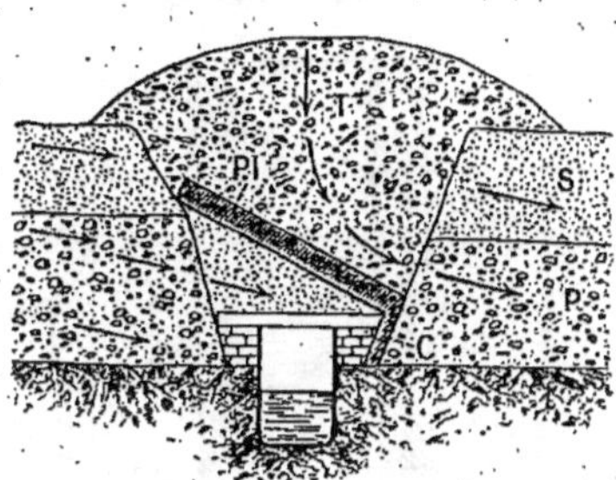

Fig. 43. — Captage par galerie avec plafond oblique.

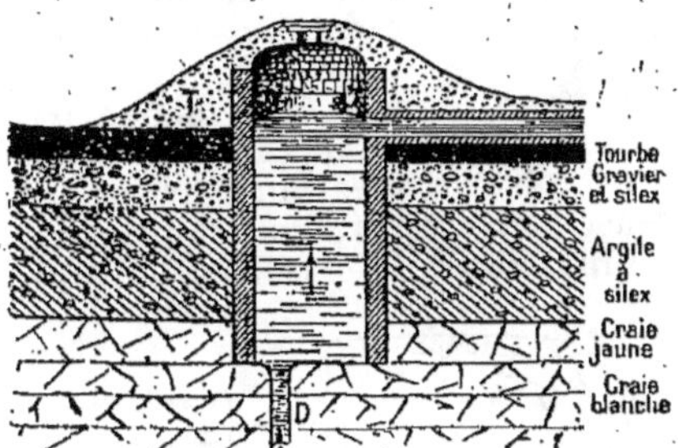

Fig. 44. — Captage par puits sur diaclase.

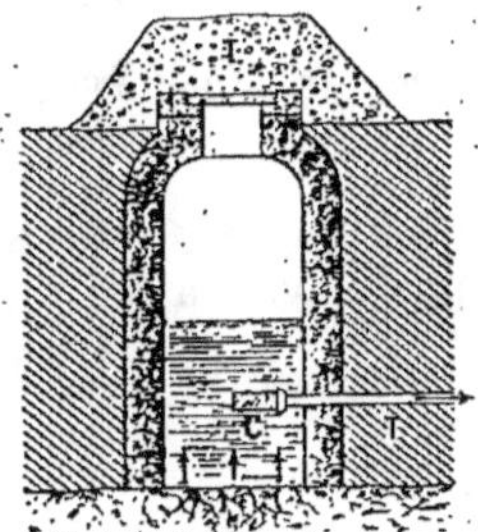

Fig. 45. — Captage par puits sur fissures multiples.

gique. Celle-ci est constituée par l'ascension de l'eau dans la diaclose D. Comme précédemment, le captage est extérieurement recouvert d'un tumulus T.

La figure 48 reproduit une autre disposition du même ordre. Ce puits, dans lequel le puisage s'effectue au moyen de la conduite T munie d'une crépine C, réunit les conditions d'un bon puits. Les flèches indiquent l'ascension des filets d'eau émis par les multiples fissures du sous-sol.

Protection de la nappe phréatique. — Nous venons de présenter, dans les lignes précédentes, un ensemble de mesures dont l'application aurait pour conséquences inéluctables de rendre aux eaux des nappes ou des réseaux périphériques leur pureté naturelle.

Nous nous sommes alternativement adressés aux habitants des campagnes ou des petites cités et aux municipalités parce qu'il est dans notre pensée qu'une collaboration des uns et des autres apporterait une solution rapide et vraiment efficace. Mais ce ne peut être là qu'un point de vue purement idéal, étant donné le particularisme qui oriente le plus grand nombre de nos actions.

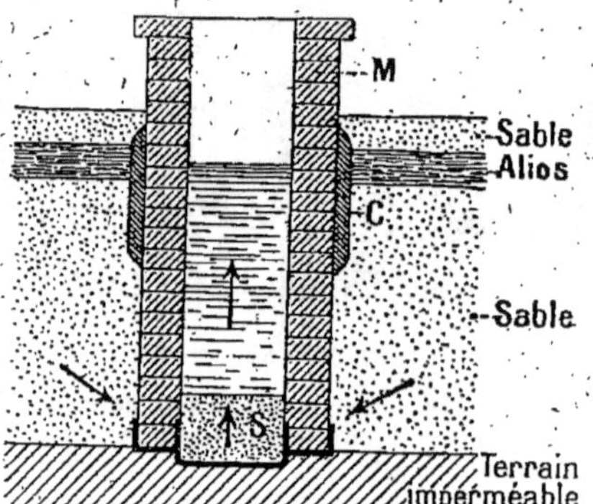

Fig. 46. — Puits filtrant de la région des Landes.

Or l'utopie ne saurait être tolérée lorsqu'il s'agit de problèmes touchant à la santé publique. Il est malheureusement trop vrai que dans ses rapports avec la commune, l'individu voit en celle-ci le percep-

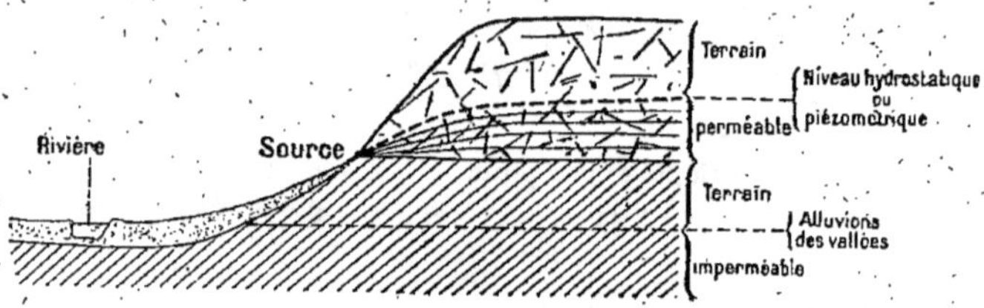

Fig. 47. — Conditions d'affleurement d'une nappe ou d'un réseau aquifère. Formation d'une source.

teur et le garde-champêtre, c'est-à-dire deux formes peu avenantes de l'autorité. Il est aussi malheureusement avéré que, par réciprocité, l'administration communale, dans ses

rapports avec l'individu ,considère en celui-ci plus le contri-
buable et le délinquant que le citoyen. .

C'est parce que nous ne songeons nullement à concilier,
d'un trait de plume, le plus regrettable de tous les malen-
tendus que nous disons aux individus :

« Ayez pour les vôtres comme pour vous-même le souci de
la salubrité. Si vous connaissez le mal, n'hésitez pas à appliquer le remède. Mais efforcez-vous en outre de convaincre
vos voisins, car la négligence de ceux-ci pourrait diminuer
le bienfait de votre effort personnel. En élargissant votre

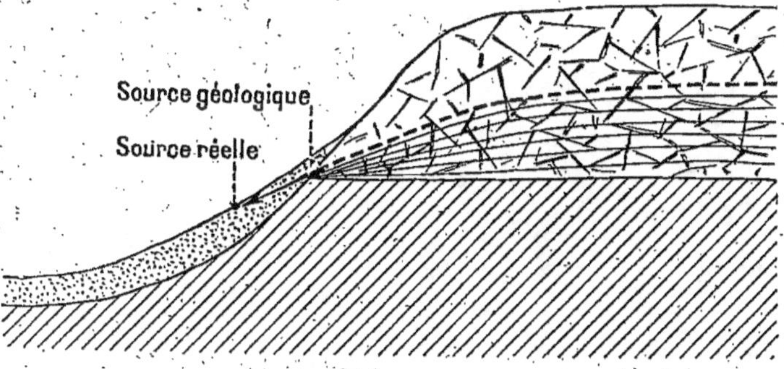

Fig. 48. — Source géologique et source réelle.

apostolat, vous assurez votre propre sécurité et faites œuvre
de bien public. »

C'est exactement pour la même raison que nous disons
aux municipalités : « Votre responsabilité est grande si vos
pouvoirs sont de par la loi étendus. Mais si vous pouvez,
si vous devez compter sur l'exercice de ces pouvoirs pour
sauvegarder votre responsabilité civique, votre responsabilité morale ne sera pas couverte par vos sanctions si vous
n'avez su prévoir selon l'esprit même de la loi.

Or, le propriétaire du fond étant, de ce fait, propriétaire du
tréfond, n'a cependant que droit d'usager sur les eaux qui
traversent sa propriété. Les eaux sont propriété commune,
et c'est vous, municipalités, qui êtes préposées à leur conservation. Si donc vous avez le droit de sévir contre l'usager
qui altère la qualité d'un bien commun, vous avez par contre
le devoir de prendre toute initiative susceptible d'améliorer
la propriété collective. »

DEUXIÈME PARTIE

LA PURIFICATION DES EAUX DE BOISSON

Peu de sujets doivent être abordés avec autant de circonspection que la question de l'eau pure, dès qu'il s'agit d'orienter l'opinion publique, de la guider dans le choix d'un procédé d'assainissement des eaux de boisson.

Bien que le problème de l'eau pure se soit posé à tous les âges de la civilisation, il ne se précisa guère qu'après les célèbres travaux de Pasteur.

Jusqu'au XIX⁰ siècle, on estimait en effet que les propriétés fébriles de certaines eaux tenaient essentiellement à leur nature « vermineuse ». On ignorait les microbes et l'action nocive que certains d'entre eux sont capables d'exercer sur l'organisme humain.

Une eau devait alors se composer de sels minéraux dont l'analyse chimique avait révélé la présence, de gaz dissous ou incorporés, de déchets organiques plus ou moins putréfiés, de larves d'insectes aquatiques, enfin d'organismes microscopiques qu'on ne savait devoir classer parmi les animaux ou les plantes et que nous désignons aujourd'hui sous le nom de *protozoaires*. La puissance du microscope ne permettait guère aux investigations de s'étendre au delà de cette dernière catégorie d'organismes.

Les travaux considérables entrepris par les citadins de tous les siècles pour s'assurer une eau de boisson saine montrent bien qu'aux époques les plus lointaines de la civilisation on connaissait les effets pernicieux de l'eau impure.

Le captage et l'aménagement à grands frais des eaux de source indiquent bien également qu'on avait su à ces époques lointaines distinguer entre la valeur hygiénique des eaux de rivières et celle des eaux souterraines.

C'est donc aux sources que les agglomérations humaines s'alimentaient de préférence ; lorsque celles-ci faisaient défaut, il fallait bien se contenter de l'eau des rivières, quelquefois même de l'eau des mares (*fig.* 49).

Le souci de ne consommer que des eaux offrant une

Photographie de l'auteur.

Fig. 49. — Le puisage à la mare, en Normandie.

certaine garantie au point de vue de la pureté apparut assez tardivement. Les Parisiens, par exemple, se sont contentés durant des siècles des eaux polluées du fleuve et des puits et c'est à leur haut degré de pollution que se rattache l'origine des grandes épidémies cholériques, notamment celles de 1832, 1849, 1853 et 1865.

La filtration, c'est-à-dire une sorte de *tamisage de l'eau polluée* au travers de corps perméables, ne paraît avoir été pratiquée que tardivement. En 1820, l'eau de boisson était encore filtrée sur le papier Joseph. Cependant, quatre siècles avant l'ère chrétienne, Hippocrate distingue entre les eaux qui doivent être considérées comme bonnes et celles qu'il faut rejeter. Il indique plusieurs méthodes parmi lesquelles l'ébullition, mais cette distinction s'applique simplement à la potabilité et non à la pureté de l'eau.

On pensait, en définitive, qu'une eau était potable lorsqu'elle était sapide, inodore, limpide, qu'elle cuisait convenablement les légumes et se prêtait au savonnage. Ces deux dernières conditions indiquaient que la teneur en sels minéraux dissous ne dépassait pas une limite convenable.

Ce ne fut, en réalité, qu'après la découverte des microbes qu'on apprit à se défier de l'eau réunissant ces qualités et que l'on ne préjugea plus de sa valeur sur ses apparences.

On reconnut, grâce au microscope, que l'eau de source, la cristalline et fraîche eau de source, pouvait comporter, sans que rien ne vienne trahir leur présence et mettre en garde contre leurs effets, les redoutables propagateurs d'épidémies effroyablement meurtrières.

Une à une apparurent aux savants qui se spécialisèrent en cette matière les causes jusqu'alors inconnues de la contamination des eaux souterraines. Les progrès rapides de la bactériologie eurent leur répercussion immédiate dans les différents chapitres de la pathologie; l'épidémiologie, c'est-à-dire la science spécialement consacrée à l'étude des maladies épidémiques, bénéficia plus particulièrement des enseignements de la bactériologie.

On connut les bons microbes, ceux dont le labeur incessant concourt à l'entretien de l'équilibre dans l'économie du corps humain; on connut aussi les microbes jouant dans l'organisme un rôle imprécis, semblant réduits à y mener une existence oisive, parasitaire et apparemment inoffensive; parfois subissant une influence peut-être entrevue mais certainement mal définie encore, ils semblent se dégager de leur torpeur; à leur inertie habituelle se substitue une virulence qui s'exaspère et les convertit en adversaires redoutables. Ce sont les saprophytes.

Les persévérantes recherches de savants bactériologistes

permirent de préciser le rôle des microbes pathogènes dans l'étiologie des maladies infectieuses. On reconnut qu'un grand nombre d'entre elles avaient une origine hydrique, c'est-à-dire que l'eau (notamment les eaux riches en matières organiques) constituait un milieu favorable à la survivance ou au développement du microbe spécifique de ces affections (*fig.* 50 à 55).

On comprit que les caractères que l'on exigeait jusqu'alors d'une eau pour la qualifier de *potable* étaient illusoires, puisqu'une eau se présentant sous les dehors les plus séduisants pouvait renfermer de redoutables germes.

Les eaux de source, étroitement surveillées, se montrèrent fréquemment suspectes et imposèrent de ce fait la nécessité d'une purification aussi absolue que possible avant leur consommation.

1. — OBSERVATIONS GÉNÉRALES RELATIVES AUX PROCÉDÉS D'ÉPURATION DES EAUX

Potabilité et pureté d'une eau. — Il nous paraît indispensable de préciser d'ores et déjà la signification des deux termes « pure » et « potable » destinés à exprimer l'état d'une eau, termes que l'on tend malheureusement à confondre dans la pratique.

La *potabilité* d'une eau relève essentiellement de sa composition chimique, de sa teneur en sels minéraux, en oxygène dissous, etc. Une eau est potable lorsque sa composition chimique lui confère des propriétés qui la rendent apte à la consommation. Cette même eau est pourvue de propriétés organoleptiques (saveur, odeur) et de propriétés nutritives positives ou négatives, selon que la quantité de substances minérales dissoutes ou incorporées demeure en deçà ou en delà des limites fixées par la potabilité même. Suivant cette même composition, l'eau se prête ou non à la cuisson des légumes et au savonnage.

La *pureté* d'une eau résulte exclusivement de l'absence d'organismes vivants, de microbes notamment, et seule l'analyse microbiologique peut nous fixer à cet égard.

Nous verrons plus loin quelles sont les conditions indispensables à l'état de pureté d'une eau, autrement dit les *con-*

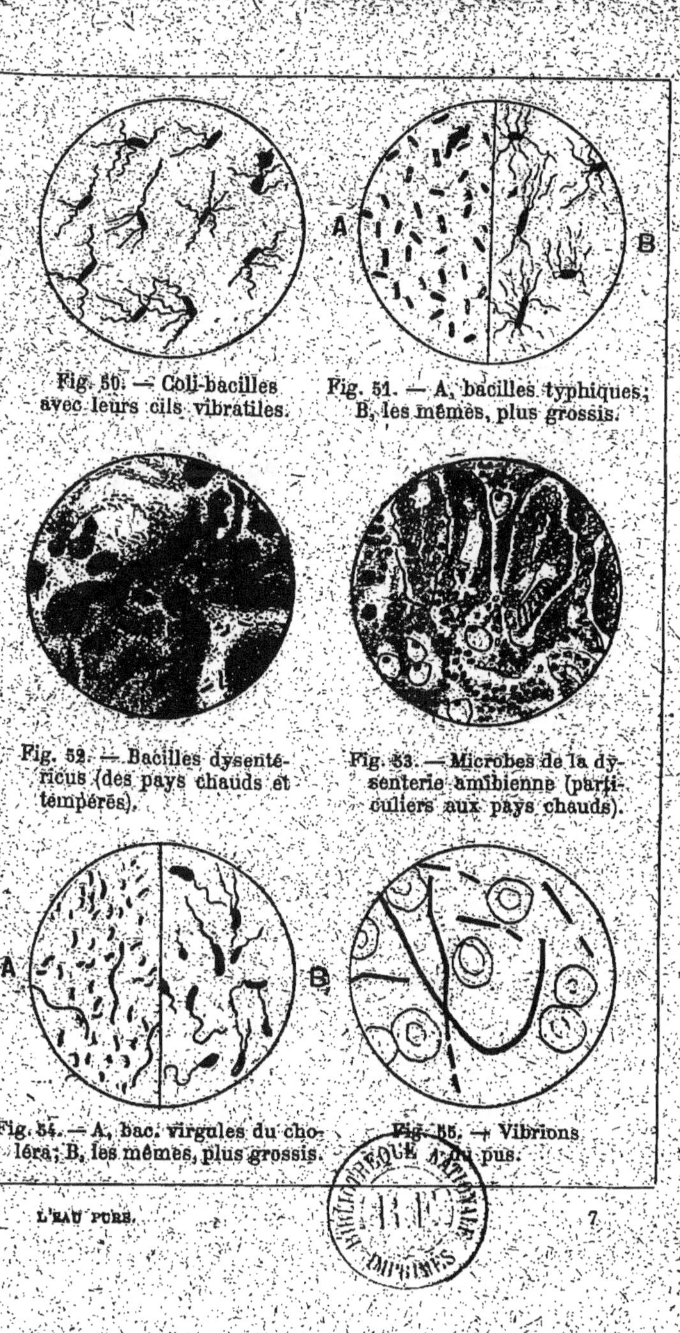

Fig. 50. — Coli-bacilles avec leurs cils vibratiles.

Fig. 51. — A, bacilles typhiques; B, les mêmes, plus grossis.

Fig. 52. — Bacilles dysentéricus (des pays chauds et tempérés).

Fig. 53. — Microbes de la dysenterie amibienne (particuliers aux pays chauds).

Fig. 54. — A, bac. virgules du choléra; B, les mêmes, plus grossis.

Fig. 55. — Vibrions du pus.

ditions *bactériologiques* que doit remplir cette eau pour sauvegarder la santé publique. Ce qu'il importe de bien retenir ici, c'est la particularité propre à chacune de ces deux expressions ; d'autre part, que l'état de potabilité d'une eau n'implique pas nécessairement celui de *pureté* et réciproquement.

C'est d'ailleurs le cas d'un grand nombre d'échantillons d'eau de rivière qui en temps normal (c'est-à-dire en dehors des périodes de crues pendant lesquelles elles présentent une teneur élevée de matières en suspension) revêtent tous les caractères d'une eau potable à l'exclusion de la pureté.

Inversement, les eaux de sources, à part des cas accidentels de contamination, se présentent généralement avec une pureté sinon absolue du moins satisfaisante, mais n'offrant pas toujours pour cela des conditions de potabilité acceptables.

En réalité, ce sont les eaux de source qui réunissent le plus souvent les qualités de potabilité et de pureté ; c'est d'ailleurs pour cette raison que l'on préfère doter l'alimentation publique d'eaux de source ; cette préférence justifie les travaux considérables que l'on entreprend pour assurer aux agglomérations humaines les bienfaits de l'eau pure.

Qualités d'une eau potable. Substances renfermées dans les eaux. — La substance vivante comporte 70 pour 100 de son poids d'eau. L'homme élimine chaque jour, du fait de sa propre activité et de l'accomplissement normal de ses fonctions organiques, 3 litres d'eau environ (transpiration, respiration, excrétions). A cette élimination correspond un appel de l'organisme qui se traduit par l'impression de soif, l'altération.

La récupération de l'eau éliminée s'effectue par l'absorption de boissons et aussi par l'ingestion d'aliments solides, des végétaux et des fruits frais notamment.

Pour être potable, l'eau de boisson doit, en dernière analyse, réunir les qualités suivantes :

Etre *sapide,* c'est-à-dire agréable au goût.

Etre *fraîche ;* dépourvue de cette qualité, elle perd sa principale valeur gustative, elle répugne au palais, désaltère mal ou du moins ne procure pas l'impression d'un apaisement de la soif.

Elle doit être *limpide, transparente* sous une épaisseur déterminée (0^m,30) correspondant à une teneur en limon inférieure à 2 grammes par mètre cube. Dans ce cas l'eau est dite « claire » (1).

Elle doit encore renfermer les sels minéraux indispensables à la nutrition. Toutefois la quantité de ces sels — généralement des alcalino-terreux — ne doit pas excéder 5 décigrammes par litre.

Leur absence rend l'eau désagréable au goût et ne facilite pas l'accomplissement de la digestion; par contre, un excès est nettement nuisible.

Selon que le sel prédominant est du carbonate de calcium, du sulfate de calcium, de la magnésie, des chlorures alcalins, les eaux sont calcaires, séléniteuses, purgatives, salifères. D'une façon générale, elles sont dures et de ce fait impropres aux usages domestiques.

Les eaux renferment encore des substances *organiques* (entendons par ces mots des matières d'origine organique et non des substances *organisées* vivantes); les débris s'y putréfient lentement et se rencontrent par suite sous deux aspects bien différents:

Ce sont, en premier lieu, les substances mortes mais non décomposées. On n'est pas encore bien fixé sur l'action qu'elles exercent sur les eaux. On n'a pu jusqu'ici découvrir si elles étaient capables d'en modifier les qualités naturelles. Tant que la substance organique conserve son intégrité, il semble en effet bien difficile d'admettre la production de substances nocives du seul fait de son immersion dans l'eau.

Ce qui paraît indiscutable, c'est que ces corps, après un temps plus ou moins long, constituent des centres d'activité microscopique caractérisés surtout par la prodigieuse prolifération de la flore putride. Mais il faut alors remarquer que cette période est en quelque sorte le prodrome de la putréfaction et qu'à ce moment déjà la substance organique a perdu son intégrité.

Ce sont, en second lieu, les produits de la putréfaction que l'eau peut contenir dissous.

Sans exposer ici le processus biochimique de la fermentation putride, ce qui nous entraînerait trop au delà de notre sujet, nous rappellerons seulement que celle-ci a pour effet de dégager des combinaisons moléculaires complexes, éla-

---

(1) Le service hydrométrique de la Seine mesure le degré de limpidité à l'aide d'un disque blanc d'un décimètre carré immergé sous 30 centimètres d'eau. S'il est visible, l'eau est claire; s'il apparaît confusément, l'eau est louche; elle est trouble si l'objet n'est pas visible.

borées par l'activité organique de l'être vivant, des combinaisons simples qui caractérisent les corps du règne minéral.

Le résultat de la putréfaction est donc la mise en liberté d'un certain nombre de corps : de l'acide carbonique, des combinaisons ammoniacales, des composés hydrogénés, du phosphore et du soufre, etc. L'abondance de ces substances dans les eaux les rend évidemment inaptes à satisfaire à l'alimentation ; d'ailleurs leur odeur et leur saveur dénoncent immédiatement leur origine.

L'eau des marécages peut être considérée comme le type des eaux riches en débris organiques de toute nature.

Ce n'est pas la présence de ces produits directs de la putréfaction dans l'eau que l'on redoute le plus, mais bien davantage le milieu de culture favorable à la multiplication des espèces microbiennes qu'entretient la fermentation putride.

Les agents de la putréfaction sont des ferments organisés, des microbes saprophytes qui se nourrissent de la substance organique. Or ces saprophytes, dépourvus de nocivité en temps normal, peuvent, nous l'avons indiqué précédemment, acquérir spontanément et sans qu'on en puisse déterminer exactement la cause, une grande virulence.

De l'avis des spécialistes, il est probable que les saprophytes harcèlent l'organisme, l'affaiblissent par un continuel effort de réaction et le prédisposent de ce fait à l'attaque des véritables agents pathogènes comme le bacille typhique, le vibrion cholérique, le bacille de la dysenterie, etc. —

D'autre part, si la matière organique maintenue en suspension dans l'eau contribue au développement d'une flore saprophyte, on conçoit qu'elle puisse également favoriser la prolifération d'espèces pathogènes ou contribuer à leur survivance. On s'explique ainsi que l'introduction de quelques individus pathogènes dans une eau de rivière, par le lavage d'un linge souillé de déjections d'un contaminé, suffise pour provoquer subitement l'apparition d'une épidémie massive. Les germes apportés trouvent dans l'eau de rivière une alimentation facile et la contaminent rapidement.

C'est encore à la présence de matières putrescibles qu'il faut attribuer la survivance, dans certaines eaux, de germes pathogènes plusieurs mois après la fin de l'épidémie. L'accroissement de la virulence des germes bien nourris a été non seulement démontré par des expériences de laboratoire, mais encore confirmé par la découverte de germes dépourvus de virulence dans une eau pure.

En résumé, pour convenir à l'alimentation, l'eau ne doit contenir des matières organiques qu'en assez faibles proportions; leur poids ne doit jamais dépasser 2 milligrammes par litre.

A côté des substances organiques privées de la vie, les eaux renferment encore des organismes vivants; ce sont, à

Fig. 56. — Œuf et embryon
de tænia solium.

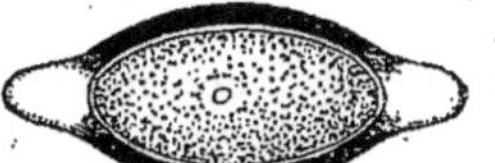

Fig. 57. — Œuf de
trichocéphale.

l'exclusion des microbes dont nous venons de parler, des œufs ou des larves d'insectes et de vers, etc. Les uns sont d'origine aquatique, les autres d'origine sub-aérienne et déposés sur l'eau avec les poussières de l'air (1).

La majeure partie de cette faune est inoffensive pour l'organisme; cependant quelques espèces parasitaires s'y rencontrent. Ce sont des larves ou des œufs de tænia (*fig.* 56), de trichocéphales (*fig.* 57) et de botryocéphales (*fig.* 58), d'ascarides (*fig.* 59), c'est-à-dire de vers nématoïdes très voisins les uns des autres et se fixant tous aux parois du tube digestif des vertébrés y compris l'homme.

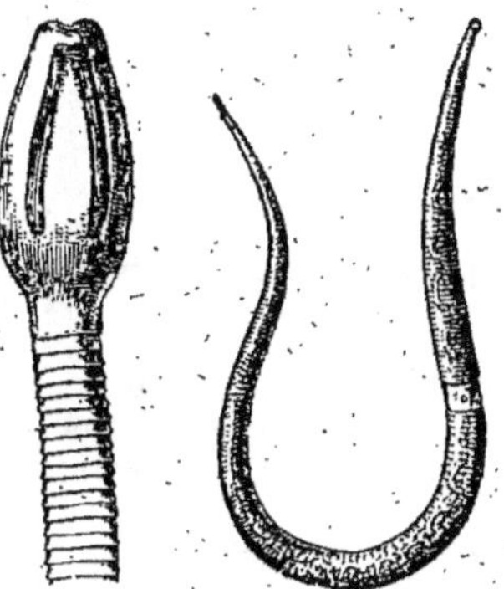

Fig. 58.
Botryocé-
phale.

Fig. 59.
Ascaride lom-
bricoïde.

Les eaux vaseuses favorisent le développement d'un autre ver nématoïde appelé ankylostome, également parasitaire de l'intestin; il détermine chez les sujets qui l'ont absorbé — les carriers et les mineurs — l'anémie connue sous le nom d' « anémie des mineurs ».

---

(1) Il importe de faire remarquer ici que l'on retrouve dans les eaux tous les éléments qui composent les poussières de l'air.

Si, d'une façon générale, les parasites que l'on peut ingérer avec l'eau ne sont guère redoutables, il est néanmoins de la plus élémentaire prudence de prendre des dispositions utiles pour les éviter.

Enfin, les plus redoutables organismes contenus dans l'eau sont, nous l'avons déjà dit à maintes reprises, les microbes.

Richesse bactérienne. — Voici quelques chiffres extraits des statistiques municipales de la Ville de Paris et qui donnent une idée de la richesse bactérienne de certaines eaux :

Seine à Choisy	Moyenne : 180 000 germes par cm³.	
	Extrêmes : 12 000 — et 500 000.	
— à Ivry	Moyenne : 100 000 — par cm³.	
	Extrêmes : 20 000 — et 300 000.	
— à Austerlitz	Moyenne : 190 000 — par cm³.	
	Extrêmes : 20 000 — et 500 000.	
— à Auteuil	Moyenne : 400 000 — par cm³.	
	Extrêmes : 20 000 — et 2 000 000.	
Marne à Saint-Maur	Moyenne : 60 000 — par cm³.	
	Extrêmes : 13 000 — et 125 000.	
Eaux de l'Ourcq au bassin de la Villette	Moyenne : 30 000 — par cm³.	
	Extrêmes : 4 000 — et 70 000.	

Les eaux de source destinées à la consommation parisienne ont donné les chiffres suivants, les échantillons étant prélevés aux réservoirs :

Eaux de la Vanne	Moyenne : 2 760 germes par cm³.	
	Extrêmes : 530 — et 7 505.	
— de la Dhuis	Moyenne : 1 500 — par cm³.	
	Extrêmes : 135 — et 9 160.	
— de l'Avre	Moyenne : 1 905 — par cm³.	
	Extrêmes : 310 — et 10 630.	
— du Loing et du Lunain	Moyenne : 350 — par cm³.	
	Extrêmes : 205 — et 2 405.	

Le degré de pureté d'une eau est pratiquement exprimé par le nombre de bactéries renfermées dans un centimètre cube de cette eau.

Tables de Miquel et de Macé. — Les tables suivantes, établies par le docteur Miquel et par le professeur Macé, permettent la classification des eaux suivant leur état de pureté :

TABLE DE MIQUEL :

Eau extrêmement pure..	0 à	10 germes.
— très pure............	10 à	100 —
— pure..............	100 à	1 000 —
— médiocre..........	1 000 à	10 000 —
— impure	10 000 à	100 000 —
— très impure.........	100 000 germes et au delà.	

TABLE DE MACÉ :

Eau très pure	0 à	20 germes.
— très bonne...........	20 à	100 —
— bonne...............	100 à	200 —
— passable ou médiocre ...	200 à	500 —
— mauvaise	500 à	1 000 —
— très mauvaise.........	1 000 à	10 000 —

C'est la destruction de cette population bactérienne que visent les méthodes et les appareils dont nous allons entreprendre la description et le fonctionnement.

Ceci posé nous amène tout naturellement à délimiter notre sujet. Nous supposerons donc une fois pour toutes que l'eau à stériliser est une *eau potable*, c'est-à-dire une eau réunissant toutes qualités utiles sauf la *pureté*.

En d'autres termes, notre sujet comporte simplement l'examen des méthodes destinées à assurer à l'eau de boisson la *pureté* désirable, sa potabilité étant *supposée acquise*.

Une nouvelle remarque s'impose alors : si l'eau à purifier est préalablement potable, il est de toute importance que sa purification n'altère en rien sa potabilité.

Cette observation a une haute importance, car nous verrons, par la suite, des méthodes assurant une purification très satisfaisante, rendues difficilement applicables par suite des modifications qu'elles apportent à la composition de l'eau.

Procédés de purification des eaux.

On a pu se rendre compte, par ce qui précède, de l'extrême complexité du problème qui se pose à notre attention ; cette impression se fortifiera complètement au cours de l'examen que nous allons entreprendre.

Il suffit d'ailleurs de rappeler qu'il y a quelques années, la

Ville de Paris ayant ouvert un concours pour l'invention du meilleur procédé d'épuration ou de stérilisation des eaux de rivière, 148 dossiers ont été proposés à la Commission chargée de l'examen.

Sur ces 148 dossiers, 57 ont été immédiatement écartés, étant « trop clairement insuffisants ».

Un second examen en élimina encore 49 « contenant indication et procédé qui n'ont pas paru devoir être pris en considération ».

Après un troisième examen, la Commission décida de n'entreprendre des essais pratiques que sur 29 procédés parmi les 42 qui restaient.

En définitive, le rapporteur, M. le Dʳ A.-J. Martin, déclarait « qu'il n'existait pas, parmi les procédés examinés, un seul qui satisfasse à la fois à l'ensemble des conditions considérées comme nécessaires pour la filtration des eaux de rivière destinées à la boisson », et un peu plus loin il ajoutait : « Lorsque, dans une agglomération limitée, l'eau est suspecte ou manifestement souillée, il faut, quand elle doit servir comme eau de boisson, la faire préalablement bouillir et la maintenir aérée à l'abri des poussières atmosphériques. Il convient, en pareil cas, de proscrire tous procédés de filtration ou d'épuration jusqu'ici connus. »

Nous pouvons, sans empiéter sur nos conclusions finales, ajouter que depuis cette époque la question a pratiquement fait peu de progrès. Est-ce à dire pour cela que tous les efforts tentés pendant cette dernière période de vingt années soient demeurés infructueux ! Certes non ! mais cela signifie surtout qu'un grand nombre de constructeurs se sont efforcés de perfectionner des brevets imperfectibles et que les procédés nouveaux ne sont pas encore suffisamment au point pour donner ce qu'on peut en attendre.

Notre but se trouve donc logiquement tracé : décrire les procédés qui méritent de retenir l'attention; examiner la valeur du principe sur lequel ils reposent; vérifier leur fonctionnement et s'assurer avant tout que les conditions de ce fonctionnement demeurent bien compatibles avec le principe lui-même; formuler enfin des objections, soit de principe, soit de détails.

Filtrage et stérilisation. — Nous pensons devoir insister particulièrement sur la nécessité de bien définir, dès maintenant et une fois pour toutes, deux termes couramment employés comme s'ils étaient synonymes et qui, en réalité, comportent chacun une signification particulière.

Le langage courant n'établit pas, à notre sens, une démarcation suffisamment nette entre l'action de *filtrer* et celle de *stériliser* une eau. Or, filtrer une eau ne signifie pas que l'on rend cette eau stérile, c'est-à-dire exempte de tous corps solides pouvant exercer une action déterminée.

Nous avons précédemment comparé la filtration à un véritable tamisage de l'eau; il convient d'ajouter que, selon la nature de la substance employée, les choses se passent comme si l'on utilisait des tamis dont la grandeur des mailles serait variable. Certaines matières perméables ne font que dégrossir une eau en retenant les éléments d'un certain volume : la vase, le limon, les détritus organiques, les larves, pas toujours les protozoaires, encore moins les microbes.

Pour qu'une eau soit stérilisée par filtration, il faudrait que l'action séparatrice exercée par la substance filtrante soit absolument complète et que pas une particule solide ne se retrouve dans le liquide filtré.

On peut résumer en disant que la filtration *tend* à rendre *stérile* une eau plus ou moins chargée de substances étrangères.

Dans la pratique bactériologique, on considère comme *stérile* une eau ne contenant aucun germe pathogène, y compris le *bacterium coli* ou bacille du colon, et ne renfermant pas de matières putrescibles au delà de deux milligrammes par litre.

Pourcentage d'élimination bactérienne. — Divers auteurs se sont élevés avec juste raison contre l'argument que l'on a tiré du pourcentage d'élimination bactérienne pour exprimer la valeur d'un procédé de purification.

On exige, en effet, dans la pratique plus une réduction spécifique qu'une élimination numérique des germes.

Il importerait peu, en réalité, qu'un procédé éliminât les organismes dans la proportion de 99,99 pour 100, si dans la portion persistante devaient se rencontrer des espèces contaminantes. Les résultats de l'opération seraient alors absolument nuls et l'eau ne pourrait être livrée à la consommation.

Ce qu'il faut réaliser, c'est un pourcentage de réduction numérique élevée et une élimination spécifique absolue à l'égard de germes morbifiques déterminés (b. typhique, vibrion cholérique, etc.), ou suspects (b. coli, etc.).

Classification des procédés de purification. — Les très nombreux procédés, dispositifs proposés ou adoptés pour assurer une purification convenable des eaux de boisson peuvent se répartir en trois groupes bien distincts. Chacun de ces groupes est caractérisé par l'action prédominante d'un agent d'ordre essentiellement physique, ou mécanique, ou chimique.

Le premier groupe comporte les procédés qui font intervenir un agent physique comme la chaleur ou la lumière.

Les procédés du second groupe n'agissent point en vertu des manifestations énergétiques de la matière ainsi que cela se présente dans le groupe précédent, mais à la faveur de ses propriétés passives. Tous les procédés du premier groupe comportent en effet deux actions nettement différentes : la première consiste en la production d'une énergie « abiotique », c'est-à-dire destructive des substances vivantes ; la seconde se rattache à la consommation de cette énergie, à son utilisation immédiate.

En d'autres termes, on distingue, d'une part la création du *stérilisateur,* d'autre part la stérilisation proprement dite par la mise en présence du stérilisant et du liquide à stériliser.

Dans le second groupe par exemple, on n'utilise aucune énergie abiotique et l'épuration n'est en réalité qu'une conséquence de la constitution moléculaire particulière à certaines substances.

En définitive, la purification de l'eau résulte de l'action séparative exercée par une substance perméable sur l'eau chargée de corpuscules en suspension, et comporte donc bien une origine mécanique — le mouvement étant d'ailleurs le point de départ de cette séparation.

Nous pouvons, d'ores et déjà, retenir que ce groupe des procédés mécaniques sera celui des appareils filtrants.

Le troisième groupe concerne les procédés basés sur l'emploi de substances chimiques agissant, soit directement sur les substances organiques et organisées, soit indirectement en les enrobant dans un précipité.

Certains procédés de cette catégorie agissent sur l'eau à la façon des stérilisants du premier groupe, c'est-à-dire en détruisant les substances et la flore nuisibles ; d'autres se rapprochent, par leur action séparative, des procédés du second groupe ; la filtration est alors remplacée par la précipitation des substances colloïdales et l'entraînement consécutif des germes par un véritable collage.

Il convient enfin de réunir, dans un quatrième et dernier groupe, les procédés mixtes réunissant les caractères propres à divers groupes. Jusqu'ici on ne connaît dans cette catégorie que des procédés offrant les caractéristiques des deux derniers groupes.

II. — PROCÉDÉS PHYSIQUES D'ÉPURATION DES EAUX

1° Emploi de la chaleur.

La chaleur est incontestablement un des plus énergiques agents de stérilisation. Son action sur la matière vivante est extrêmement complexe ; elle débute par la coagulation des substances albuminoïdes et peut aller jusqu'à la désintégration plus ou moins complète de la cellule.

Beaucoup d'organismes périssent avant 100° ; peu résistent à cette température ; entre 110° et 120°, les plus réfractaires (1) sont détruits. Contrairement à l'opinion très répandue que l'ébullition détruit tous les germes, la température de *stérilisation absolue* oscille entre 110° et 120°, c'est-à-dire est supérieure à celle de l'eau bouillante.

L'ébullition pure et simple, c'est-à-dire l'élévation de l'eau à 100°, ne doit donc pas être considérée comme un procédé de stérilisation parfait, mais seulement approchant quoique satisfaisant.

L'efficacité relative de la méthode par ébullition et aussi les quelques inconvénients qu'elle comporte ont déterminé l'emploi de procédés élevant l'eau à la température de stérilisation absolue sans en provoquer l'ébullition.

Les méthodes de stérilisation des eaux par la chaleur se subdivisent donc en deux catégories :

a) Les procédés de stérilisation des eaux avec ébullition ;

b) Les procédés sans ébullition.

---

(1) Généralement des spores bien protégées.

Emploi de la chaleur avec ébullition.

Ce procédé a toujours été celui qui a réuni le plus de suffrages et qui compte encore le plus grand nombre de partisans parmi les hygiénistes. Il consiste à faire bouillir l'eau de boisson dans un récipient et à prolonger l'ébullition pendant 15 minutes au minimum.

L'eau bouillie, avant d'être consommée, doit être convenablement refroidie; il est préférable de la placer, à cet effet, dans une cave, en ayant soin de la laisser à découvert. Son refroidissement lui restitue une partie des gaz que l'ébullition avait chassés. Enfin, cette récupération naturelle de gaz dissous ou mélangés doit être complétée d'un énergique battage de l'eau en présence de l'air.

Une pratique également satisfaisante consiste à transvaser l'eau convenablement refroidie d'un récipient dans un autre, en la laissant tomber d'une hauteur aussi grande que possible. Cette opération a une très grosse importance. Une eau insuffisamment aérée est, en effet, impotable et ne peut être absorbée indéfiniment sans exposer l'appareil digestif à des troubles sérieux.

Avantages du procédé. — 1° Le premier de tous les avantages est d'assurer, lorsque l'opération a été convenablement conduite, une purification généralement satisfaisante des eaux d'alimentation.

Dans un grand nombre de casernes et d'établissements d'enseignement, on n'utilise pas d'autres procédés pendant la saison estivale notamment où les épidémies d'origine hydrique sont le plus à redouter.

On pourrait, par de nombreux exemples, démontrer qu'en cas d'épidémie la première et la plus efficace mesure prophylactique à opposer à la marche du fléau est la prescription et, le cas échéant, la distribution de l'eau bouillie;

2° Le prix de revient de l'eau bouillie est insignifiant lorsque la consommation est limitée aux usages domestiques; il devient plus onéreux lorsqu'il s'applique à l'alimentation d'une caserne ou d'une école; il deviendrait inapplicable à l'alimentation d'une commune ou d'une ville.

Objections. — *1re objection.* Peu de personnes font convenablement bouillir leur eau; elles se contentent d'attendre les premiers bouillons et laissent de ce fait subsister une partie de la population microbienne.

Cette objection perd, certes, sa valeur à l'égard des personnes qui apportent à la préparation de l'eau bouillie toute l'attention désirable. Cependant, si l'expérience montre, comme c'est d'ailleurs le cas, que les précautions indispensables ne sont observées que par une trop petite minorité, et en présence des conséquences graves qui peuvent résulter pour la santé publique de l'inefficacité de la méthode envisagée dans son application courante, l'hygiéniste a le devoir de rechercher un procédé qui offre dans la pratique une sécurité plus absolue.

2ᵉ objection. La pauvreté de l'eau en matières extractives (sels minéraux) lui communique une saveur fade, insipide, qui éloigne beaucoup de personnes de sa consommation. Lorsque cette pauvreté atteint une certaine limite, l'eau devient d'une digestion pénible et se trouve dépossédée d'une de ses qualités nutritives essentielles.

L'addition de sels minéraux, bicarbonate de soude, sels de lithine, etc., en quantité convenable, apporte certes une amélioration sensible à la qualité des eaux, mais ces correctifs sont incapables de leur restituer les qualités naturelles que l'ébullition leur a fait perdre.

On parvient encore à masquer la fadeur de l'eau bouillie en y ajoutant une infusion de thé, tilleul, maté, etc.; mais il faut bien convenir que ces additions ne sont naturellement pas de tous les goûts.

3ᵉ objection. Destinée aux usages domestiques, l'eau bouillie ne peut se préparer que par quantités restreintes, ce qui nécessite des manipulations assez longues et une perte de temps très appréciable. Il faut faire bouillir l'eau, la laisser ensuite refroidir, enfin l'aérer. On s'expose, en outre, par suite d'oubli ou d'imprévu, à manquer d'eau pure au moment où le besoin s'en fait le plus sentir.

Conclusion. — En résumé, l'ébullition, lorsqu'elle est réalisée avec soin, assure une purification satisfaisante, mais non absolue des eaux de boisson.

L'ébullition n'est applicable d'une façon permanente que pour les usages domestiques; elle peut l'être d'une façon temporaire aux agglomérations restreintes (casernes, écoles, prisons). En dehors de ces agglomérations limitées, elle devient totalement inutilisable. Toutefois, en cas d'épidémie, *il est indispensable de faire bouillir l'eau de boisson, quel que*

*soit le système d'épuration employé par les services munici-
paux, quel que soit également le système de filtre ou de stérilisateur ordinairement en usage.*

Dans l'état actuel des choses, on ne doit ténir compte, en
pareille circonstance, d'*aucune garantie de constructeurs*,
et tous les filtres, même les plus réputés, deviennent suspects. Il faudra toujours revenir à l'ébullition pure et simple,
à moins de posséder un appareil de stérilisation des eaux
sous pression et à haute température, réalisant des conditions que nous indiquerons en décrivant ces appareils.

Emploi de la chaleur sans ébullition.

Principe. — Il résulte des travaux de Pasteur, Chamber-
land, Brefeld, que la température d'ébullition de l'eau demeure insuffisante pour assurer une destruction totale des
germes. Il importe de mentionner ici qu'une ébullition
prolongée ne détermine nullement une élévation indéfinie
de la température de l'eau. Depuis le premier bouillon
jusqu'à la vaporisation complète de l'eau contenue dans un
vase, la température de cette eau reste fixée à 100°.

" On sait que la force élastique de la vapeur d'un liquide
qui bout est égale à la pression que le liquide supporte. Il
résulte de cette loi que si l'on diminue la pression exercée
à la surface du liquide, l'ébullition doit se produire plus tôt,
la force élastique à donner à la vapeur étant moindre. Inversement, si l'on augmente la pression à la surface du liquide,
l'ébullition devra nécessairement se produire plus tard et
exiger une température plus élevée.

A la pression atmosphérique, l'eau bout à 100°; si l'on augmente la pression, la quantité de chaleur nécessaire pour
provoquer son ébullition augmente également. Ceci posé,
on conçoit qu'une chaudière dans laquelle l'eau se vaporise
sous pression réunisse les conditions nécessaires à une stérilisation absolue des eaux.

L'appareil de démonstration, connu en physique sous le
nom de « digesteur » ou « Marmite de Papin », peut être
considéré comme le type des stérilisateurs sous pression, à
haute température.

Dans la chaudière, qui constitue le corps de l'appareil, on
place une quantité d'eau déterminée. Après avoir soigneusement fermé la chaudière au moyen d'un couvercle retenu
par une forte vis de pression, on place l'appareil sur le feu.

Le couvercle est muni d'une soupape que l'on charge à volonté, au moyen d'un levier muni d'un poids. Un thermomètre pénètre dans la chaudière et indique la température intérieure.

Si, au début de l'expérience, on n'exerce sur la soupape aucune pression, ce qu'on réalise en allégeant le levier de son poids, la pression intérieure est donc égale à la pression atmosphérique, et lorsque le thermomètre marquera 100°, la vapeur d'eau s'échappera par la soupape. Il en sera ainsi tant que ces conditions persisteront, et l'on vaporiserait toute l'eau de la chaudière sans que la température augmente. Mais, si l'on vient à charger la soupape, la vapeur précédemment formée, ne trouvant plus d'issue, exerce sur les parois de la chaudière et sur la surface libre du liquide une pression qui tend à devenir égale à la charge imposée à la soupape. L'ébullition cesse aussitôt et l'on voit alors le mercure du thermomètre reprendre sa marche ascendante, jusqu'au moment où la tension de la vapeur s'équilibre avec la charge imposée à la soupape. Celle-ci se soulève alors et la vapeur s'échappe avec bruit. A ce moment, la force élastique de la vapeur est égale à la pression exercée sur le liquide. Celui-ci entre donc de nouveau en ébullition.

Nous donnons, ci-dessous, les températures obtenues par une augmentation de pression de 1 kil. 033 à 2 kil. 790 (d'après la table de Regnault) [1] :

PRESSION en KILOGRAMMES.	TENSION DE LA VAPEUR en atmosphères.	TEMPÉRATURE CORRESPONDANTE.
1,033	1 atm.	100° C.
1,240	1,2	105°,2
1,550	1,5	111°,7
1,757	1,6	115°,5
2,067	2,0	120°.6
2,273	2,2	123°,6
2,584	2,5	127°,8
2,790	2,7	130°,4

(1) Dans cette table, la pression de 1 kilogramme équilibre la pression atmosphérique ; la charge nécessaire pour provoquer l'élévation de température voulue s'obtient en retranchant 1 kg. 033 de la pression indiquée dans la table de Regnault. C'est ainsi qu'une pression de 850 grammes lue au manomètre du calé-

La conclusion qui se dégage de cette expérience, c'est que la tension de la vapeur augmente rapidement avec la température. Elle est, en effet, de 2 atmosphères à 120°,6 ; de 3 atmosphères à 133°,9 ; de 4 atmosphères à 145°, etc. En conséquence, si on exerce sur l'eau une pression de 2, 3, 4 atmosphères, il faut élever sa température à 120°,6, à 133°,9, à 144°, pour provoquer une ébullition.

Enfin, et c'est le fait essentiel au point de vue qui nous occupe, si l'on exerce sur l'eau une pression de 1 kil. 757 à 2 kilogrammes, et si l'on élève, de ce fait, la température de l'eau à 115°, on aura fait subir à l'eau la température de stérilisation absolue, sans en avoir provoqué l'ébullition et, par conséquent, sans en avoir modifié sa composition chimique et sa potabilité.

Conditions d'application. — Divers constructeurs se sont attachés à la réalisation d'appareils stérilisateurs basés sur ce principe.

Notons dès à présent que pour pouvoir être pris en considération, un appareil de cette nature doit satisfaire entièrement aux trois conditions suivantes :

1° Fournir une eau absolument fraîche ;

2° Assurer un débit satisfaisant pour subvenir aux usages privés ;

3° Procurer une eau bactériologiquement pure.

Nous aurons, dans l'examen qui va suivre, à porter toute notre attention sur les deux derniers points en particulier. Les deux conditions essentielles tendent à s'exclure réciproquement. Il est évident que, pour subir dans toute sa masse la température de stérilisation, l'eau doit demeurer dans la chaudière un temps déterminé. Inversement, pour assurer un débit satisfaisant, il convient que la stérilisation s'effectue rapidement et que l'eau ne séjourne pas longtemps dans l'appareil.

Nous verrons, en définitive, que cette incompatibilité n'est pas un obstacle et que le problème de la purification peut être entièrement résolu, à la condition de ne pas forcer le débit de l'appareil. Celui-ci peut, d'ailleurs, se prêter à une consommation normale, limitée aux usages domestiques.

---

facteur est pratiquement suffisante pour élever la température de l'eau à 115-116° C. Les chaudières sont, pour cet usage, timbrées à 1 kilogramme. La pression atmosphérique équilibrant la pression interne jusqu'à 1 kilogramme environ, la chaudière peut donc supporter une pression supplémentaire de 1 kilogramme avant d'atteindre la limite de sécurité.

Le développement des surfaces de chauffe, l'échauffement progressif de l'eau avant son introduction dans la chaudière proprement dite, permettent de satisfaire à la double nécessité de la purification et du débit.

Description des appareils. — **Stérilisateur à température réglée.** — L'appareil (*fig.* 60 et 61) se compose essentiellement d'un

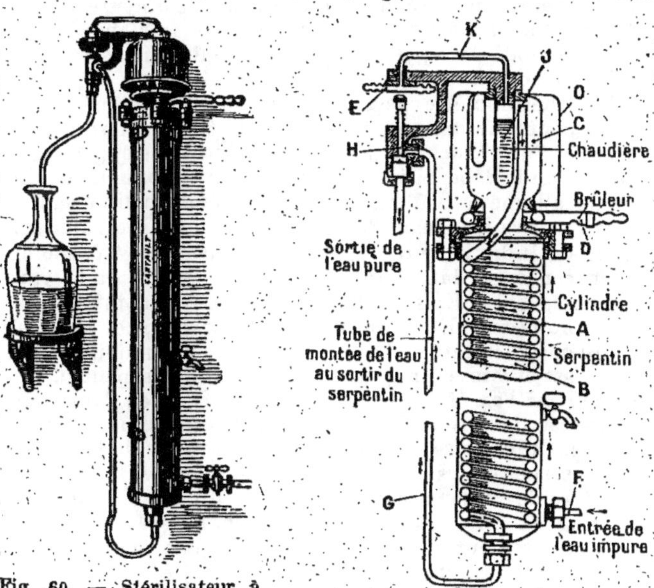

Fig. 60. — Stérilisateur à température réglée (aspect extérieur). Débit : 15 à 30 litres par heure.

Fig. 61. — Stérilisateur à température réglée (coupe schématique).

corps cylindrique vertical A renfermant un serpentin B et surmonté d'une chaudière hermétiquement fermée C. La chaudière est chauffée au moyen d'un brûleur annulaire D utilisant, selon les nécessités, le gaz, l'alcool ou l'essence.

L'eau brute impure admise en F avec la pression de la canalisation emplit le corps cylindrique et pénètre dans la chaudière ; elle en redescend par le serpentin B calculé de façon à augmenter la durée de son séjour dans le cylindre.

Le serpentin se prolonge extérieurement par le tuyau G amenant l'eau au clapet régulateur de sortie H en relation avec le régulateur de température J.

Le dispositif de sûreté est constitué par une ampoule J hermétiquement close et baignant dans la chaudière ; elle est reliée par la tubulure K à une boîte E dont la face inférieure est formée d'une membrane métallique ondulée. Sous cette membrane et à un demi-millimètre effleure un écrou à six pans vissé à l'extrémité supérieure du clapet H.

En période de repos, ce clapet est maintenu fermé par un petit ressort pressant sur la face inférieure de l'écrou.

Un thermomètre permet de vérifier la température de l'eau contenue dans la chaudière. Cette dernière est enveloppée d'une cloche O ayant pour but de s'opposer à une trop grande déperdition de chaleur par rayonnement. Lorsqu'on allume le brûleur — l'appareil étant plein d'eau — la température de l'eau de la chaudière s'élève rapidement pour atteindre la température de stérilisation. A ce moment, l'eau contenue dans l'ampoule J se vaporise et la vapeur gagne la boîte E ; sous l'effet de la pression intérieure, la membrane ondulée s'infléchit extérieurement et vient s'appliquer sur la tête de l'écrou du clapet régulateur ; celui-ci s'abaisse et laisse échapper l'eau venant du serpentin. Inversement, si l'on éteint le brûleur, la vapeur de l'ampoule se condense ; le ressort du clapet ne subissant plus la pression de la membrane se détend, et arrête la sortie de l'eau.

Le serpentin est un organe d'échange de température ; l'eau froide qui l'environne s'échauffe progressivement à son contact et celle qui sort de la chaudière se rafraîchit progressivement au fur et à mesure qu'elle se rapproche du point d'admission de l'eau froide.

Ces appareils exigent pour fonctionner normalement une pression dans la conduite d'arrivée égale à 20 mètres d'eau. Lorsque cette pression n'est pas réalisée, il faut abaisser la température de stérilisation ; or, la limite est de 110° environ correspondant à une pression de 12 mètres. Si donc la pression était inférieure à 12 mètres, il conviendrait d'y suppléer par un artifice quelconque (pompe ou réservoir de compression).

D'après une analyse du laboratoire municipal de la Ville de Paris, une eau de Seine renfermant 100.000 germes y compris le coli-bacille aurait été entièrement débarrassée par ce procédé.

Ces appareils sont construits pour assurer un débit de 12 à 25 litres à l'heure.

Des modèles spéciaux ont été construits pour satisfaire à des consommations plus élevées (établissements d'enseignement, casernes, hôpitaux, navires, immeubles). Le débit de certains de ces appareils peut atteindre 6 000 litres par 24 heures.

Le réglage du clapet régulateur de sortie de l'eau purifiée doit faire l'objet de soins tout particuliers ; de cette opération dépend l'efficacité de la purification. Ce réglage est d'ailleurs facilité par la lecture du thermomètre. Il faut toujours redouter le déréglage qui peut résulter de la fatigue du ressort du clapet ou plus encore de la membrane métallique ondulée du régulateur de température. Cet appareil doit donc faire l'objet d'une surveillance très attentive. Ces divers accidents se révèleront toujours par des écarts anormaux de la température.

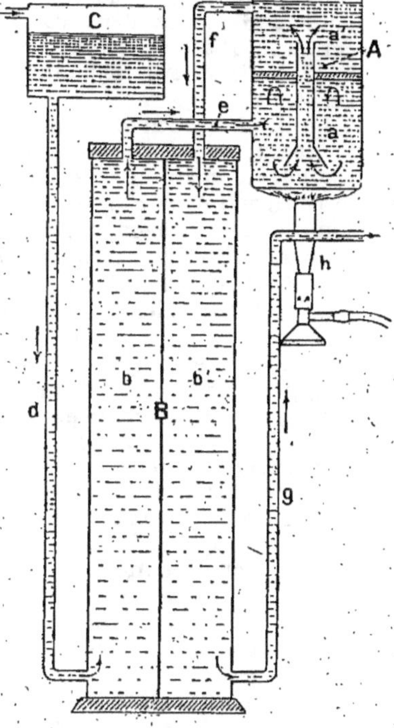

Fig. 62. — Stérilisateur à échangeur-récupérateur cloisonné.

Stérilisateur à échangeur - récupérateur cloisonné. — Ce dispositif (*fig.* 62) constitue une variante de l'appareil précédent. Il se compose d'un réservoir d'alimentation C, d'un échangeur-récupérateur B et d'une chaudière A.

L'eau brute pénètre dans le réservoir C, puis se rend par la tubulure *d* à la base du corps cylindrique B. Celui-ci est cloisonné verticalement et comporte ainsi deux compartiments *b* et *b'* absolument étanches. L'eau à purifier s'élève dans le compartiment *b* et s'échauffe progressivement par le voisinage de l'eau ayant subi la température de stérilisation qui circule dans le compartiment *b'*. Parvenue à la partie supérieure, elle pénètre dans la chaudière ou « caléfacteur » par la tubulure *e*.

Le caléfacteur A chauffé par un brûleur Bunsen *h* est également divisé en deux compartiments superposés *a* et *a'* communiquant entre eux au moyen d'un tube vertical dont la partie inférieure est munie d'une sorte d'entonnoir renversé.

Le liquide à purifier entre dans le compartiment *a*, subit la température de stérilisation et s'élève du fait de sa moindre densité dans le tube central ; il pénètre ainsi dans le compartiment *a'* et en ressort par la tubulure *f* pour se rendre dans le compartiment *b'* de l'échangeur-récupérateur. Là, au voisinage de la masse froide qui circule dans la partie *b*, il se refroidit avant d'être évacué par la tubulure *g*.

Selon les modèles, ces appareils débitent : 15, 75 ou 100 litres à l'heure.

D'après une analyse du laboratoire du Comité consultatif d'hygiène publique de France, une eau de Seine renfermant 2.048 germes par centimètre cube, y compris le coli-bacille, a été presque complètement épurée ; l'eau ne contient plus que quelques espèces banales et inoffensives, telles que : bacille subtilis, bacille mésentéricus et des moisissures.

La marche de ce stérilisateur n'est assujettie à aucun dispositif de réglage automatique ; le fonctionnement régulier ne peut donc résulter que d'une surveillance très soutenue. La division en compartiments de l'échangeur-récupérateur semble moins favorable que dans les dispositifs où les surfaces de contact sont plus développées.

Stérilisateur à caléfacteur tubulaire. — Cet appareil (*fig.* 63) est établi sur les mêmes principes que les précédents. La chaudière est conçue de telle façon que l'eau y parvienne dans un état de division extrême et que chaque molécule soit touchée par la chaleur.

Il se compose :

1° D'un caléfacteur A dans lequel les molécules d'eau brute subissent pendant un temps convenable la température de stérilisation absolue.

2° D'un ou de plusieurs échangeurs-récupérateurs de température B.

Le caléfacteur est une sorte de chaudière traversée horizontalement de l'avant à l'arrière par des tubes en cuivre. Les tubes disposés sur plusieurs rangs superposés et reliés entre eux à l'extérieur par des boîtes d'intercommunication constituent le serpentin.

La chaudière est munie des appareils de sûreté ordinaires : manomètre, soupape, niveau d'eau, etc. Elle contient de la vapeur surchauffée réalisant les conditions de température nécessaires à la stérilisation.

C'est dans le serpentin — ainsi baigné dans la vapeur —

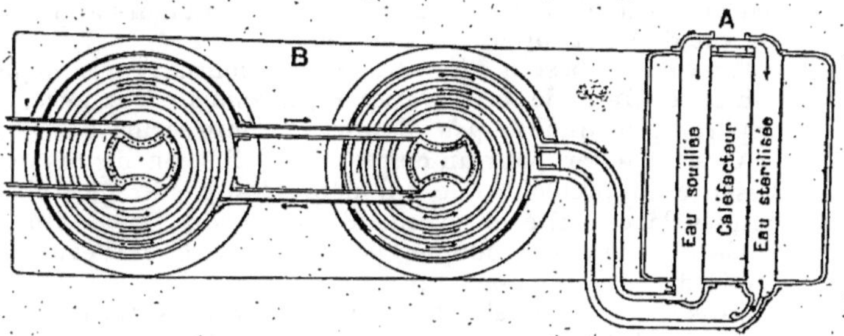

Fig. 63. — Stérilisateur à caléfacteur tubulaire.
(La spire noire indique le circuit de l'eau brute ; la spire blanche, celui de l'eau chaude stérilisée.)

que l'eau circulant d'une façon régulière et continue subit l'action thermique indispensable à sa stérilisation complète.

Le chauffage peut se faire au charbon, à la vapeur, au bois, au gaz ou pétrole suivant les nécessités.

Les échangeurs-récupérateurs, composés de deux canalisations en spirales contiguës, sont destinés à provoquer un échange de température entre le courant chaud qui sort du caléfacteur et le courant froid qui s'y dirige.

Etant donnée la température de stérilisation, il importe que la pression minimum dans la conduite d'alimentation ne soit pas inférieure à 10 mètres. Dans le cas où la pression se trouve inférieure à ce chiffre, il convient d'y suppléer au moyen d'un réservoir de charge élevé à 10 mètres ou à l'aide d'une pompe.

Dans le cas inverse, où la pression est supérieure à 30 mètres, il faut munir l'appareil d'un détendeur.

Il est également indispensable, pour éviter l'encrassement

du serpentin stérilisateur et les nettoyages fréquents de l'appareil, de n'y diriger qu'une eau préfiltrée.

Comme les stérilisateurs précédents, cet appareil, très rationnel en principe, doit assurer une stérilisation absolue des eaux, à la condition que celles-ci subissent intégralement l'action de la température de stérilisation et cela pendant un temps suffisant.

Observations. — Il arrive parfois que des constructeurs pressés par les exigences d'une clientèle mal avertie et aussi par les rigueurs de la concurrence, modifient leurs appareils en vue d'une surproduction au débit.

Il n'est pas besoin d'insister sur les conséquences déplorables résultant de cette pratique qui consiste à exiger d'un appareil plus qu'il ne peut donner en toute sécurité.

Avant d'opter pour un de ces dispositifs, on devra donc s'assurer au préalable que leur débit n'est pas exagéré étant donnés la capacité de la chaudière ou du serpentin, le mode de chauffage adopté, la température de l'eau à la sortie de l'échangeur-récupérateur.

Dans le cas où le débit de l'appareil serait insuffisant pour satisfaire à la consommation ordinaire, il ne faudrait pas hésiter à installer un second appareil fonctionnant parallèlement au premier.

Il ne faut jamais, en tout cas, forcer le débit d'un de ces appareils pour quelque raison que ce soit.

2° Emploi de la lumière.

La lumière est un bactéricide de premier ordre.

Ce principe qui joue un rôle si important dans la prophylaxie comme dans la thérapeutique moderne a pour point de départ les recherches expérimentales de Downes et Blunt en 1877. Les deux célèbres bactériologistes montrèrent pour la première fois que les radiations solaires exercent une action destructive sur les microbes.

On remarqua ensuite que les eaux de rivières contaminées pendant la traversée des villes par le déversement des eaux usées s'épurent progressivement au fur et à mesure qu'elles progressent vers l'aval. Les bacilles pathogènes perdent d'abord de leur virulence, puis disparaissent petit à petit.

Inversement, on constate que les eaux polluées circulant

dans des canalisations souterraines comme les égouts, conservent leur teneur bactériologique, même en présence de l'air, tant qu'elles sont privées de lumière.

L'auto-épuration des cours d'eau a été récemment confirmée par les intéressantes observations de M. G.-F. Ruediger sur la « Red Lak river », dans le Minnesota.

Procédant à l'analyse bactériologique de l'eau de rivière, M. Ruediger constate que celle-ci ne renferme en moyenne que 3 à 7 coli-bacilles par centimètre cube, la vitesse du courant étant de 20 mètres cubes par seconde et le cours d'eau dépourvu de glace.

Pendant la saison hivernale, la glaciation de la rivière détermine un enrichissement très net de l'eau en coli-bacilles; la teneur moyenne s'élève à 14 et 15,5 par centimètre cube, la vitesse du courant étant la même.

L'auteur explique cette prolifération des espèces coliformes dans l'eau de la rivière couverte d'une couche de glace par la non pénétration directe des rayons solaires et la disparition consécutive de végétaux microscopiques.

Or, ce sont précisément là les deux facteurs qui assurent en temps normal la destruction du bacille coli et du bacille typhosus.

On sait, d'autre part, que les locaux mal éclairés, comme les arrière-boutiques, les alcôves, un grand nombre de logements même, constituent des lieux éminemment favorables au développement des microbes.

Emploi des rayons ultra-violets.

Le pouvoir microbicide de la lumière constaté, il faut maintenant l'expliquer.

Les recherches des physiciens aidant aux découvertes des biologistes, on apprit que le principe actif de la lumière dans la destruction des bacilles était la présence de radiations ultra-violettes (1).

On sait qu'un rayon solaire traversant un prisme se trouve décomposé et projette son spectre, c'est-à-dire une succession de raies lumineuses de couleurs différentes, se juxtaposant toujours dans le même ordre, et présentant toute la gamme des tons du rouge au violet.

---

(1) C'est en 1893 que Marshall Ward expérimenta pour la première fois l'action destructive des radiations ultra-violettes sur les microbes.

Les physiciens attribuent les manifestations lumineuses à des vibrations de l'éther.

Comme dans tout mouvement vibratoire, chaque onde est caractérisée par sa propre longueur et sa fréquence, c'est-à-dire le nombre de fois qu'elle se répète dans une unité de temps déterminée. Il résulte naturellement de ce fait que la fréquence et la longueur d'onde sont réciproquement inverses. Dans les phénomènes lumineux, la fréquence étant très élevée, il s'ensuit que la longueur d'onde doit être très courte.

L'unité de mesure adoptée pour l'évaluation des longueurs d'onde est l'unité Angström (1). Une unité Angström est égale à la dix-millionième partie du millimètre. Les rayons rouges extrêmes du spectre sont caractérisés par une longueur d'onde égale à 7 000 unités Angström; les rayons violets extrêmes par une longueur d'onde égale à 4 000 unités.

Des expériences de laboratoire ont montré que le spectre solaire ne s'arrêtait pas aux limites perceptibles pour l'œil, mais qu'il existait au delà du rouge extrême des radiations lumineuses possédant une longueur d'onde supérieure à 7 000 unités Angström et douées de propriétés calorifiques. Un thermomètre placé en dehors du rouge visible accuse en effet une élévation de température.

Au delà du violet extrême, il existe des radiations à longueur d'onde inférieure à 4 000 unités Angström qui possèdent des propriétés chimiques (*action sur les sels d'argent du papier photographique*).

Les travaux de Duclaux, Arloing, Roux, Buchner, Dieudonné, Finsen, etc., ont montré que ce sont les propriétés chimiques particulières des radiations ultra-violettes qui confèrent à la lumière son pouvoir bactéricide.

Le spectre du soleil est extrêmement pourvu en rayons ultra-violets et cependant le faisceau lumineux qui frappe notre vue ou tombe sur les objets qui nous environnent n'en contient que très peu. Cet appauvrissement résulte de l'interposition de la masse atmosphérique entre le soleil et la surface terrestre; l'air absorbe en effet une très grande partie des rayons ultra-violets.

Étant donnée l'impossibilité d'utiliser directement les radiations bactéricides du soleil à la stérilisation des eaux, on

---

(1) Du nom du physicien suédois qui s'est illustré par ses recherches sur l'origine de la lumière.

s'est trouvé amené à rechercher les circonstances favorables à la production artificielle de ces rayons.

En réalité, toutes les sources lumineuses semblent émettre ces précieuses ondes en quantité très variable suivant leur température. Ce ne sont, en effet, que les sources lumineuses à haute température qui produisent en quantité les radiations ultra-violettes.

Les générateurs de lumière, basés sur l'incandescence de vapeurs métalliques, notamment celles du mercure, émettent de ces radiations en très grande quantité.

Pour convenir à la stérilisation des eaux, il importe que les rayons abiotiques puissent s'extérioriser et, partant de la lampe, venir pénétrer la masse du liquide à stériliser. Cette nécessité exclut l'emploi des tubes en verre, ce corps absorbant les rayons ultra-violets. La difficulté a été heureusement résolue en remplaçant le verre des lampes à vapeur de mercure ordinaires par une enveloppe de quartz fondu ; le quartz ou « cristal de roche » se laisse en effet traverser par ces rayons.

Il y a quelques années, MM. Courmont et Th. Nogier ont donné la description d'un dispositif qui leur a permis de purifier de l'eau riche en bactéries par les radiations ultra-violettes (1).

Une lampe en quartz de 30 centimètres cubes de longueur était suspendue par ses électrodes dans un tonneau métallique d'une contenance de 115 litres et mesurant 60 centimètres de diamètre.

La lampe fonctionnait sous 135 volts et absorbait 9 ampères.

Le tonneau était monté sur deux pivots et pouvait ainsi être incliné afin de permettre l'allumage de la lampe.

Une eau renfermant de nombreux germes fut, d'après les auteurs, stérilisée par une illumination de 2 à 3 minutes. Il suffisait de disposer la lampe dans un réservoir ou dans le tuyau d'arrivée et de régler le débit, de façon que l'illumination dure de 1 à 2 minutes.

La figure 64 représente le schéma du dispositif employé par MM. Courmont et Nogier afin de déterminer la profondeur à laquelle l'eau peut être efficacement irradiée.

---

(1) La lampe de Heraeus, c'est-à-dire une modification de l'arc au mercure dans le vide, de Manœuvrier, fut utilisée dès 1904 en vue de la stérilisation des liquides alimentaires comme l'eau et le lait.

L'appareil est constitué par un tube métallique T pourvu d'un certain nombre de tétines O. Un obturateur Q en quartz laisse pénétrer les radiations ultra-violettes émises par une lampe L de Kromayer.

Le mode opératoire était le suivant :

Le tube étant rempli d'eau brute, on approchait la lampe de l'obturateur en quartz. On prolongeait l'illumination pendant un temps variable, puis, après le retrait de la lampe, on prélevait, au moyen

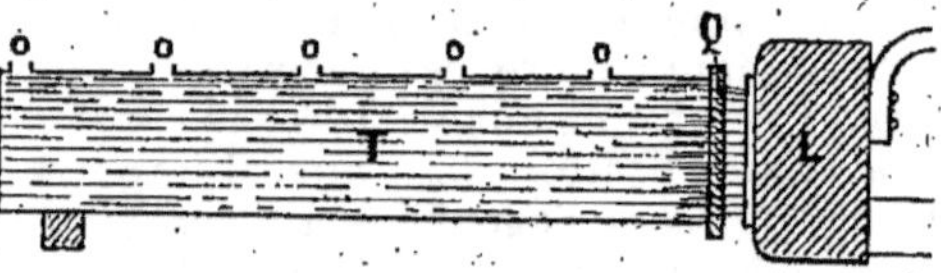

Fig. 64. — Dispositif de Courmont et Nogier pour la recherche des profondeurs d'irradiation dans la stérilisation par les rayons ultra-violets.

d'une pipette stérilisée, un échantillon d'eau à chaque tétine.

Poursuivant leurs recherches, ces deux auteurs ont abouti aux conclusions suivantes (1) :

1° L'eau peut être stérilisée par les rayons ultra-violets ;

2° Ceux-ci, produits par une lampe en quartz à vapeurs de mercure immergée dans l'eau, assurent la stérilisation en une minute au plus jusqu'à 30 centimètres au moins de la lampe ;

3° Cette stérilisation peut être obtenue immédiatement sur de l'eau courante en diminuant l'épaisseur de la couche autour de la lampe ;

4° La stérilisation peut s'obtenir sans échauffement de l'eau ;

5° L'eau à stériliser doit être limpide ;

6° Les liquides contenant une trop grande quantité de matières colloïdales sont difficilement pénétrés par les rayons ultra-violets ;

7° Il n'y pas de production d'ozone ;

8° Les modifications chimiques sont insignifiantes pendant le court espace de temps nécessaire à la stérilisation ;

9° Les toxines microbiennes suffisamment diluées sont détruites ;

10° L'eau ainsi stérilisée n'est pas nocive.

Tout récemment, Mme Victor Henri a montré que si l'action des rayons ultra-violets n'est pas dirigée sur les microbes

(1) V. *L'Hygiène générale et appliquée*, n° 1 (1900).

d'une manière brutale provoquant la mort par une altération chimique, on assiste à de curieuses mutations. Les espèces ainsi modifiées se montrent pourvues de propriétés nouvelles absolument différentes de leurs caractères antérieurs.

La figure 65 montre la disposition d'une de ces lampes ou *brûleurs* produisant industriellement les rayons ultra-violets. Les deux extrémités A et B de l'appareil sont constituées par des électrodes reliées au circuit électrique. Chaque électrode plonge dans un réservoir correspondant D ou C contenant du mercure. Enfin, les deux réservoirs

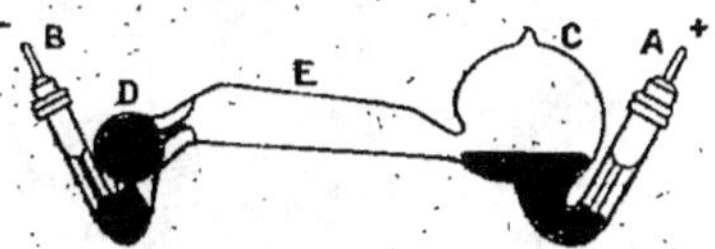

Fig. 65. — Brûleur à mercure pour la production industrielle des rayons ultra-violets.

sont reliés entre eux par un tube de quartz E permettant l'extériorisation des rayons ultra-violets.

On a fait le vide aussi complet que possible dans le tube de façon qu'au moment où l'arc jaillit entre les électrodes, l'espace qui sépare celles-ci ne soit entièrement rempli que par les vapeurs du mercure.

L'application du pouvoir abiotique des rayons ultra-violets se pratique selon deux méthodes.

Appareils à lampe immergée. — La première méthode consiste à immerger la lampe dans l'eau à stériliser.

Le premier dispositif utilisé à cet effet est représenté par les figures 66 et 67. Il était constitué par un cylindre AB (*fig.* 66) pouvant basculer autour du point C. L'eau était amenée dans l'appareil au moyen d'un tuyau souple en caoutchouc; elle en ressortait par le robinet B. Une chaîne de tirage D facilitait l'inclinaison de l'appareil pour l'allumage de la lampe.

Intérieurement, le stérilisateur était disposé comme le montre la figure 67. Le brûleur LL' était fixé suivant l'axe du cylindre; celui-ci était divisé, par la chicane annulaire E, en deux compartiments ou « chambres ». La chambre B consacrée au dégrossissage de l'eau renfermait l'électrode L' de la lampe en quartz; la chambre A affectée à l'épuration contenait la plus longue partie du tube luminescent et l'électrode L.

L'eau pénétrait dans la chambre de dégrossissage par la

tubulure T et subissait une première irradiation au voisinage de l'extrémité L' du tube en quartz; elle passait ensuite dans

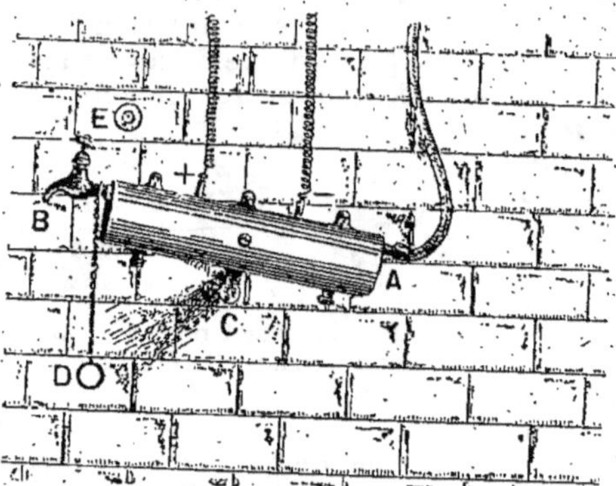

la chambre d'épuration après avoir subi une illumination en couche mince au niveau de la chicane. La purification s'achevait par le cheminement de l'eau dans la chambre A, autour de la partie L du brûleur. L'eau stérile était évacuée par la tubulure T'.

Fig. 66. — Stérilisateur à lampe immergée (aspect extérieur).

Cet appareil a été beaucoup perfectionné tant au point de vue de la technique de la purification qu'à celui du maniement.

Le cylindre est fixe et supporté par deux consoles; les organes de purification sont solidaires d'un plateau mobile qui forme le côté droit de l'appareil. Un dispositif automatique commande l'arrivée de l'eau brute; il donne l'accès du stérilisateur lorsque la lampe est allumée et l'interrompt lorsque la lampe s'éteint.

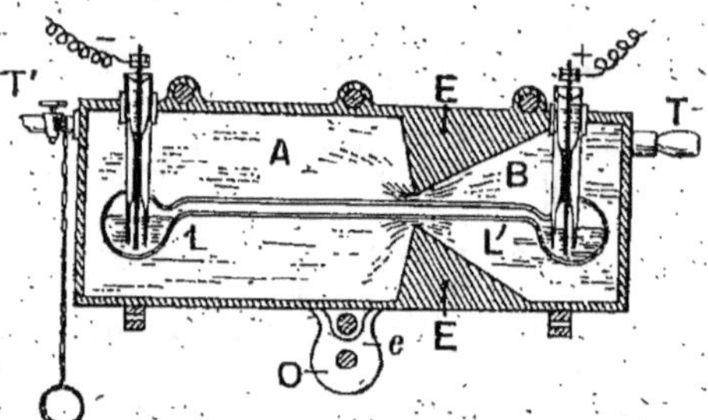

Fig. 67. — Stérilisateur à lampe immergée (coupe).

La circulation de l'eau s'effectue de droite à gauche dans le sens TT'.

La lampe en quartz est montée sur un support métallique mobile par rapport au plateau; ce support peut basculer dans un plan vertical et sous un angle voisin de 90°. D'autre part, le tube luminescent présente une légère incurvation ; cette disposition, combinée au mouvement de bascule qui peut être imprimé au support, permet l'allumage de la lampe sans qu'il soit nécessaire d'incliner tout l'appareil.

Les conducteurs sont immergés et isolés sous une gaine de caoutchouc.

Le schéma représenté par les figures 68 et 69 montre le fonctionnement du stérilisateur.

La conduite d'eau brute amène l'eau au robinet ; la lampe C étant allumée, ce robinet laisse pénétrer l'eau dans la tubu-

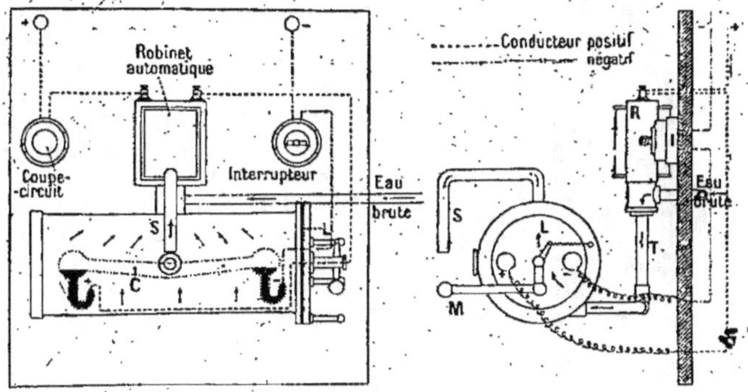

Fig. 68 et 69. — Stérilisateur à lampe immergée
(type perfectionné), vu de face et de profil.

lure verticale T. Celle-ci se bifurque par un raccord et conduit l'eau aux deux extrémités du cylindre L.

L'eau pénètre dans ce dernier par la partie inférieure, remplit le corps cylindrique pour ressortir par la tubulure S après avoir parcouru le chemin indiqué par les flèches (*fig.* 68).

Etant donné le diamètre du cylindre, la nappe d'eau qui s'élève de bas en haut se trouve convenablement irradiée dans toutes ses parties.

Cet appareil peut purifier de 100 à 750 litres d'eau à l'heure.

Pour des débits plus élevés il a été établi un appareil spécial pouvant traiter de 3 à 5 mètres cubes d'eau par heure au moyen de trois brûleurs (*fig.* 70).

Cet appareil se compose de trois segments renfermant chacun une lampe disposée à la façon des appareils ménagers. Ces segments sont superposés et réunis par des joints. Les lampes sont placées en quinconce afin d'utiliser d'une manière aussi complète que possible leur rayonnement abiotique.

L'appareil est relié à la canalisation par l'intermédiaire de deux troncs de cône. Pour augmenter le débit, il suffit de superposer de nouveaux segments aux segments primitifs.

Enfin, pour les installations urbaines, l'appareil comporte également trois segments renfermant chacun trois brûleurs orientés selon le rayon de la circonférence et situés dans le même plan. La figure 71 indique la position des lampes de quartz dans ce dispositif à grand débit. Chaque rayon L correspond à une lampe; les rayons figurés par des traits de même aspect sont par groupes de trois; ils marquent l'emplacement d'un assemblage de lampes dans un même plan. Débit horaire : 50 mètres cubes avec 9 lampes.

Efficacité du procédé. — Le Dr Miquel a été chargé par la Ville de Paris d'étudier la purification des eaux par ce procédé; nous extrayons de son rapport au préfet de la Seine les résultats de quelques expériences relatives à la stérilisation d'eaux artificiellement infectées par le coli-bacille et le bacterium mesentericus.

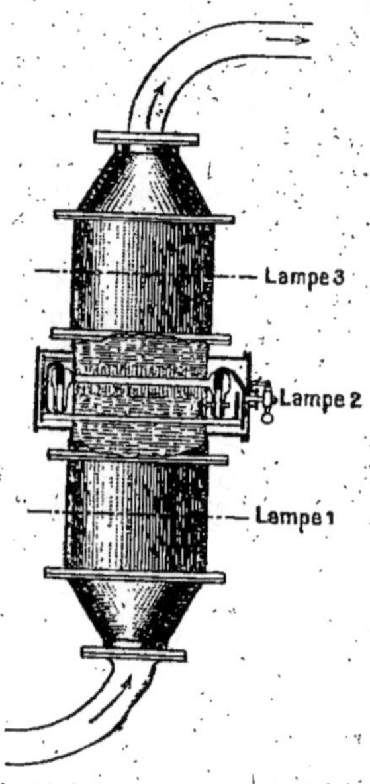

Fig. 70. — Stérilisateur à lampe immergée pour débit variant de 3 000 à 5 000 litres à l'heure.

Ces diverses expériences ont été effectuées avec l'appareil primitif; elles montrent la grande efficacité de ce mode de purification des eaux.

Nous devons cependant faire une réserve en ce qui concerne la signification exacte des expériences sur la stérilisation d'eaux artificiellement infectées. Le pouvoir bactéricide des rayons ultra-violets s'exerce en effet, dans ces conditions, sur une population bactérienne très dense ensemencée dans une eau qui peut être une eau relativement pure (1), ne renfermant par conséquent pas de substances qui pourraient s'opposer à une pénétration complète ou suffisante des rayons bactéricides dans la masse d'eau à purifier. Il peut se faire qu'une eau brute moins riche en bactéries résiste davantage au traitement si le milieu physique n'a subi aucune clarification. Il y a lieu de penser également qu'un mélange de b. coli ou de b. mesentericus et d'espèces formant spores ait donné des résultats sensiblement inférieurs. On sait, en effet, que les spores sont beaucoup plus résistants que les individus adultes et l'expérience a montré que leur accolement a pour effet de soustraire un certain nombre de germes aux effets de l'irradiation.

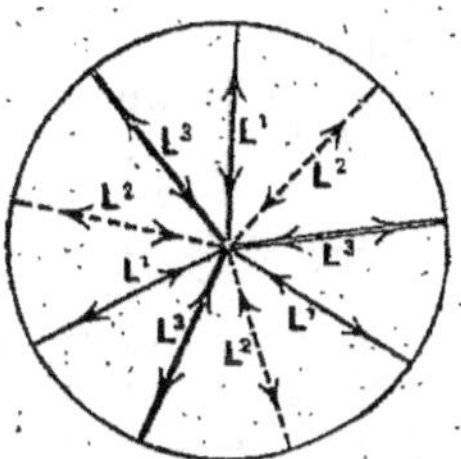

Fig. 71. — Schéma montrant la disposition rayonnante des brûleurs dans les appareils destinés à la purification en grand.

En réalité, nous considérons ces expériences effectuées sur des eaux artificiellement infestées comme des plus instructives en ce qui concerne le mode d'action d'un agent bactéricide à l'égard d'une espèce particulière; au point de vue de la vérification de l'efficacité réelle d'un procédé, nous accordons la préférence aux expériences réalisées avec une eau aussi polluée et contaminée que possible mais conservant intacts ses caractères naturels.

Ajoutons, d'ailleurs, que l'ensemble des expériences effectuées par le Dr Miquel s'est montré très satisfaisant.

Il en résulte : « 1º Que les eaux claires soumises à l'action des rayons ultra-violets, dans les conditions que nous avons spécifiées, sont parfaitement stérilisées;.

« 2º Que ces mêmes eaux, infectées artificiellement au moyen de cultures fraîches d'espèces fragiles très résistantes à l'action des agents physiques, ont été de même privées de tout micro-organisme;

« 3º Qu'il semble profitable à l'hygiène publique d'étudier les moyens pratiques d'application de ce nouveau procédé de stérilisation à l'épuration des eaux destinées à l'alimentation. » (Miquel.)

---

(1) L'eau infectée pour ces expériences était prise à la canalisation de la ville.

D'après le professeur D' Odo Bujwid, de l'Université de Cracovie, une eau infectée par une culture de choléra à raison de 1 000 bactéries par centimètre cube a été entièrement purifiée par l'action des rayons ultra-violets.

Une expérience effectuée par le même auteur et dans des conditions identiques sur le bacille du typhus a donné des résultats analogues.

M. le D' Thresh, bactériologiste du gouvernement anglais au London-Hospital, a publié, il y a quelques années, le résultat d'expériences fort intéressantes.

Dans un premier essai l'eau passait au travers de l'appareil à la vitesse de 55 litres à l'heure. L'eau brute avait une odeur faible mais perceptible d'eau d'égout; à la sortie du stérilisateur la même eau avait perdu son odeur.

L'analyse chimique n'a pas permis de révéler la cause de cette désodorisation. M. le D' Thresh l'attribue cependant *à un changement subtil qui s'est effectué dans la matière organique odoriférante.*

D'après les résultats de l'analyse chimique, l'eau traitée se montrait extrêmement riche en substances organiques et conservait ainsi tous les caractères d'une eau polluée; cependant l'analyse bactériologique a montré la destruction complète des bactéries communes aux eaux d'égouts (y compris le coli). L'eau brute renfermait environ 5.550 bactéries au centimètre cube; l'eau irradiée n'en renfermait plus que de 10 à 23.

Avec un débit de 300 litres par heure, le nombre des bactéries de l'eau traitée ne dépassait jamais 23 par centimètre cube.

M. le D' Thresh a également constaté une élévation de la température de l'eau sous l'effet de l'illumination.

Cette élévation était sensible (1°,8) pour les eaux purifiées à une vitesse comprise entre 150 et 300 litres à l'heure; avec un débit plus élevé (1 000 litres à l'heure) la température n'augmentait que de 0°,2 centigrade.

Le nouvel appareil a été soumis à l'étude du professeur Luigi Pagliani, directeur de l'Institut d'hygiène de Turin.

Les expériences ont porté sur des eaux irradiées à des vitesses différentes correspondant aux débits de 140, 220, 350, 460, 630 litres à l'heure.

Au débit de 350 litres, l'eau de la conduite renfermant 400 germes par centimètre cube a été complètement stérilisée.

Aux débits de 460 à 630 litres, il ne persistait que 4 ou 5 germes sur 400 dans l'eau brute.

Appareils à lampe non immergée. — Cette seconde méthode de traitement des eaux par les rayons ultra-violets est née, semble-t-il, d'une nécessité de la concurrence; elle a néanmoins fait l'objet d'une étude très approfondie et mérite de retenir l'attention.

Elle consiste à maintenir la lampe à une faible distance de l'eau en ayant soin d'empêcher tout contact avec la masse liquide. Des expériences de laboratoire ont montré qu'une lampe en quartz à vapeur de mercure, fonctionnant sur un courant de 220 volts et absorbant 3 ampères, stérilise complètement une émulsion de *bacterium-coli*, *bac. typhique*, *bac. dysentérique*, *bac. charbonneux*, *vibrion cholérique*, *staphylocoque doré*, etc.

Si l'on place le tube à 60 cm. de la lampe, la stérilisation complète de l'émulsion s'effectue en 30 secondes, à 40 centimètres en 15 secondes, à 20 centimètres en 4 secondes, à 10 centimètres moins d'une seconde.

La figure 72 montre la disposition intérieure d'un de ces appareils destiné à la stérilisation en grand.

L'eau admise de la bâche d'alimentation dans l'appareil de stérilisation au moyen d'une vanne R envahit un corps cylindrique vertical S muni d'une soupape à la partie inférieure ouvrant la communication éventuelle avec l'égout V. Arrivée au niveau de la tubulure latérale, l'eau brute pénètre dans le stérilisateur proprement dit. Celui-ci est constitué par une auge hémicylindrique E, divisée en quatre compartiments par cinq chicanes. Le centre de l'appareil est occupé par une boîte étanche Q contenant la lampe L. Les trois parois de cette

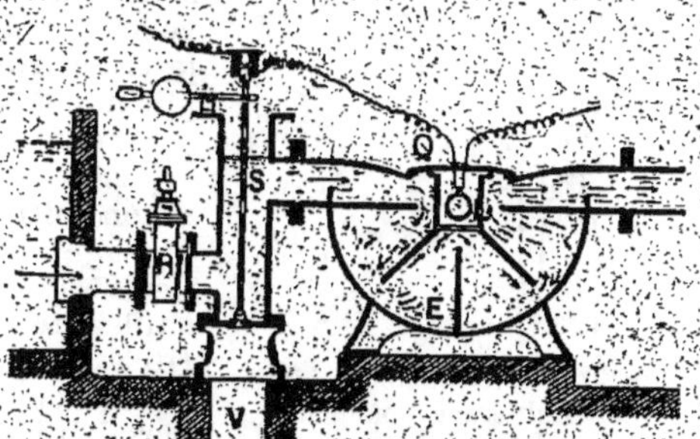

Fig. 72. — Coupe d'un stérilisateur à lampe non immergée.

boîte, orientées parallèlement à la longueur de la lampe, sont constituées par des plaques de quartz.

Le fonctionnement de l'appareil s'explique alors aisément : l'eau pénétrant dans le stérilisateur vient heurter la face latérale gauche de la boîte de quartz et pénètre dans le premier compartiment après avoir été irradiée une première fois en passant en nappe mince entre l'extrémité de la première chicane et la plaque de quartz. Pendant son passage dans le premier compartiment, l'eau animée de remous se trouve convenablement mélangée du fait de sa propre pression, de la résistance opposée par la chicane et enfin de la structure du compartiment lui-même. Les troisième et cinquième chicanes soumettent l'eau à deux nouvelles irradiations ; la tubulure latérale droite évacue l'eau complètement stérilisée.

En définitive, l'eau se trouve exposée trois fois à l'action des rayons ultra-violets pendant son passage dans le stérilisateur. Cette triple exposition doit être suffisante pour assurer une stérilisation parfaite de l'eau.

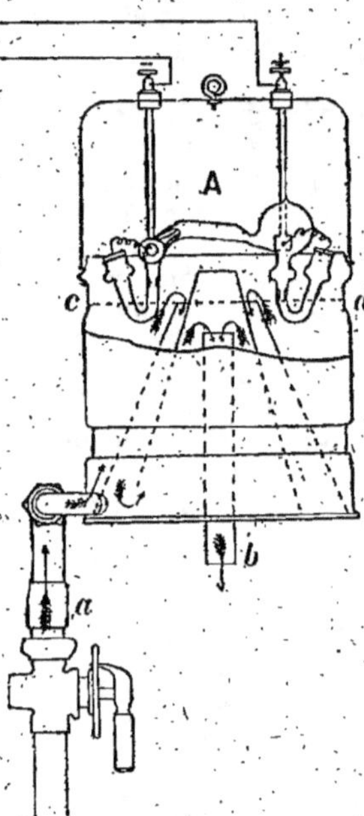

Fig. 73. — Stérilisateur à lampe non immergée pour usage à domicile.

A, brûleur ; *a*, arrivée de l'eau dans l'appareil ; *c*, *d*, niveau de l'eau et zone d'irradiation ; *b*, sortie de l'eau.

Les constructeurs de cet appareil lui ont adapté un ingénieux dispositif de sûreté déversant l'eau brute à l'égoût au lieu de la laisser pénétrer dans le stérilisateur, dans le cas où la lampe viendrait à s'éteindre : un électro-aimant est intercalé sur le circuit de la lampe. Tant que cette dernière fonctionne, l'électro-aimant retient la tige métallique verticale qui traverse le corps cylindrique S et fait adhérer la soupape qui en obstrue le fond. Si pour une raison quelconque le courant cesse en plein fonctionnement, l'action attractive de l'électro-aimant cesse également et la soupape P n'étant plus soutenue démasque la partie inférieure du corps cylindrique. L'eau brute de la bâche s'écoule à l'égout et ne risque pas de se mélanger à l'eau stérile des réservoirs de distribution.

La figure 73 se rapporte à un appareil de stérilisation à domicile, basé sur le même principe, utilisant le courant des secteurs et débitant 600 litres à l'heure.

Efficacité du procédé. — Au concours de Marseille de 1910 (1), ce système d'épuration a donné des résultats très satisfaisants.

L'eau traitée par la lampe à vapeurs de mercure était préalablement filtrée ou simplement préfiltrée sur le sable.

Voici les résultats obtenus avec un appareil débitant de 400 à 500 mètres cubes par vingt-quatre heures :

NATURE DE L'EAU.	MOYENNE D'UN MOIS.	
	NOMBRE DE GERMES dans 1 centim. cube.	NOMBRE DE COLI-BACILLES dans 100 centim. cubes.
Eau brute..............	8 144	406
Eau préfiltrée et filtrée..	38	3,4
Eau traitée par la lampe.	2,5	0

La Commission extra-municipale s'exprime ainsi dans son rapport :

« *En ce qui concerne les rayons ultra-violets, la Commission a constaté que, dans des conditions convenablement choisies, ils permettent d'obtenir une purification aussi satisfaisante que le procédé à l'ozone.*

« *En définitive, les systèmes d'épuration à l'ozone ou par les rayons ultra-violets, combinés à une bonne clarification préalable, ont paru à la Commission susceptibles d'assurer une purification très satisfaisante de l'eau du canal de Marseille, destinée à l'alimentation. Quel que soit le procédé adopté, il sera indispensable de contrôler par des analyses*

---

(1) Concours institué par la Municipalité pour le choix d'un procédé d'épuration des eaux du canal.

bactériologiques journalières le fonctionnement des appareils. »

Étant donnés les résultats bactériologiques également satisfaisants des deux modes d'application des rayons ultra-violets, la supériorité de l'un sur l'autre ne peut résulter que de conditions propres à assurer la régularité de la purification, à utiliser plus complètement et plus économiquement le rayonnement des lampes.

On a préconisé l'immersion des lampes afin d'employer la totalité des rayons abiotiques émis. Cependant les partisans de la non immersion font valoir l'instabilité du régime des lampes immergées. Le régime des brûleurs à vapeur de mercure dépend essentiellement de la température des électrodes et du tube lumineux. Il est évident que les lampes fonctionnant à l'air libre et celles qui brûlent au sein d'une enveloppe liquide fonctionnent sous un régime différent, mais il n'apparaît pas que cette différence ait une répercussion sur le rendement des brûleurs.

Il résulte, d'autre part, des expériences de H. Bordier, relatives à la quantitométrie des rayons ultra-violets, que l'échauffement des lampes (700 ou 800°) a pour effet, lorsqu'il atteint le rouge, d'opacifier l'enveloppe de quartz et de réduire sa perméabilité aux rayons ultra-violets. Cet auteur a observé qu'une lampe chauffant au rouge émet 7 fois moins de radiations ultra-violettes après 500 heures de fonctionnement. Il convient cependant d'ajouter qu'il n'est pas nécessaire d'élever la température dans de semblables proportions pour obtenir un rendement suffisant.

Quoi qu'il en soit, les lampes immergées échappent évidemment à ces risques.

D'autre part, si la lampe, après avoir fonctionné à l'air, est ensuite mise en marche dans l'eau, on s'aperçoit que, pour obtenir le rendement en rayons ultra-violets qu'elle donnait à l'air, il devient nécessaire d'augmenter dans d'assez grandes proportions l'intensité du courant. Il résulte de ce fait une augmentation incontestable de la consommation d'énergie électrique.

En définitive, les lampes immergées consomment plus de courant, mais peuvent purifier un plus grand volume d'eau; les lampes brûlant à l'air consomment moins de courant mais n'utilisent pas la totalité de leur rendement. Il est d'ailleurs fort possible que dans la pratique ces deux conditions se compensent.

La plus sérieuse objection que l'on puisse formuler contre l'emploi des lampes immergées est la formation, d'ailleurs assez lente, d'un dépôt de sels terreux à la surface du tube luminescent.

Avantages communs aux deux méthodes. — Ce sont les suivants :

1° Faible encombrement de l'appareil.

2° Perte de charge réduite.

Cette considération présente, pour les installations urbaines une réelle importance. Certains appareils de stérilisation — les filtres à sable notamment — entraînent, dans certains cas, une perte de charge excessive, à tel point qu'il devient indispensable de la compenser par l'utilisation de pompes élévatoires.

3° Débit considérable. — L'eau demeurant dans l'appareil que nous venons de décrire 3 secondes environ, il s'ensuit que le débit peut être fort élevé.

En 24 heures, et suivant la limpidité de l'eau, 500 à 600 mètres cubes d'eau peuvent être stérilisés.

Dans le cas où le débit devrait être plus élevé, il faudrait mettre en marche parallèle plusieurs appareils.

La rapidité de stérilisation rend ce procédé apte à la purification en grand des eaux d'alimentation des villes et des communes.

4° Faible consommation du courant, par conséquent stérilisation peu onéreuse. — Une lampe qui fonctionne sous 220 volts et absorbe 3 ampères consomme par conséquent 660 watts-heure (1).

Pour un appareil pouvant stériliser 600 mètres cubes par 24 heures, soit 25 mètres cubes à l'heure, la dépense revient donc à 26 watts-heure environ par mètre cube.

A Paris, le prix du kilowatt est de 0 fr. 11, pour les services publics.

Objections. — *a) Production d'eau oxygénée.* La première objection vise la production d'eau oxygénée sous l'action des rayons ultra-violets. Les compte rendus de l'Académie des sciences mentionnent les débats engagés à ce propos et qui, en définitive, se réduisent à ceci :

M. Miroslaw Kurlbaum, exposant pendant 200 heures de

---

(1) Cette consommation s'applique aux appareils à lampe brûlant à l'air.

l'eau à l'action des rayons ultra-violets, remarqua après les 10 premières heures un dégagement gazeux provenant de l'eau; ce dégagement augmente proportionnellement, puis cesse pendant les 35 dernières heures..

M. Tian a constaté, d'autre part, dans des conditions à peu près analogues, un dégagement gazeux d'hydrogène et d'oxygène égal à 25 millimètres cubes à l'heure.

Or, nous avons dit précédemment que l'eau ne subissait, dans les appareils industriels décrits, que pendant 3 secondes environ l'action des radiations ultra-violettes; on a pu calculer que la teneur en eau oxygénée atteint dans ces conditions 0 gr. 000.000.025. Si l'on tient compte que l'eau oxygénée ne devient dosable qu'après une exposition de 8 heures, on conçoit que la quantité de ce corps contenue dans l'eau doit demeurer dans des proportions infinitésimales et cela dans toute l'acception du mot.

b) Abaissement du pouvoir abiotique des lampes. La seconde objection vise un ensemble de circonstances qui tendraient à réduire progressivement le rendement lumineux et par conséquent le pouvoir bactéricide des lampes en quartz.

Il résulterait des recherches entreprises sur ce point :

1° Que la vie des lampes en quartz n'est pas illimitée.

2° Que l'affaiblissement de leur rendement, lorqu'elles fonctionnent sous un régime constant et convenablement déterminé, n'est que progressif et lent.

3° Que dans les conditions normales cet affaiblissement est inappréciable après un fonctionnement continu de 2.000 heures; il est insensible après 7.000 heures.

4° Que le rendement lumineux et ultra-violet s'établit lorsque les lampes fonctionnent à de *très hautes températures*. Or, cette condition n'est pas absolument nécessaire, du moins pour l'application industrielle des rayons ultra-violets.

Nous ajouterons enfin que la réduction du pouvoir abiotique a pour cause essentielle la pénétration de l'air dans les brûleurs. Celle-ci peut s'effectuer, soit au voisinage des électrodes et cela par suite des nécessités inhérentes à la construction de ces lampes — si soignée fût-elle —, soit encore par une véritable perméabilisation du tube de quartz sous l'action des hautes températures.

Il faut bien reconnaître qu'à l'heure actuelle, l'éventualité de l'abaissement du pouvoir abiotique des lampes est le point délicat du problème et que, solutionné d'une manière irrécusable, rien ne s'opposerait à la généralisation d'un procédé qui ne semble devoir compter à son actif que de très réels avantages.

La vérification du pouvoir bactéricide des lampes se fait couramment dans les laboratoires au moyen de mesures photométriques.

Des efforts sont actuellement tentés pour faire entrer dans la pratique ces procédés de contrôle.

REMARQUE. — Il est indispensable de noter que l'action bactéricide des rayons ultra-violets ne s'exerce d'une ma-

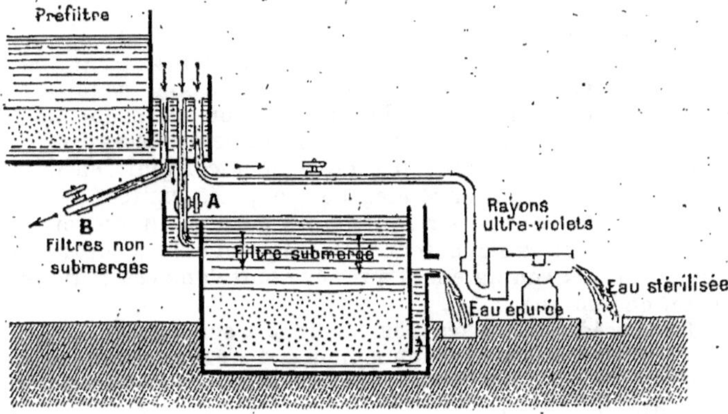

Fig. 74. — Schéma de l'installation filtrante établie au concours de Marseille. Une partie de l'eau préfiltrée est conduite au stérilisateur par les rayons ultra-violets. (V. *filtre à sable submergé avec dégrossisseurs*, fig. 77, p. 145.)

nière satisfaisante sur des eaux brutes qu'à la condition que celles-ci soient limpides ; l'action de ces radiations lumineuses demeure naturellement inefficace sur les substances minérales maintenues en suspension et par suite sur les organismes placés dans leur ombre.

D'autre part, la coloration des eaux par certaines matières, comme les substances ulmiques des eaux quelque peu stagnantes est susceptible de ralentir ou d'entraver le rayonnement des lampes.

Il faudra donc toujours prévoir pour les installations de stérilisation en grand l'établissement de dégrossisseurs et d'un préfiltre (*fig.* 74), surtout si l'eau à stériliser doit être puisée dans une rivière ou prise au griffon d'une source susceptible de donner épisodiquement des troubles.

Dans le cas où l'on utilise un modèle réduit limité aux usages domestiques et si l'eau provient, soit de conduites municipales, soit d'un puits ou d'une citerne ne donnant jamais de troubles, la préfiltration préalable n'est pas nécessaire.

Conclusion. — L'action des rayons ultra-violets, redoutable pour la substance vivante, en fait un procédé de stérilisation de premier ordre.

Son peu d'encombrement, son fonctionnement régulier, la simplicité des manœuvres, son grand débit et enfin son prix de revient peu élevé, sont bien faits pour séduire les municipalités pour lesquelles la solution du problème de l'eau pure se présente comme une impérieuse nécessité.

Ce mode de purification semble bien convenir en outre aux hôtels, restaurants, etc., des localités visitées par les touristes, traversées par les troupes en manœuvres, où les uns et les autres s'exposent trop fréquemment à contracter les affections contagieuses qui sévissent dans ces régions à l'état endémique.

Le procédé n'a certes pas encore dit son dernier mot ; il appelle bien des perfectionnements et c'est peut-être parce qu'il est perfectible qu'il peut devenir le stérilisateur de l'avenir.

III. — PROCÉDÉS MÉCANIQUES D'ÉPURATION DES EAUX

Nous avons précédemment dit, en définissant les procédés mécaniques d'épuration des eaux, que ce groupe était presque exclusivement celui des appareils filtrants ; nous ajouterons qu'en recourant à la filtration, l'homme ne fait qu'imiter la nature et que nos filtres ne sont en définitive que des copies plus ou moins parfaites des dispositions naturelles que nous révèle la constitution géologique de maintes régions. Ces procédés comprennent principalement : 1° la filtration sur le *sable* ; 2° la filtration sur le *charbon* ; 3° la filtration sur les *pierres poreuses* ; 4° la filtration sur les *pâtes céramiques* ; 5° enfin les filtres divers : bougies *collodionnées*, filtres à fibre d'*amiante*, etc.

1° Filtration sur le sable.

Les filtres à sable se répartissent en deux groupes. Dans le premier, la masse filtrante est constamment recouverte par l'eau à épurer; le filtre est dit « submergé ». Dans le second, l'eau est distribuée de façon à ne jamais noyer la couche de sable; le filtre est alors « non submergé ».

Filtres à sable submergé.

On a appelé filtres submergés les appareils dans lesquels la couche filtrante est toujours recouverte d'une hauteur d'eau déterminée. La filtration s'opère dans ces conditions

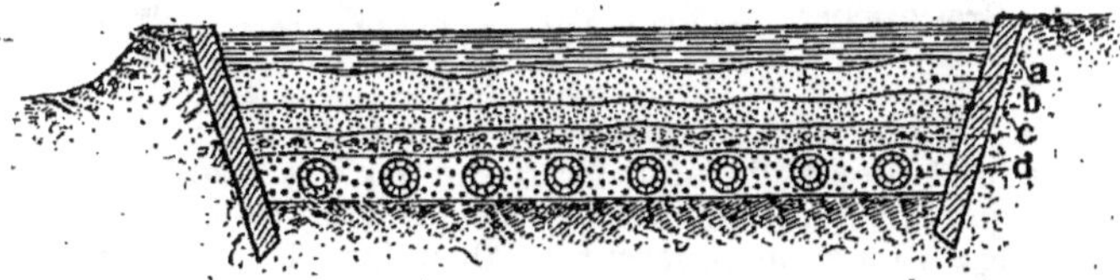

Fig. 75. — Coupe du filtre Simpson construit en 1829 par la Chelsea Company pour la purification des eaux de la Tamise distribuées à Londres.

sous une pression qui est fonction de la hauteur de la couche d'eau. La vitesse de filtration elle-même est, par suite, directement proportionnelle à la charge du filtre, c'est-à-dire à la pression hydrostatique exercée par la masse liquide sus-jacente et d'autre part inversement proportionnelle à la grosseur des éléments composant la couche filtrante.

Filtre Simpson. — La figure 75 montre la disposition de ce bassin filtrant. La circulation de l'eau s'y effectuait de haut en bas; l'eau filtrée était recueillie dans la couche du fond par un système de drains en poterie.

L'eau brute traversait ainsi quatre couches composées comme suit, de haut en bas :

Sable très fin (a). 0^m,60
Sable et gravier (b). . . . . 0^m,30
Coquilles marines (c). . . . . 0^m,15
Gros gravier (d). . . . . 1 m.

La puissance totale de la couche filtrante atteignait ainsi 2 m. 05.

Le filtre travaillait sous une charge de 1 m. 20 et débitait une hauteur d'eau égale à 4 mètres, soit 4 mètres cubes par mètre superficiel du bassin.

La Ville de Londres fut ainsi alimentée par de l'eau de la Tamise épurée sur le sable des filtres Simpson.

Second système des eaux de la Tamise. — L'eau de la Tamise fut ultérieurement filtrée dans des bassins construits en contre-bas du fleuve et composés commé suit, de haut en bas :

Sable de la Tamise	0^m,90
Coquilles marines	0^m,15
Gravier fin	0^m,15
Gros gravier	0^m,25
Cailloux	0^m,25

La puissance totale était ainsi de 1 m. 70.

Le fond du bassin était constitué par des schistes ardoisiers posés verticalement et suffisamment rapprochés pour que les cailloux ne puissent tomber dans les espaces ainsi ménagés. Cette disposition était destinée au drainage des eaux filtrées.

Détermination des lois de la filtration sur le sable submergé. — C'est en réalité à partir de l'année 1887 que la filtration sur sable est entrée dans une voie vraiment rationnelle, grâce à l'heureuse initiative du bureau sanitaire de l'État de Massachusets.

Celui-ci fit établir à Lawrence une station d'études ayant pour programme la détermination des lois de la filtration et les recherches entreprises à cet effet contribuèrent dans une très large mesure au progrès de ce mode d'épuration des eaux.

Les études portèrent successivement sur la filtration continue, sur la filtration intermittente, la grosseur des grains et l'épaisseur correspondante des couches formées de ces grains, l'opportunité d'une couche argileuse de couverture, la charge à imposer au filtre selon sa composition et le régime de filtration continue ou intermittente.

Il résulte de ces travaux que dans la technique de la filtration, la grosseur, la forme et les caractères physiques des grains de sable, jouent ici un rôle prépondérant.

D'autre part, M. Samuelson, ingénieur en chef du service des eaux de Hambourg, estime que les couches filtrantes composées de sable dont les grains mesurent approximativement 1 millimètre de diamètre, jouissent d'un pouvoir d'élimination maximum.

Nous ne pouvons pas entrer dans le détail des expériences entreprises en vue d'assurer à la filtration par le sable un rendement maximum.

Elles déterminèrent la codification des principes indispensables à une filtration satisfaisante.

Ces règles furent publiées en 1898 et inspirèrent la construction des filtres modernes.

Elles se résument ainsi :

1° L'eau filtrée ne doit pas renfermer plus de 100 germes par centimètre cube ;

2° Sa potabilité ne doit pas être altérée ;

3° L'installation doit comporter une surface filtrante largement calculée et une réserve, de manière à ne pas être obligé de forcer la vitesse de filtration ;

4° Il importe d'assurer l'isolement de chaque compartiment de l'installation, afin de pouvoir mettre en décharge n'importe quel bassin en cas de nécessité ;

5° Chaque compartiment doit être pourvu d'un dispositif pour le remplissage complet « per ascensum (1) » du filtre après chaque nettoyage ;

6° La vitesse de filtration doit pouvoir être réglée sur chaque bassin ; elle doit, en outre, être préservée contre toute variation ou contre tout arrêt spontané ;

7° La charge ne peut être déterminée que par les résultats bactériologiques obtenus au cours des expériences précédant la mise en service ; elle n'est, de ce fait, assujettie à aucune règle générale et constitue toujours un cas d'espèce ;

8° Pour les filtres à membrane filtrante, la pression devra être déterminée de façon à ne pas entraîner la fissuration de la couche glaireuse ;

9° La couche filtrante formée de sable fin ne doit jamais être inférieure à 0ᵐ,40. Il convient donc de tenir compte, au moment de l'établissement des filtres, de la réduction de son épaisseur à chaque nettoyage ;

---

(1) C'est-à-dire de bas en haut.

10° Les compartiments d'une installation doivent être absolument étanches. Les parois ne doivent présenter aucune solution de continuité permettant une communication avec le sol environnant;

11° Les eaux filtrées doivent être analysées bactériologiquement chaque jour, surtout dans la période de maturation, pour les installations à membrane filtrante;

12° L'eau d'un filtre doit être impitoyablement rejetée lorsqu'elle n'offre pas les garanties d'une pureté suffisante.

Rôle des micro-organismes dans la filtration. — A l'action mécanique de la masse sableuse, il convient d'ajouter celle d'une catégorie de ferments organisés nitrificateurs.

Ceux-ci transforment l'ammoniaque provenant de la décomposition des matières organiques en acide nitreux, puis en acide nitrique, qui, se combinant à la chaux dissoute dans les eaux naturelles, donne un azotate de chaux dépourvu de toxicité.

Revêtement des parois des bassins filtrants. — Un écueil auquel se heurte toujours la filtration sur le sable résulte du ruissellement le long des parois cimentées des bassins. Les filets d'eau trouvent un plan conducteur vertical et gagnent assez facilement les zones inférieures du filtre, sans avoir été soumis à une épuration complète. Il n'est pas besoin de dire que la formation de ces canaux est redoutée par les hygiénistes, les infiltrations qu'ils déterminent pouvant contaminer l'eau des réceptacles inférieurs et rendre illusoire l'épuration.

M. Golder indique comment la difficulté fut résolue à la station d'épuration de Reading (Pennsylvanie) :

L'intérieur du bassin ayant été lissé avec du ciment, on enduisit ensuite les parois d'une couche de ciment humide, sur laquelle on projeta violemment du sable. Lorsque le ciment fut bien sec, on brossa les parois et on renouvela l'opération sur les points où le sable n'avait point adhéré.

On obtint ainsi des surfaces rugueuses, contre lesquelles le sable du filtre s'appliquait convenablement en formant joint.

Ce procédé est extrêmement simple et il est souhaitable que la recette donnée par M. Golder soit appliquée par les constructeurs de filtres.

Filtre collectif des villes. — La figure 76 montre la disposition la plus simple réalisée dans un grand nombre de filtres destinés à l'épuration des eaux d'alimentation des villes.

L'eau à filtrer est conduite dans un ou plusieurs bassins suivant les nécessités.

Le fond de chaque bassin filtrant comporte un réseau de drainage ménagé entre des rangées de briques convenablement disposées pour recueillir les eaux filtrées.

La masse filtrante est composée de bas en haut :

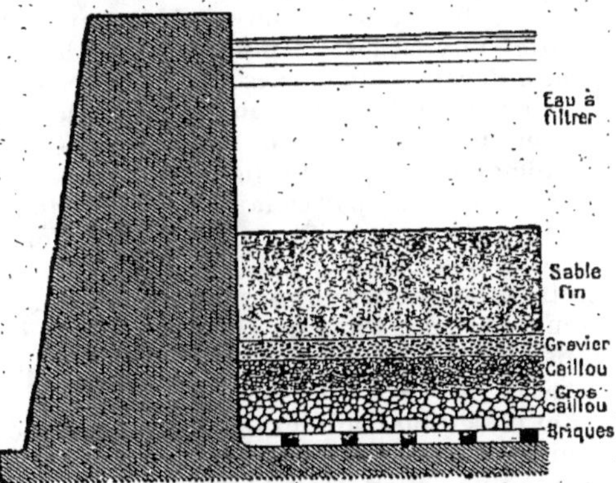

Fig. 76. — Filtre collectif à sable submergé
pour l'alimentation des villes.

par un lit de gros cailloux, un lit de cailloux de plus faible calibre, une couche de gravier ; enfin par une masse de sable fin de 1 mètre d'épaisseur, et aussi puissante à elle seule que l'ensemble des couches sous-jacentes.

Rôle de la membrane filtrante. — Après quelque temps de fonctionnement, il se forme à la surface de la couche de sable un dépôt complexe d'origine organique formé par l'enchevêtrement de particules organiques, d'algues, de bactéries, etc.

Ce feutrage, d'un aspect gélatineux, *glaireux*, de couleur généralement grisâtre, a été nommé *membrane filtrante*. Les hygiénistes lui attribuaient, jusqu'à ces derniers temps, un rôle prépondérant dans la technique de la filtration par le sable.

De récentes expériences ont démontré que des bassins filtrants, fonctionnant avant leur maturité, c'est-à-dire avant la constitution de la membrane filtrante, donnaient des résultats qui n'étaient pas inférieurs, bien au contraire, à

ceux que donnaient les filtres parvenus à maturation. Bien
mieux encore, la membrane enlevée au fur et à mesure de
son apparition, le filtre persistait à donner les mêmes résultats.

On a évidemment cherché à expliquer comment un filtre
pouvait fonctionner convenablement sans membrane filtrante ; l'hypothèse la plus vraisemblable invoque le plus
grand développement des surfaces de contact.

Dans le système que nous venons de décrire, la pellicule
se constitue en l'espace de 7 à 8 jours et se développe ensuite
rapidement, au point d'imperméabiliser la surface du filtre
et de nécessiter, par ce fait, de fréquents nettoyages (18 à 20
environ par an). La filtration s'opère alors par la surface du
filtre à travers une épaisseur approximative de 2 centimètres. Sans membrane filtrante, les matières en suspension pénètrent toute la masse du filtre et rencontrent par
conséquent une surface de contact beaucoup plus considérable.

On ne semble d'ailleurs pas très bien fixé sur le mode d'action de la pellicule filtrante. Pour certains auteurs, elle
exerce une action essentiellement physique, c'est-à-dire du
seul fait de sa structure. Pour d'autres, son efficacité est
d'ordre biologique : les microbes trouvent un habitat convenable et s'y fixent tout naturellement, ou bien encore les
nécessités de la lutte pour l'existence les entraînent en de
continuels combats, d'où résultent de prodigieuses héca-
tombes (1). Enfin, un autre point de vue admet qu'ils sont
retenus bon gré mal gré par un véritable collage au sein du
sédiment formé à la surface du filtre par le dépôt des matières
en suspension.

Quelles que soient en définitive les causes véritables de
l'efficacité de la membrane filtrante, quelles que soient également les raisons pour lesquelles les filtres non pourvus de
membrane assurent, dans des conditions que nous aurons à

---

(1) Dans cette interprétation de l'efficacité de la membrane filtrante, on admet
que les premières victimes de la concurrence vitale sont précisément les espèces
pathogènes ; celles-ci se montrent dans le combat en état d'infériorité notoire.
Il est bien évident que cette lutte pour l'existence se manifeste chaque fois qu'un
certain nombre d'individus se trouvent en présence, quel que soit le lieu. Elle
peut aussi bien se dérouler à la périphérie des graviers ou des grains de sable,
dans les fines diastromes qui les séparent aussi bien qu'à la surface du filtre,
Dans ces conditions, la membrane ne serait qu'un artifice destiné à créer un
champ de bataille limité ; à l'heure actuelle, dans l'état de nos connaissances, la
nécessité de cet artifice semble bien douteuse.

déterminer, un pourcentage d'élimination extrêmement remarquable, la constatation s'impose, inéluctable, sous le couvert de l'expérimentation.

La suppression de la membrane filtrante implique, hâtons-nous de l'ajouter, certaines modifications dans la technique de la filtration par le sable. Les bassins filtrants analogues à celui que nous venons de décrire ne pourraient vraisemblablement pas se démunir de leur membrane filtrante en raison de l'abondance des substances maintenues en suspension dans les eaux qu'ils reçoivent. Ces matières, en s'accumulant rapidement au fond du bassin, entretiennent des conditions éminemment favorables à la maturation du filtre, par conséquent au développement de la membrane filtrante.

L'établissement de bassins de décantation, c'est-à-dire de véritables bassins de sédimentation dans lesquels les eaux brutes abandonnent une partie des matières tenues en suspension avant d'être dirigées sur les filtres, ne s'oppose pas davantage au développement de la pellicule filtrante.

L'observation a montré, à cet égard, que la quantité de matières entraînées par le courant qui sort des bassins de décantation et pénètre dans les filtres, est encore largement suffisante pour en provoquer la maturation dans le délai normal.

Les décanteurs ont surtout pour effet d'entraver le colmatage rapide des bassins filtrants, par la partie la plus dense du limon (en période de crue notamment). On s'oppose au développement de la membrane filtrante en ne dirigeant sur les filtres que des eaux préalablement débarrassées de la majeure partie de leurs impuretés, et ayant déjà subi, par une sorte de contre-coup de cette première épuration, une élimination bactérienne très appréciable.

Ces conditions sont réalisées dans le système comportant avant la filtration proprement dite :

1° Un dégrossissage progressif de l'eau brute.

2° Une filtration préliminaire (préfiltration) de l'eau dégrossie.

Avant de procéder à l'examen de ces procédés qui excluent et combattent même la membrane filtrante, nous devons insister tout particulièrement sur les avantages qui résultent de cette suppression.

En admettant même un pourcentage d'élimination bactérienne équivalent pour les deux procédés mis en concurrence ; il convient encore d'ajouter aux filtres « sans membrane » les avantages énumérés dans le tableau ci-dessous :

FILTRES DÉPOURVUS DE MEMBRANE FILTRANTE.	FILTRES POURVUS D'UNE MEMBRANE FILTRANTE.
1° Mise en service immédiate.	Sept ou huit jours sont nécessaires à la maturation du filtre.
2° Nettoyages peu fréquents de la couche filtrante.	18 à 20 nettoyages par an.
3° Faculté de distribuer l'eau filtrée 24 heures environ après la remise en charge consécutive à chaque nettoyage.	Plusieurs jours sont nécessaires.
4° Réduction de la main-d'œuvre en raison de la diminution des nombreux nettoyages.	
5° Perte de charge minimum en raison de la hauteur du colmatage.	Colmatage rapide résultant de la faible surface de contact ; élévation rapide de la perte de charge consécutive.

Filtres à dégrossissage et préfiltration préalables. — La figure 77 montre la disposition générale des systèmes d'épuration des eaux par l'emploi des filtres à sables précédés d'un dégrossissage et d'une préfiltration de l'eau brute. On remarquera, tout d'abord, que l'ensemble de l'installation comporte trois parties distinctes correspondant aux trois phases de l'épuration : dégrossissage, clarification, épuration bactériologique.

Dégrossissage. — Le dégrossisseur n° I est constitué par une couche de gravier de 30 centimètres d'épaisseur et d'un calibre variant de 15 à 20 millimètres.

Le dégrossisseur n° II comporte une couche de gravier de 35 centimètres d'épaisseur et d'un calibre variant de 10 à 15 millimètres.

Le dégrossisseur n° III possède une couche de gravier puissante de 40 centimètres et d'un calibre variant de 7 à 10 millimètres.

Enfin, le dégrossisseur n° IV contient 40 centimètres de gravier d'un calibre variant de 4 à 7 millimètres.

L'organe clarificateur, le *préfiltre*, est constitué de bas en haut par une couche de gravier de 4 à 7 millimètres, puis-

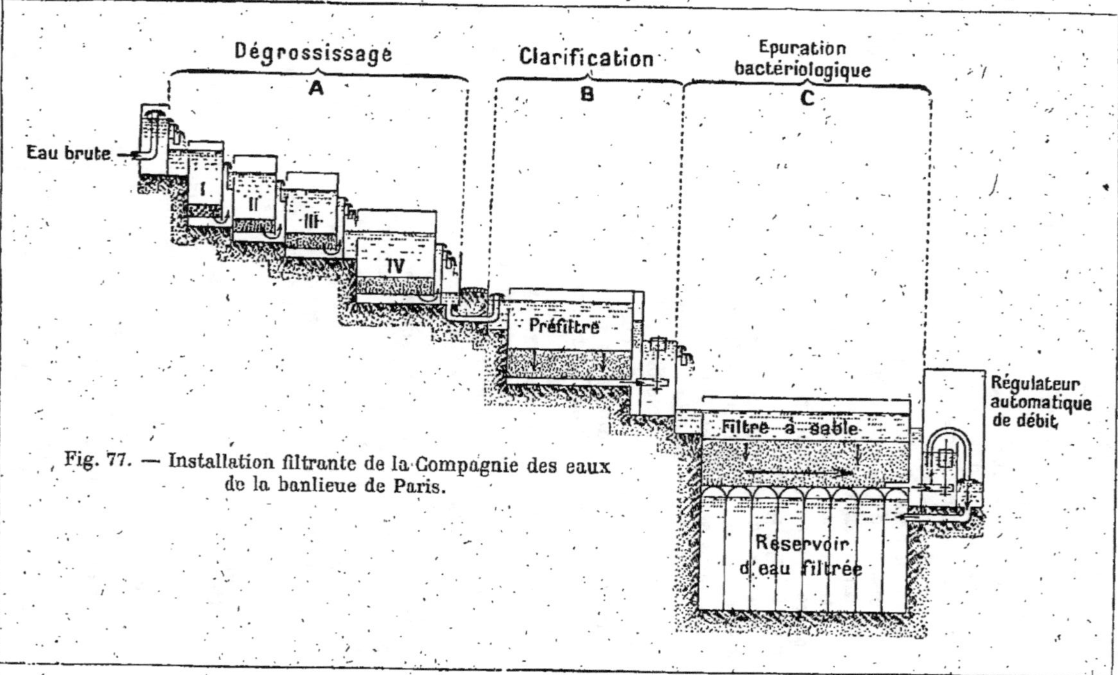

Fig. 77. — Installation filtrante de la Compagnie des eaux
de la banlieue de Paris.

sante de 25 centimètres, et supportant 60 centimètres de sable passé à la claie de 4 millimètres.

La troisième et dernière accolade concerne le terme final de l'épuration, c'est-à-dire la filtration proprement dite. Chaque filtre est formé de la superposition des couches suivantes :

A la base une couche de gravier épaisse de 15 centimètres et constituée par des éléments d'un calibre variant de 15 à 20 millimètres.

Cette couche en supporte une seconde, épaisse de 10 centimètres et constituée par du gravier d'un calibre variant de 4 à 7 millimètres.

Au-dessus est une couche de sable passé à la claie, de 4 millimètres et puissante de 20 centimètres.

La série se termine par une couche de 70 centimètres de sable passé à la claie, de 2 millimètres.

Les organes essentiels de l'installation étant décrits, examinons maintenant la marche de l'épuration. Reportons-nous pour cela à gauche du schéma et suivons le parcours de l'eau dès son arrivée dans l'installation.

La conduite d'arrivée déverse l'eau brute dans une bâche en ciment armé ; lorsque cette bâche est pleine, les eaux se déversent dans le dégrossisseur n° I par une triple cascade.

Aération de l'eau pendant l'épuration. — L'interposition fréquemment répétée de ces cascades entre les organes essentiels de l'épuration contribue dans une large mesure à l'efficacité de la méthode. Chaque cascade a pour effet d'aérer l'eau et, par conséquent, d'augmenter sa teneur en oxygène dissous. Au cours de chaque filtration, les matières oxydables de l'eau, c'est-à-dire les matières organiques et les sels de fer s'oxydent aux dépens de l'oxygène dissous. L'analyse chimique montre après chaque filtration un appauvrissement ou la disparition totale de l'oxygène dissous et sa réapparition après l'aération aux cascades.

Cette pratique a pour effet de favoriser le dégrossissage tout en restituant à l'eau son oxygène dissous au fur et à mesure que le lui enlève l'accomplissement de la filtration.

Revenons à notre schéma ; c'est donc par une triple aération de l'eau que débute ici la série des opérations : l'eau brute convenablement chargée d'oxygène dissous traverse verticalement de haut en bas les 30 centimètres de gros gravier (15 à 20 millimètres) du dégrossisseur n° I. Après avoir abandonné à la surface et au sein même du lit de gravier les plus volumineux corps étrangers qu'elle véhicule, l'eau dégrossie une première fois s'accumule dans la partie libre ménagée sous le dégrossisseur, puis s'élève en vertu du principe des vases communiquants dans l'espace libre réservé entre les parois des dégrossisseurs I et II.

Arrivée au seuil du déversoir, qui constitue l'accès du second dégrossisseur, elle s'y déverse par une simple cascade. Ainsi l'eau a récupéré sa teneur en oxygène dissous avant de subir le second dégrossissage. Celui-ci s'effectue comme le précédent et ainsi que les suivants par cheminement de l'eau au travers d'une couche de graviers d'épaisseur croissante et d'un calibre décroissant à chaque bassin. Le dégrossisseur III est, comme le second, précédé d'une simple cascade. Le dégrossisseur IV est précédé d'une triple cascade.

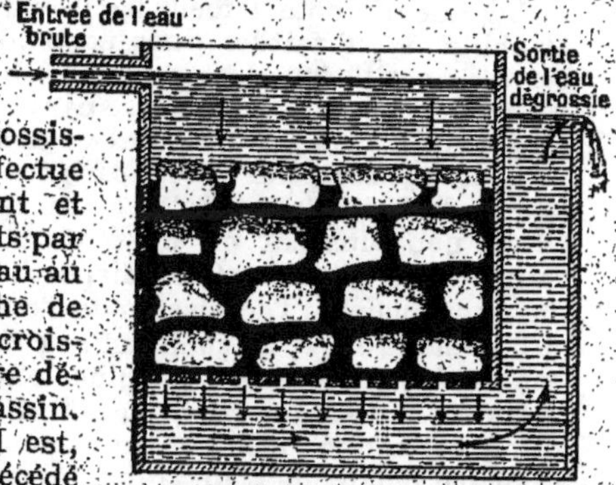

On peut donc poser, en extrême synthèse, que dans la technique du dégrossissage (*fig.* 78), tout se passe comme si l'eau brute était soumise à un véritable criblage au travers d'une infinité de tubes verticaux à parois glutinantes et sinueuses aux sections de plus en plus restreintes, d'autant plus longs et plus nombreux que les sections sont plus étroites. Cette première série d'opérations se termine par une nouvelle aération de l'eau définitivement dégrossie.

L'examen du schéma nous montre le dégrossisseur IV relié à l'appareil de clarification par un siphon destiné à franchir souterrainement la route qui traverse l'installation.

Préfiltration. — Le fonctionnement du préfiltre est absolument identique à celui des dégrossisseurs. L'eau chemine verticalement, de haut en bas, au travers d'une couche de

Fig. 78. — Schéma montrant le mode d'action de la couche de graviers dans les compartiments de dégrossissage.

Chaque élément exerce sur les matières solides de l'eau brute une action rétentive qui a pour conséquence le remplissage des vides. Ce colmatage s'opère par une sorte de nourrissage de chacun des éléments de la couche filtrante.

sable passé à la claie de 4 millimètres reposant sur 25 centimètres de gravier de 4 à 7 millimètres, le tout supporté par un assemblage de briques perforées. La couche de sable, puissante de 60 centimètres, parachève l'œuvre des dégrossisseurs en offrant à l'eau un véritable complexe de vaisseaux d'une grande ténuité. La préfiltration est le complément naturel et indispensable du dégrossissage.

Elle ralentit notablement la circulation des filets liquides et oblige de ce fait les fines particules solides à se déposer à la périphérie des grains de sable, les bactéries elles-mêmes sont retenues en masse par adhérence aux parois de ce prodigieux labyrinthe. Les eaux préfiltrées gagnent un compartiment latéral et sont dirigées sur la bâche d'alimentation de la triple rangée de cascades qui fait suite au préfiltre, non plus par un déversoir mais par une conduite munie d'une soupape. Cette disposition a pour but de régler automatiquement l'admission de l'eau préfiltrée sur le filtre proprement dit et de maintenir la charge dans une limite convenable. (Nous verrons plus loin la nécessité de cette mesure). La soupape de la conduite d'adduction de l'eau préfiltrée est commandée par un flotteur, de telle sorte que si l'eau parvenait en trop grande abondance du préfiltre, le flotteur s'élèverait et fermerait la soupape.

Filtration proprement dite. — L'eau clarifiée pénètre sur l'organe d'épuration bactériologique — le filtre — (*fig.* 77) après avoir subi une triple aération. La masse filtrante est constituée par 70 centimètres de sable passé à la claie de 2 millimètres.

Les opérations précédentes (dégrossissage et clarification) ont eu pour effet de débarrasser l'eau de toutes les substances étrangères et d'une grande partie de sa population bactérienne.

Si le projet de l'installation a été convenablement calculé en s'inspirant des circonstances locales, on peut établir que l'action du filtre se trouvera exclusivement limitée à l'élimination bactériologique et que celle-ci ne portera, en outre, que sur une faible partie de la population bactérienne de l'eau brute, en d'autres termes, que le coefficient d'élimination du filtre proprement dit contribue dans la pratique pour une part relativement restreinte au coefficient d'élimination général du système considéré dans son ensemble. Or, le coefficient exprimant le pouvoir rétentif du filtre se montre inférieur à ce qu'il serait si le filtre recevait directement l'eau brute, précisément parce que le traitement préalable des eaux assure à lui seul une élimination très élevée.

Cette constatation est du plus haut intérêt, parce qu'elle justifie d'une part la nécessité d'un dégrossissage et d'une clarification préalables des eaux avant la filtration propre-

Fig. 79. — Vue d'ensemble de bassins filtrants sur sable submergé.

ment dite et, d'autre part, parce qu'elle attribue au filtre un rôle bien défini et d'une réelle efficacité.

La masse filtrante est supportée par une couche de 20 centimètres de sable passé à la claie de 4 millimètres ; sous cette couche se trouve un lit de gravier de 4 à 7 millimètres et puissant de 10 centimètres ; enfin la série se termine par 15 centimètres de gravier de 15 à 20 millimètres.

Le drainage des eaux filtrées s'effectue au moyen d'un réseau constitué par des briques spéciales perforées formant le piédestal du système filtrant (1). Pour assurer une élimi-

____

(1) M. F. Marboutin insiste beaucoup sur la nécessité de bien établir les lignes de drainage dans les filtres. Cet éminent spécialiste a constaté que le drainage

nation bactérienne maximum, la filtration doit réunir les deux conditions suivantes :

1° S'effectuer avec une certaine lenteur ;

2° Avoir une vitesse aussi constante que possible.

D'après les prescriptions du Conseil supérieur d'hygiène de France, la vitesse de filtration ne doit pas excéder 3 mètres par 24 heures, c'est-à-dire 3 mètres cubes par jour par mètre carré de superficie (1). La vitesse de filtration est maintenue constante, dans le système qui nous occupe, au moyen du régulateur automatique de débit du système Didelon.

Ce dispositif est bien visible sur le schéma (*fig.* 77) de l'installation, à droite, et faisant suite au filtre.

Il est constitué par un siphon dont la branche aval — la plus longue — porte un récipient dans lequel se déverse l'eau provenant du filtre. Le siphon est relié au flotteur afin de pouvoir suivre les variations de niveau chaque fois qu'il s'en produit dans la bâche de réception de l'eau filtrée. Disons de suite que le même flotteur commande également la soupape qui règle l'admission de l'eau dans la bâche de réception de l'eau filtrée et en maintient, de ce fait, le niveau dans des limites déterminées.

Il résulte de la position imposée au siphon par rapport au flotteur que la différence entre le niveau de l'eau dans la bâche et le bord de la cuvette fixée à la branche aval du siphon est constante. Cette différence de niveau constitue la charge sous laquelle s'effectue l'écoulement de l'eau dans le siphon ; il en résulte naturellement que, cette charge étant constante, le débit lui-même demeure constant.

Sortant du siphon, l'eau se déverse dans la cuvette de la branche aval et retombe finalement en cascade dans un compartiment communiquant avec le réservoir d'eau filtrée. Ce réservoir placé sous le filtre alimente directement les appareils de distribution par simple gravitation si l'installation est située sur une hauteur. Si l'usine d'épuration est située en contre-bas ou au même niveau que les appareils de distribution, des pompes refoulent l'eau filtrée dans un

---

s'effectuait d'une manière très inégale dans les bassins de forme carrée ; il est très rapide au droit des lignes de drainage et d'autant plus lent que l'on s'éloigne de ces lignes. (*Annales de l'Observatoire de Montsouris*, t. IX, 1908, 1er et 2e fasc.)

(1) Selon Robert Koch, la couche filtrante ne doit pas être inférieure à 30 centimètres et la vitesse de filtration supérieure à 100 millimètres par heure.

réservoir de charge situé à une hauteur convenable pour assurer une pression suffisante dans les conduites.

Installation filtrante de Romorantin. — Reportons-nous au plan de l'installation filtrante de la ville de Romorantin (*fig.* 80).

A gauche du plan, nous voyons un grand carré divisé en un certain nombre de compartiments marqués chacun d'une lettre ; ce sont les bassins filtrants (dégrossisseurs, préfiltres et filtres). A gauche encore de ces bassins passe la rivière la Sauldre. A droite des bassins, trois cercles correspon-

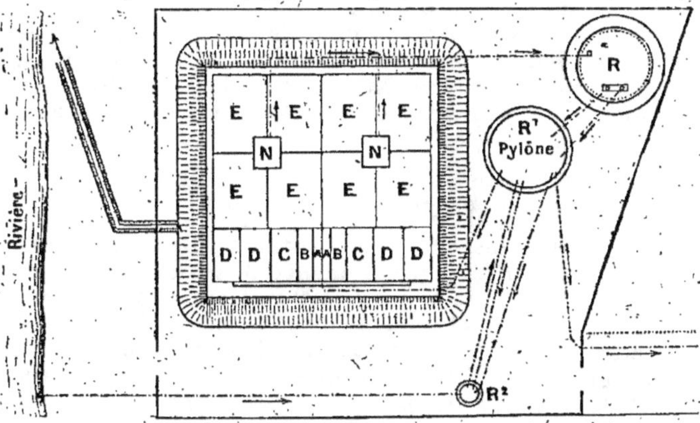

Fig. 80. — Plan de l'installation filtrante de la ville de Romorantin.

dent, le plus petit en bas (R²) au puisard d'eau brute, celui du milieu (R¹) au pylône supportant le réservoir de charge et abritant la salle des machines ; enfin celui du haut (R) marque l'emplacement du puisard d'eau filtrée. Les traits en pointillé indiquent la position des conduites reliant les divers organes de l'installation. Les flèches déterminent le sens de la circulation de l'eau dans ces conduites.

Suivons maintenant le chemin parcouru par l'eau, depuis son prélèvement à la Sauldre, jusqu'au moment où les pompes la refoulent dans le réservoir de charge.

Un tuyau de 250 millimètres de diamètre et 180 mètres de long conduit l'eau de la rivière au puisard d'eau brute. C'est dans ce puisard que les pompes centrifuges dites nourricières prélèvent 70 mètres cubes d'eau à l'heure et la refoulent dans les bassins filtrants. Dès son introduction dans ces derniers, l'eau amenée par la conduite de refoulement des pompes se partage en deux parties : chaque partie sera dégrossie trois fois (1) : l'une dans la série des dégrossisseurs A, B, C partant du milieu du plan pour aller vers la droite, l'autre partie dans la série des dégrossisseurs marqués des mêmes lettres mais se succédant dans une direction opposée à la précédente.

On remarque l'extension superficielle de chaque dégrossisseur au fur et à mesure que l'on passe de l'une à l'autre et que, par suite, le calibre des graviers diminue.

Chacune des deux séries de trois dégrossisseurs est complétée de deux préfiltres D. L'eau qui a traversé une série de dégrossisseurs se répartit dans les deux préfiltres correspondants. Ainsi donc, à Romorantin, le dégrossissage et la préfiltration comportent :

2 dégrossisseurs I (A).	2 dégrossisseurs III (C).
2 dégrossisseurs II (B).	4 préfiltres (D).

Ces dix bassins offrent une surface utile égale à 140 mètres carrés. Les filtres proprement dits E, au nombre de huit, offrent une surface totale de 480 mètres carrés, soit 60 mètres carrés pour chacun d'eux. Sur ces huit filtres, sept fonctionnent constamment, le huitième étant en nettoyage. Cette opération ne demande que quelques heures et le filtre peut donner de l'eau filtrée 48 heures après chaque remise en état. Les filtres peuvent être isolés du reste de l'installation par un dispositif très simple.

Chaque mètre carré du filtre pouvant donner 3 mètres cubes d'eau filtrée par 24 heures, un cube de 60 mètres carrés se trouve donc en mesure de fournir 180 mètres cubes par jour, et les sept filtres 1 260 mètres cubes.

Les deux rectangles N indiquent l'emplacement des chambres de sortie de l'eau filtrée. Ces chambres renferment les bâches de réception ainsi que les régulateurs de débit du système Didelon. Chaque chambre contient quatre régulateurs de débit; l'effluent de chacun d'eux est collecté par une conduite commune.

Une canalisation centrale se déversant dans le puisard d'eau filtrée recueille le tribut des deux chambres. Les pompes à piston plongeur, placées comme les pompes « nourricières »

---

(1) L'installation de Romorantin ne compte que les dégrossisseurs I, II et III.

sous le pylône, élèvent chacune 60 mètres cubes d'eau à l'heure. Elles prélèvent l'eau filtrée dans le puisard et l'élèvent par la conduite générale de refoulement à la hauteur de 35 mètres dans un réservoir en ciment armé d'une capacité de 380 mètres cubes.

Efficacité de la filtration rationnelle — Un certain nombre de villes de France et de l'étranger ont expérimenté depuis plusieurs années cette méthode de filtration des eaux potables. Paris, la banlieue de Paris, Le Mans, Nantes, Valence, Cherbourg, Lunéville, Arles-sur-Rhône, Annonay, Toul, Romorantin filtrent des eaux de rivière. Pau, l'Isle-sur-Sorgues, Nancy, filtrent des eaux de source. A l'étranger, Londres, Anvers, Magdebourg, Tiflis, Port-Saïd, Suez, Ismaïlia, Bergam utilisent aussi ce procédé.

Voyons maintenant comment se démembre le coefficient total d'élimination et la part qui revient à chaque phase de l'épuration. La surveillance très attentive exercée par le Service de contrôle des eaux de Magdebourg va nous fournir des chiffres intéressants à cet égard :

ÉLIMINATION PAR CENTIMÈTRE CUBE D'EAU

NATURE DE L'EAU	NOVEMBRE	DÉCEMBRE	JANVIER
Eau brute	43 623	50 976	9 794
— dégrossie	3 938	2 071	1 865
— préfiltrée	636	278	176
— filtrée	7	5	5

POURCENTAGE D'ÉLIMINATION

POURCENTAGE D'ÉLIMINATION	NOVEMBRE	DÉCEMBRE	JANVIER
Après les dégrossisseurs	90,95 %	95,93 %	80,95 %
Après les préfiltres	98,53 %	99,45 %	98,20 %
Après les filtres	99,98 %	99,99 %	99,94 %

On remarque que le dégrossissage à lui seul débarrasse l'eau des 90 pour 100 de sa population bactérienne ; la pré-

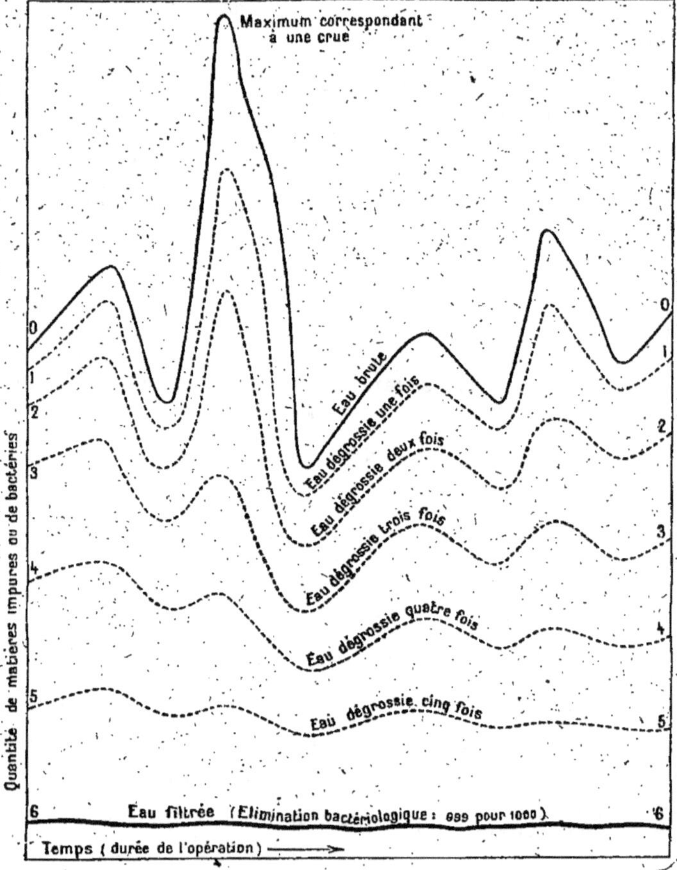

Fig. 81. — Graphique exprimant la répartition du travail dans la filtration sur le sable non submergé avec dégrossissage préalable.

filtration élimine dans la proportion de 8 pour 100 et le filtre proprement dit n'aurait à éliminer que dans la proportion de

2 pour 100 pour assurer la stérilisation complète de l'eau. L'expérience montre que son pouvoir d'élimination, sans atteindre ce taux, reste supérieur à 1,9 pour 100.

Le graphique ci-contre (*fig.* 81) représente très nettement l'effet de la division du travail dans le système qui nous occupe.

Les ordonnées expriment la quantité de matières (en poids) ou le nombre de bactéries aux différents stades de l'épuration. Les abscisses représentent les temps.

Comparons les courbes n° 0 (eau brute) et n° 6 (eau filtrée). Si nous suivons la courbe 0 dans le sens des abscisses nous suivons ses variations dans le temps. Or nous remarquons à cet égard de brusques écarts dans des temps très rapprochés ; l'aspect tourmenté de la courbe nous indique une très grande mobilité de sa teneur en matières étrangères.

Nous constatons de même un maximum de turbidité correspondant à une crue, ou consécutive à un de ces abats d'eau fréquents en période d'orages.

Si nous suivons maintenant la courbe n° 6, nous sommes de suite frappés de sa grande régularité et de l'indifférence qu'elle marque aux causes de perturbation qui affectent particulièrement la courbe n° 0. Nous voyons ainsi que l'arrivée inopinée de la crue affecte à peine la courbe n° 6. La fixité de cette dernière est exprimée par son parallélisme avec la ligne des abscisses.

Les courbes intermédiaires : 1, 2, 3, 4, 5 indiquent l'état de l'eau après chaque dégrossissage.

Les premières, 1 et 2, offrent une tendance marquée au parallélisme avec la courbe 0. Les courbes 3, 4 et 5 tendent au contraire à se rapprocher de l'horizontale.

En réalité, chaque dégrossissage soustrait davantage l'eau à l'action des influences extérieures. En d'autres termes, les variations de composition physique et bactériologique qui affectent l'eau brute n'ont qu'une répercussion sensiblement atténuée après un premier dégrossissage et cette atténuation s'accentue à chaque traitement nouveau. Elle aboutit finalement à la production d'une eau caractérisée par un état d'une constance remarquable.

La conséquence pratique de ce fractionnement de la filtration, c'est que l'épuration définitive ne se montre nullement influencée par les variations qui peuvent affecter l'eau brute dans sa densité bactériologique ou dans sa teneur en substances inertes.

L'élimination bactériologique demeure toujours semblable à elle-même dans ses résultats — quelle que soit l'amplitude des variations de l'eau brute — du moment qu'il a été tenu compte de l'intensité de ces variations lors de l'établissement du projet.

La figure 82 montre d'une manière explicite l'excellence des résultats acquis par la ville de Pau dans la purification de l'eau de source par filtration avec dégrossissage. La source de l'Œil-du-Neez donnait des troubles épisodiques caractérisés par une recrudescence de la morbidité typhique.

Nettoyage des bassins et des couches filtrantes. — Nous avons dit, au début de ce chapitre, que les filtres à sable submergé recevant directement l'eau brute ou simplement précédés de bassins de décantation se colmataient très rapidement par le dépôt des substances tenues en suspension. Ce colmatage, qui débute en fait avec la maturation du filtre, présente dans l'exploitation courante de gros inconvénients :

1° Il entraîne d'abord, nous l'avons vu, une perte de charge progressive ;

2° Il est la cause de perturbations fréquentes dans la distribution des eaux filtrées lorsque l'obstruction rapide du filtre nécessite sa mise en décharge immédiate avant que les autres bassins puissent être remis en service.

Avec bien d'autres, la ville de Magdebourg en a fait la fâcheuse expérience avant la mise en fonction de son installation actuelle.

Si le dégrossissage de l'eau assure, dans la méthode que nous venons d'étudier, un pourcentage d'élimination numérique égal à 90 pour 100, il s'ensuit naturellement que les dégrossisseurs se chargent d'autant plus de substances étrangères que les filtres sont plus efficacement protégés contre le colmatage.

Les installations du type de celles que nous avons décrites se complètent toutes d'un dispositif destiné à assurer un nettoyage rapide des dégrossisseurs.

Nettoyage des dégrossisseurs par l'air comprimé. — On emploie simultanément, à cet effet, l'air comprimé et l'eau.

Une canalisation formée de tuyaux perforés en ciment armé répartit l'air refoulé par un ventilateur sous le support des couches de gravier ; un dispositif spécial permet en outre de faire circuler une partie de l'eau filtrée de bas en haut au travers de la couche filtrante.

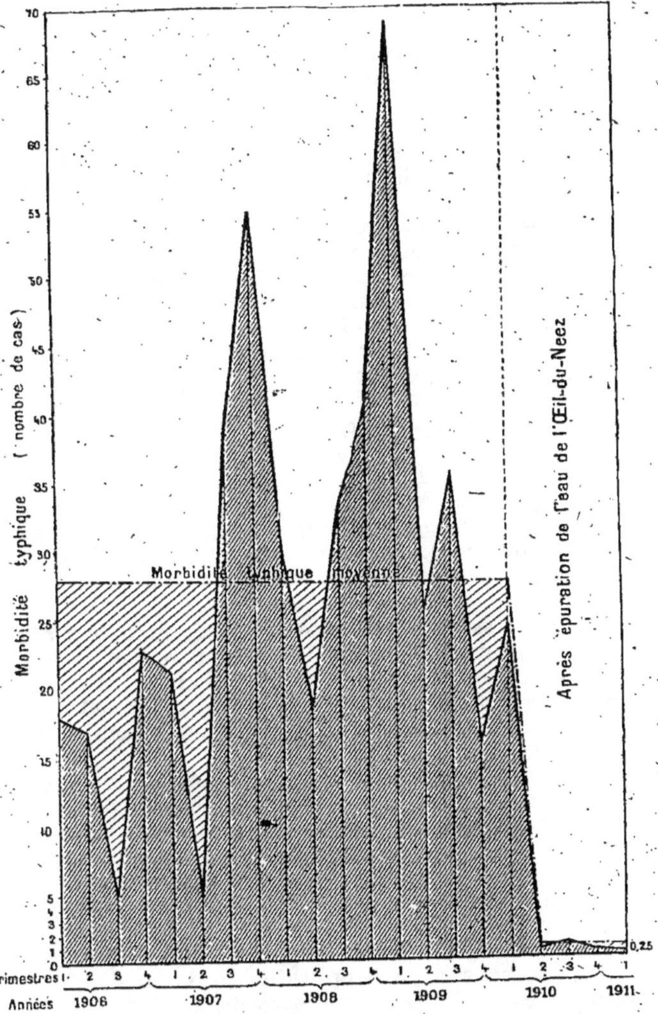

Fig. 82. — Diagramme montrant l'abaissement de la morbidité typhique à Pau par la consommation de l'eau de source filtrée. La morbidité moyenne tombe de 28 à 1 à partir du premier trimestre de 1910, époque à laquelle l'eau de source a été filtrée.

Pour effectuer le nettoyage d'un bassin, on commence par l'isoler au moyen de vannes; puis on le vide jusqu'au niveau de la couche filtrante.

L'eau filtrée, alors admise de bas en haut, se déverse à la surface des graviers et s'écoule au dehors par un clapet de vidange. Il se produit ainsi un courant ascensionnel qui a pour effet d'entraîner les boues à l'extérieur du bassin.

En même temps on fait intervenir le courant d'air; celui-ci provoque « un bouillonnement intense qui ressemble fort à une ébullition ». Les remous de l'eau détachent la boue des graviers auxquels elle adhérait et la maintiennent en suspension tandis que le courant l'entraîne et la rejette à l'égout.

On compte en moyenne dix minutes de soufflage pour effectuer le nettoyage complet de la couche de gravier.

Nettoyage des filtres et préfiltres. — Le nettoyage des préfiltres et des filtres se fait par « décroutage » de la partie supérieure de la couche filtrante, c'est-à-dire par l'enlèvement de la partie colmatée du filtre.

Décolmateur à succion. — Nous devons signaler à cet égard l'application faite par la Compagnie générale des eaux, à Choisy-le-Roi (Seine), du décolmateur à succion du système Boistel pour le nettoyage des préfiltres (1).

Clarification sur le sable submergé. — Comme variante au système de filtration rationnelle que nous venons de décrire, nous devons mentionner un clarificateur qui n'a pas été conçu, dans le but de fournir une eau épurée immédiatement consommable, mais une eau destinée à subir l'action stérilisante de l'ozone.

Nous verrons dans un chapitre consacré à ce procédé de purification des eaux que l'action de l'ozone (comme celle des rayons ultra-violets d'ailleurs) n'est efficace qu'à la condition d'agir sur une eau préalablement clarifiée.

Chaque procédé de stérilisation par l'ozone comporte ainsi un dispositif de filtration ou plus exactement de clarification de l'eau brute.

Nous examinerons donc ces divers dispositifs au début du chapitre consacré à l'application de l'ozone à la stérilisation des eaux. Nous ferons exception pour un de ces cla-

---

(1) Cet appareil a été décrit dans le numéro du *Génie civil* du 3 septembre 1910. Le même article a été reproduit dans la revue *Eau et Hygiène* du mois de janvier 1911.

rificateurs en raison de sa grande analogie avec le système précédent.

La coupe schématique (*fig.* 83) [1] fait bien ressortir cette analogie sans qu'il soit nécessaire d'y insister beaucoup.

La caractéristique essentielle de ce procédé réside dans le sens de la circulation de l'eau au travers des couches filtrantes. Elle s'effectue ici « per ascensum », c'est-à-dire dirigée de bas en haut, autrement dit dans des conditions inverses à ce qui est réalisé dans le procédé que nous connaissons.

Pour le nettoyage des dégrossisseurs, on isole un compartiment au moyen de la vanne I, puis en ouvrant la vanne de

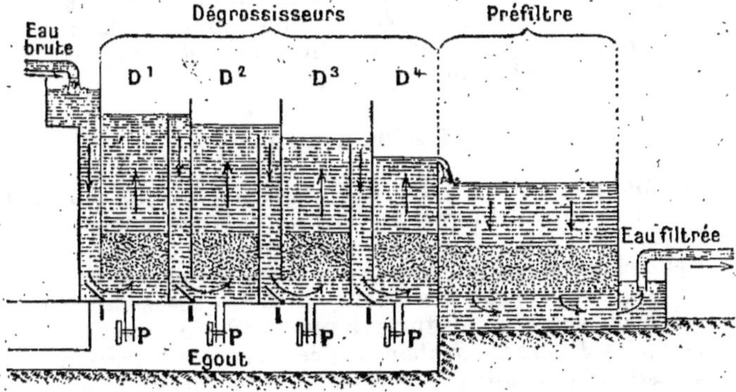

Fig. 83. — Installation filtrante destinée à la clarification des eaux avant le traitement par l'ozone.

purge P placée au-dessous, on détermine le lavage de la couche de gravier par l'eau dégrossie qui la recouvre. Cette eau chargée de boues est déversée à l'égout.

On remarque dans ce dispositif une seule cascade d'aération de l'eau, après le quatrième dégrossisseur et avant la filtration rapide.

La circulation de l'eau dans le préfiltre s'effectue comme dans le système précédent, de haut en bas, sous l'action de la pesanteur.

---

(1) Extraite du rapport présenté au nom de la Commission extra-municipale de contrôle des essais d'épuration de l'eau du canal alimentant la ville de Marseille.

Au concours pour l'épuration des eaux du Canal, à Marseille, ce préfiltre a donné les résultats suivants :

1 640 bactéries persistant, pour 10 000 contenues dans l'eau brute, soit un coefficient d'élimination égal à 84 pour 100.

Pour 1 000 coli-bacilles contenus dans l'eau brute, 333 persistaient après la préfiltration.

Comparés aux résultats du système précédent, les derniers se montrent en état d'infériorité manifeste.

Le premier procédé donnait, en effet, à ce même concours, une eau préfiltrée ne laissant subsister que 600 bactéries sur 10 000 renfermées dans l'eau brute, soit un coefficient d'élimination égal à 94 pour 100.

Il convient d'ajouter, pour être exact, que le dernier dispositif visait moins, en réalité, une épuration bactériologique intensive qu'une clarification pure et simple de l'eau destinée à l'ozonisation.

Filtres à sable non submergé.

On nomme filtres « non submergés » les appareils dans lesquels la couche filtrante n'est *jamais recouverte* par l'eau à filtrer.

Celle-ci est alors distribuée sur le sable par un système d'arrosage approprié, mais sous un débit assez faible pour qu'elle soit absorbée au fur et à mesure de sa répartition.

Dans les différents systèmes de cet ordre, la filtration n'est donc soumise à aucune pression voulue et sa vitesse est simplement subordonnée au calibre des grains de sable.

Ce procédé, qui a été imaginé par MM. Miquel et Mouchet, présente théoriquement l'avantage de se rapprocher des conditions de la filtration naturelle. Les eaux pluviales, qui imprégnent les couches sableuses que comporte la constitution géologique de certaines localités, traversent toute la hauteur de l'assise par le seul fait de leur propre pesanteur, après avoir eu à vaincre des résistances d'ordre divers. Or, c'est au cours de cette lente et pénible circulation qu'elles se débarrassent de toutes les impuretés dont elles se sont chargées dans l'atmosphère et par ruissellement à la surface du sol.

Il convient d'ajouter que ce procédé de filtration présente un autre avantage qui est loin d'être négligeable — celui d'assurer une oxydation énergique des substances organiques et d'entretenir au sein de la masse filtrante un milieu riche en oxygène. On sait que les microbes peuvent, en ce qui concerne les conditions générales essentielles de leur développement, se répartir en deux groupes (1) :

Microbes aérobies. — Ce sont les microbes qui ne se développent qu'en présence d'oxygène. Duclaux a montré que le carmin d'indigo (qui en se combinant à l'oxygène devient bleu) se décolore lorsqu'on ensemence d'espèces aérobies un milieu de culture coloré par le bleu d'indigo. Comme cette décoloration s'effectue parallèlement au développement de la culture, elle résulte évidemment d'une soustraction de l'oxygène au bleu indigo, soustraction provoquée par l'avidité des aérobies pour le gaz oxygène.

Parmi les espèces de cette catégorie, nous citerons : les bacilles de la tuberculose, de la lèpre, de la morve, de la diphtérie, le bacille subtil, le streptocoque de l'érysipèle, les staphylocoques, etc.

Microbes anaérobies. — Certains microbes, comme le bacille du tétanos, le vibrion septique, ne peuvent se développer en présence d'oxygène. La culture de ces espèces exige de grandes précautions; la présence de simples traces d'air pouvant enrayer le développement de certaines d'entre elles.

Enfin, d'autres espèces, au nombre desquelles se trouvent le bacille typhique et le coli-bacille (*bacterium coli*), bien que de tendance anaérobie, peuvent néanmoins se développer en milieu oxygène; ce sont les *anaérobies facultatifs*.

Dans la pratique bactériologique, on redoute la présence des anaérobies dans les eaux d'alimentation. Le D⁢ʳ Macé a déclaré à ce propos, au Congrès d'hygiène de Nancy, il y a quelques années, que la présence des anaérobies devait être considérée comme l'indice d'une contamination pouvant être dangereuse.

On conçoit, et c'est ici que nous voulons en venir, que les filtres à sable non submergé présentent un avantage réel parce qu'ils entretiennent un milieu riche en oxygène, et par conséquent défavorable aux anaérobies.

Pour l'élimination des espèces aérobies, on compte naturellement comme dans la méthode de filtration sur le sable submergé, sur le pouvoir rétentif de la masse filtrante.

____

(1) Cette distinction est due à Pasteur.

Dans la filtration sur sable « non submergé », l'air circule constamment au sein de la masse sableuse ; il y est drainé par chacun des filets d'eau distribuée, de sorte que les espèces anaérobies subissent non seulement la présence de l'oxygène enfermé dans l'eau, ce qui pourrait n'être pas suffisant, mais encore celle de l'oxygène de l'air (1). Malheureusement, si le principe de ce mode de filtration est des plus séduisants, les résultats pratiques obtenus jusqu'à ce jour paraissent bien imprécis. Il semble, d'ailleurs, si l'on s'en tient aux références bactériologiques émanant d'autorités scientifiques incontestables et d'une probité au-dessus de tout soupçon, que le point faible des appareils de cette nature réside moins dans le principe lui-même que dans son application.

Les expériences de laboratoire effectuées sur ce procédé semblent lui attribuer une réelle efficacité. Au sujet de ces expériences, les expérimentateurs eux-mêmes, MM. Miquel et Mouchet, écrivent : « Dans plusieurs essais, nous avons porté le nombre de germes à plus d'un million par centimètre cube, en faisant putréfier de la chair musculaire de bœuf dans le réservoir distributeur de l'eau à épurer. Par la même occasion nous avons pu constater que cette eau devenue putride et nauséabonde, non seulement se débarrassait de toutes ses bactéries en traversant le sable, mais encore se désodorisait entièrement. »

A la vitesse de filtration de $1^m,80$ par 24 heures, MM. Miquel et Mouchet ont obtenu les résultats suivants, au cours de leurs essais avec l'eau de l'Ourcq :

MOYENNES.	EAU BRUTE.	EAU FILTRÉE.	POURCENTAGE D'ÉLIMINATION numérique.
	Par centim. cube.	Par centim. cube.	
1re semaine . . .	11 295 germes.	5 435 germes.	51,88
2e — . . .	38 130 —	495 —	98,70
12e — . . .	10 835 —	240 —	97,78
35e — . . .	364 675 —	55 —	99,98
37e — . . .	32 500 —	5 —	99,98

(1) Nous ajouterons que l'établissement de fréquentes cascades d'aération entre les diverses phases de l'épuration par une filtration submergée rationnelle concourt également à l'élimination des espèces anaérobies

Filtre type. — Ces auteurs ont également constaté la disparition rapide du coli-bacille dans l'effluent du filtre. La figure 84 montre la disposition intérieure de ces appareils filtrants et la composition de la couche filtrante.

L'Administration de la guerre a vivement préconisé l'emploi de filtres à sable non submergé dans les casernes non pourvues d'eau de boisson suffisamment pure.

Une circulaire ministérielle, portant date du 28 janvier 1909, expose avec beaucoup de détails la construction et le fonctionnement de ces filtres.

Les réservoirs qui doivent recevoir la couche filtrante peuvent être établis en tôle galvanisée, en ciment armé ou même en maçonnerie.

Les réservoirs en tôle doivent être goudronnés intérieurement, pour éviter une oxydation rapide du métal. La forme peut être celle d'un cylindre ou d'un parallélépipède. La surface filtrante ne doit pas être inférieure à un demi-mètre carré.

La distribution de l'eau peut se faire soit au moyen d'un tube contourné en spirale (*fig.* 85) pour les réservoirs cylindriques, soit par un assemblage de tubes droits (*fig.* 86), pour les réservoirs parallélépipédiques.

La disposition à adopter à cet égard importe peu; l'essentiel est d'assurer une irrigation du sable à une distance d'au moins 20 centimètres de la paroi interne du réservoir.

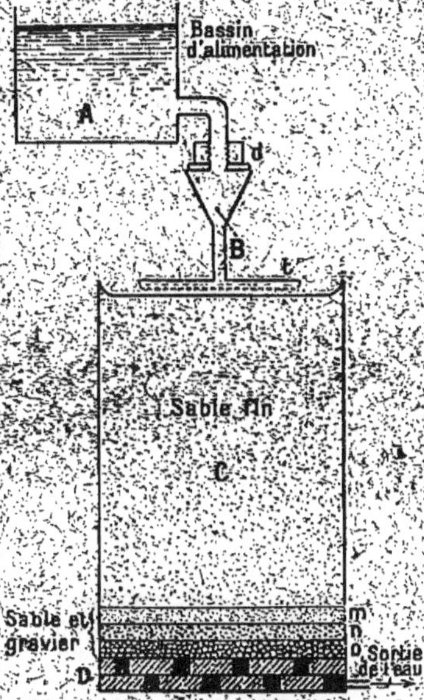

Fig. 84. — Filtre à sable non submergé de Miquel et Mouchet.

A, bassin d'alimentation; B, distributeur de l'eau brute; *d*, diaphragme; *t*, tube d'étain perforé; C, filtre avec sable de 0^{mm},5 à 1 millim. sur 1^m,20 de hauteur; *m*, gros sable à grains de 3 millim.; *n*, gravier de 5 à 10 millim.; *o*, gros gravier de 2 à 4 centim. (chacune de ces trois couches mesure 5 centim. d'épaisseur); D, briques pour faciliter l'accumulation et l'évacuation de l'eau filtrée.

La surface de la masse sableuse doit être légèrement relevée à la périphérie, de manière à éviter que les flaques d'eau qui pourraient résulter de l'imperméabilisation de la surface filtrante ne puissent gagner les parois du réservoir.

L'appareil ayant été disposé comme l'indique la figure 84, la mise en service doit s'effectuer de la façon suivante :

1° Fermer le robinet de sortie de l'eau filtrée ;

2° Ouvrir le robinet d'arrivée de l'eau brute ;

3° Laisser l'eau submerger la couche filtrante, afin de chasser l'air que celle-ci renferme.

4° Ouvrir le robinet de sortie de l'eau filtrée ; —

5° Le sable subissant un tassement qui peut atteindre jus-

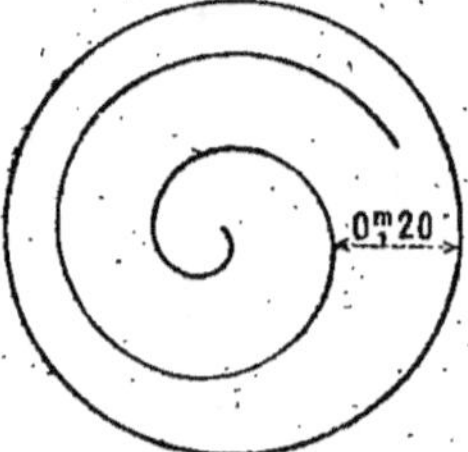

Fig. 85. — Enroulement en spirale du tube de distribution dans un filtre à sable non submergé à réservoir cylindrique.

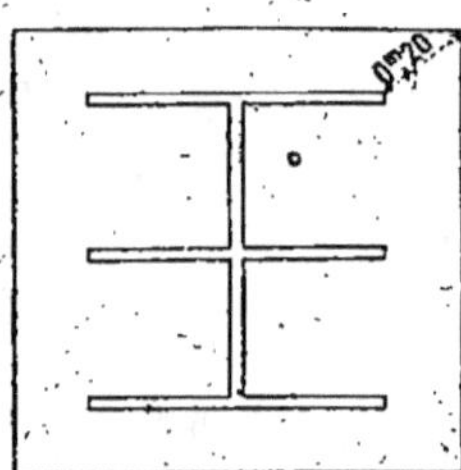

Fig. 86. — Assemblage de tubes droits pour distribution de l'eau brute sur filtre à sable non submergé à réservoir parallélépipédique.

qu'à 1/6 de sa hauteur, ramener au niveau primitif par un nouvel apport.

Le filtre est alors prêt à fonctionner.

Ces appareils doivent être placés dans l'obscurité ou dans une clarté diffuse, l'action des rayons solaires ayant pour effet de faciliter le développement rapide d'algues qui imperméabiliseraient la surface du sable.

Les filtres doivent être également soustraits à l'action de la gelée, la glaciation de l'eau contenue dans l'appareil se comportant comme une imperméabilisation.

Filtre modifié. — Cet appareil diffère du précédent par l'adaptation d'un dispositif automatique supprimant les pertes d'eau, évitant la submersion du sable et maintenant en réserve une partie de l'eau filtrée.

La figure ci-dessous (*fig.* 87) montre la coupe de l'appareil. On voit que celui-ce se compose de trois parties distinctes : Une première A fait l'office de réservoir d'alimentation. Une seconde B correspond au filtre. La troisième C constitue le réservoir d'eau filtrée.

L'eau de la canalisation pénètre dans le réservoir d'alimentation par la tubulure E, puis elle se déverse dans le compartiment cloisonné du dégrossisseur D.

Celui-ci est rempli de gravier de la grosseur d'une lentille ; par suite du cloisonnement du dégrossiseur, l'eau brute traverse une première partie de la couche de gravier, de haut en bas, sous l'influence de la pesanteur ; la seconde partie, de bas en haut, en vertu du principe des vases communiquants. L'eau brute passe ensuite dans le réservoir d'alimentation du filtre en se déversant par dessus la paroi qui limite le dégrossisseur et le réservoir d'alimentation.

La répartition de l'eau dégrossie sur couche filtrante s'effectue au moyen d'un diaphragme à débit invariable, calculé de façon que celui-ci n'excède pas 3 mètres cubes par mètre carré de surface et par 24 heures. Ce diaphragme a en outre pour but de distribuer l'eau en pluie sur le filtre.

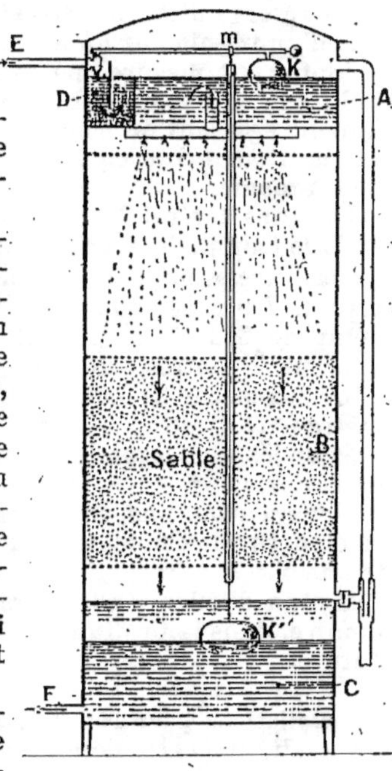

Fig. 87. — Filtre à sable non submergé modifié.

Après avoir traversé la masse filtrante, l'eau est recueillie dans le réservoir d'eau filtré C situé immédiatement au-dessous. Lorsque l'eau filtrée atteint un niveau déterminé dans ce réservoir, le flotteur K qui a suivi l'élévation du niveau de l'eau, ferme, par l'intermédiaire du levier *m*, l'admission de l'eau brute en E.

L'espace compris entre le flotteur K et la base du filtre proprement dit est réservé à l'eau qui, se trouvant en « période de filtration » au moment de l'arrêt de l'appareil, vient s'ajouter à l'eau filtrée déjà recueillie dans le réservoir C.

La réserve d'eau filtrée est surtout destinée à remplir le rôle d'un régulateur dans le fonctionnement de l'appareil.

Au fur et à mesure que l'on prélève l'eau filtrée par la tubulure F, le niveau s'abaisse dans le réservoir C et le flotteur K, agissant en sens opposé, permet une nouvelle arrivée de l'eau brute en E. Le filtre se remet alors en marche de lui-même.

Un tube latéral F, placé à l'extérieur, recueille en C et en D le trop-plein éventuel des réservoirs A et C.

Ces filtres sont naturellement limités aux usages domestiques. Leur encombrement est assez restreint. Pour un débit de 500 litres par 24 heures les dimensions sont : hauteur 2 mètres, diamètre 0^m,40. Pour un débit égal à 2 000 litres par 24 heures, ce sont : hauteur 2 mètres, diamètre 0^m,70.

Pour les plus grands débits, les appareils sont groupés en batteries.

Nous n'avons pas, en ce qui concerne cet appareil, d'autres références bactériologiques que celles publiées par le constructeur.

Il n'y a d'ailleurs pas de raisons pour que cet appareil se montre, dans la pratique, inférieur aux appareils de même nature.

Installations pour l'épuration en grand. — Jusqu'en 1911 il n'y avait, à l'exclusion de quelques petits établissements d'essais, aucune installation organisée pour l'expérimentation en grand de ce procédé de filtrage des eaux.

Il y a une dizaine d'années, le Conseil supérieur d'hygiène publique de France a émis un avis favorable concernant deux projets de purification des eaux de la ville de Châteaudun et de la ville de Château-Thierry, pour la filtration sur sable non submergé.

A Châteaudun, l'ensemble de la construction est en béton armé et la superficie des filtres s'élève à 250 mètres carrés. Le débit varie de 800 à 1 000 mètres cubes d'eau par 24 heures. Le sable employé pour le filtrage est le sable quartzeux dit

« de Fontainebleau », qui est au préalable passé à la claie de 1^{mm},5.

La distribution de l'eau brute sur le filtre s'effectue au moyen de 5 000 jets, soit 20 par mètre superficiel.

Pendant la période d'essais, les analyses effectuées au laboratoire du Conseil supérieur d'hygiène publique de France accusèrent une réelle épuration des eaux par ce procédé.

L'eau brute renfermait de 2 380 à 2 400 germes par centimètre cube et parmi ceux-ci le coli-bacille se révélait presque toujours; l'eau épurée ne renfermait pas plus de 6 germes par centimètre cube et jamais d'espèces coliformes et putrides.

Des essais également satisfaisants furent pratiqués à Rouen.

Le concours de Marseille qui, à maintes reprises déjà, nous a fourni d'intéressants renseignements, comportait aussi deux essais d'épuration des eaux du canal par cette méthode.

Les deux dispositifs expérimentés différaient seulement par le système de distribution de l'eau brute.

Distributeur épicycloïdal. — Nous ne décrirons qu'un de ces dispositifs, qui semble particulièrement apte à assurer un meilleur rendement des filtres de cette catégorie.

Le réel avantage de ce distributeur est d'assurer une répartition régulière de l'eau sur toute la surface du filtre. La figure 88 en montre clairement tous les détails.

C'est, en réalité, un distributeur à tourniquets hydrauliques épicycloïdaux ou, en d'autres termes, un dispositif constitué par deux tourniquets hydrauliques, animés, non seulement d'un mouvement de rotation sur eux-mêmes, ce qui est le propre de ces appareils, mais encore d'un mouvement de translation autour d'un point fixe central.

En voici d'ailleurs la description (1) :

« L'appareil distributeur est constitué par deux tourniquets hydrauliques A et A' fixés sur deux axes verticaux B et B'; ces deux axes tournent dans deux crapaudines C et C' placées à l'extrémité d'un bras D et dans deux paliers E et E' placés à l'intérieur d'un tube coudé F.

« Le tube F est solidaire d'un axe vertical G, qui tourne,

---

(1) D'après la revue *Eau et Hygiène*, juillet 1910.

d'une part, dans une crapaudine H placée dans un support I et, d'autre part, dans un palier J fixé dans un tube coudé fixe K, servant à l'amenée de l'eau dans l'appareil.

« Deux poulies L et L′ sont clavetées sur les arbres verticaux B et B′ des tourniquets. Une poulie fixe à deux gorges M est solidaire du support inférieur I. Deux courroies N et N′ passent respectivement sur chacune des deux poulies L et L′ et dans chacune des gorges de la poulie fixe M.

« Le fonctionnement a lieu de la façon suivante : l'eau amenée par le tube fixe K se déverse dans le tube F et se

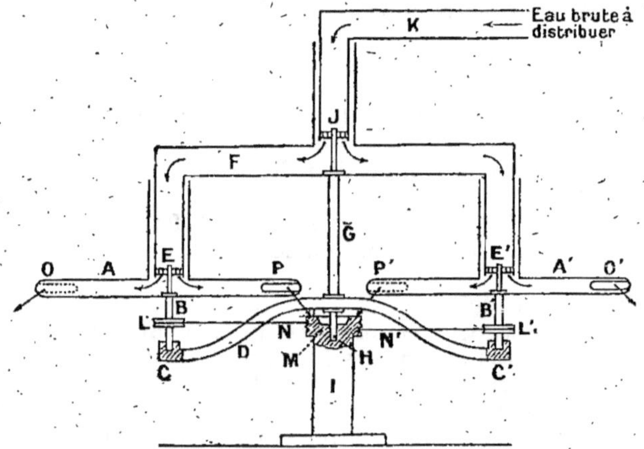

Fig. 88. — Distributeur épicycloïdal.

rend dans chacun des tourniquets A et A′ qu'elle fait tourner autour des axes B et B′ ; ce mouvement de rotation est transmis au tube F et à l'axe G par les courroies N et N′.

« Dans ces conditions, les orifices O et O′, P et P′ des tourniquets décrivent des épicycloïdes dont les origines ne se confondent qu'après un certain nombre de tours de l'axe G ; il en résulte que tous les points de la surface à couvrir se trouvent avoir passé, après un certain nombre de tours de l'axe G, sous les orifices O, O′, P, P′. La répartition du liquide sur la surface est donc parfaitement uniforme. »

Le filtre a été construit pour traiter 100 mètres cubes par 24 heures.

La couche de sable est puissante de 1 mètre.

L'installation avait été placée à l'abri de la lumière afin d'éviter le développement des algues qui auraient entraîné le colmatage rapide de la couche filtrante. Quant au distributeur, il était alimenté par l'eau préfiltrée de l'installation.

Résultats de la purification sur sable non submergé au Concours de Marseille. — Les résultats obtenus à Marseille avec les deux filtres non submergés sont loin d'être satisfaisants.

Le filtre à sable submergé accusait, on s'en souvient, une persistance de 329 bactéries sur 1 000 contenues dans l'eau brute et la présence de 3 coli-bacilles sur 10 000 renfermés dans la même eau ; les deux filtres à sable non submergé ont donné les résultats suivants :

Premier système (distribution épicycloïdale) : 600 bactéries persistaient sur 10 000 ; on retrouvait en moyenne 5 coli-bacilles sur 1 000.

Deuxième système (distribution à ajutages fixes) : 678 bactéries persistaient sur 10 000 ; on retrouvait 6 coli-bacilles sur 1 000.

Les partisans de ce mode de filtration ont attribué ces résultats insuffisants à une installation défectueuse.

Ces critiques portaient, d'une part, sur la qualité du sable employé qui aurait été trop fin et, d'autre part, sur l'établissement des bassins trop étroits. Par suite de cette dernière disposition le jet des distributeurs venait se briser contre divers points de la paroi, ce qui est naturellement contraire au principe même du procédé, celui-ci ayant pour point de départ, comme nous l'avons déjà dit, une répartition aussi régulière que possible de l'eau sur le sable.

Deux ou trois mois, après leur mise en service, ces deux filtres sont devenus inutilisables par suite de l'imperméabilisation de la couche filtrante.

Il ne semble pas qu'il y ait eu colmatage à proprement parler, ce qui eut été d'ailleurs difficilement explicable après un service d'aussi courte durée, si l'on tient compte que ces filtres recevaient une eau préfiltrée, et que, soustraits à l'action de la lumière, on ne pouvait concevoir un développement exagéré d'algues microscopiques.

Des analyses effectuées sur le sable de ces bassins ont porté sur sa teneur en chaux afin de rechercher si l'imperméabilisation du filtre n'était pas due à une décalcification de l'eau au travers de la couche filtrante et par suite à la formation d'un dépôt calcaire.

Le résultat de ces recherches fut négatif et l'on incline à considérer cette imperméabilisation des filtres comme consécutive à des phénomènes de tassement que la trop grande finesse du sable aurait contribué à provoquer.

Conclusion. — Il est assez difficile de porter un jugement définitif sur ce système de filtration.

Il n'est pas douteux que le principe en lui-même permette d'espérer pour la pratique les heureux résultats qui semblent avoir couronné les expériences de laboratoire.

Citerne-filtre ou source artificielle. — Les appareils filtrants destinés à l'épuration des eaux à domicile supposent que l'on utilise l'eau, épurée ou non, d'une canalisation publique ou que l'on s'approvisionne directement, soit au griffon d'une source ou à la nappe alimentant un puits, soit à la rivière ou simplement à une mare.

Dans beaucoup de localités, on consomme partiellement ou même exclusivement l'eau de pluie. Or, il est bien évident que l'eau recueillie sur les toits ne présente pas une bien grande pureté. Si la couverture des habitations reçoit en période pluvieuse les eaux météoriques, elle se couvre de poussières en période de sécheresse.

Ces poussières sont constituées à la fois par des matières minérales et par des substances organiques mortes ou vivantes.

A la première averse, la couche poussiéreuse est entraînée dans le réceptacle (réservoir ou citerne); les corps minéraux se déposent, les matières organiques privées de vie se décomposent, se putréfient, et les organismes microscopiques vivants, reprenant leur activité physiologique (suspendue par la dessication de leur protoplasma) se multiplient avec rapidité.

Les poussières sont des agents actifs de propagation des maladies infectieuses; elles transportent dans leur course perpétuelle les germes nocifs dont elles se sont chargées dans les centres où les affections contagieuses sévissent à l'état endémique et sont susceptibles de provoquer, loin de ces lieux d'émission, des manifestations épidémiques plus ou moins graves, selon l'état de réceptivité ou de résistivité du milieu d'implantation.

On a donc envisagé, avec raison, la nécessité de préserver les citernes contre ces risques de contamination.

Parmi les mesures proposées viennent en première ligne les séparateurs automatiques pour eau de pluie ; nous en décrirons plus loin deux types également intéressants.

Ces appareils ont pour fonction de s'opposer au drainage des eaux pluviales par les conduits communiquant avec la citerne, tant qu'une quantité d'eau suffisante pour débarrasser le toit de sa couverture d'impureté ne s'est pas écoulée dans une conduite de décharge reliée au caniveau.

Nous verrons que ces procédés sont pratiquement insuffisants pour sauvegarder la pureté de l'eau des citernes ; néanmoins, ils peuvent préparer utilement et faciliter, dans une très large mesure, l'action des appareils de purification ; ils peuvent même les préserver efficacement et prolonger leur durée.

L'eau des citernes peut alors être soumise à l'action d'un filtre domestique quelconque « sans pression » à la condition, toutefois, de ne pas négliger la surveillance et les nettoyages fréquents qu'exige le bon fonctionnement des appareils.

Cependant l'usage des filtres domestiques et des appareils fonctionnant sans pression présente le gros inconvénient de ne pas procurer d'eau fraîche et de ne pas satisfaire, par suite, à une nécessité hygiénique et physiologique importante.

M. Sylvain Périssé, membre du comité technique du Touring-Club, a décrit dans la *Revue mensuelle du Touring-Club de France,* sous le nom de « La source artificielle de mon jardin » une installation intéressante et très recommandable (*fig. 89*).

Nous reproduisons textuellement la description qu'en donne l'inventeur.

« J'ai installé, dit-il, dans mon jardin de Saint-Cloud un système qui me donne toute satisfaction, au double point de vue de la purification de l'eau et de son rafraîchissement. On sait en effet que les microbes pathogènes ne résistent pas longtemps à l'action de la lumière et à l'oxygène de l'air. C'est à cette double action que l'eau d'alimentation est soumise dans l'appareil dont il s'agit.

« Il se compose essentiellement d'une cuve en maçonnerie placée en contre-bas du sol du jardin, contre le mur extérieur de la villa, et débouchant à sa partie basse dans un caveau en communication avec le sous-sol. L'eau à filtrer et à rafraîchir, fournie par le réservoir des combles, arrive à l'état de pluie fine au-dessus de la cuve. Après avoir traversé lentement la couche de sable fin qu'elle contient, l'eau est recueillie à sa partie inférieure dans un tonnelet en cristal portant le robinet de prise.

« La cuve rectangulaire, de grandes dimensions relatives (0^m,78 de largeur, 1^m,30 de longueur et 2^m,20 de hauteur); ne reçoit que 40 litres environ d'eau par 24 heures afin d'augmenter la durée de son passage, et la couche de sable fin d'environ 1^m,60 d'épaisseur assure l'épuration et le rafraîchissement de l'eau traversant de haut en bas la couche perméable à l'air.

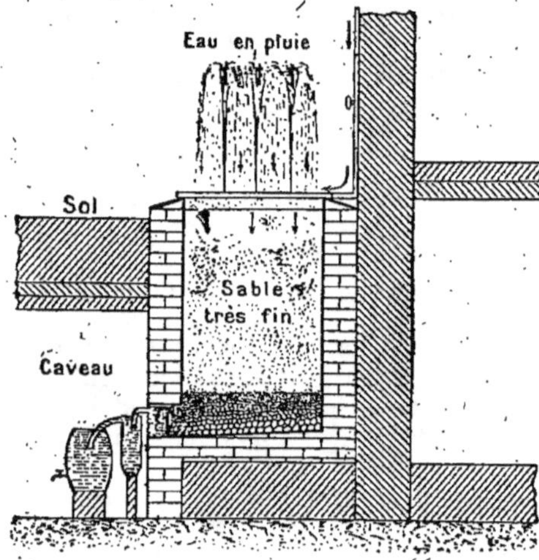

Fig. 89. — La « source artificielle ».

« La source ne reçoit de l'eau que pendant le jour, pour bénéficier de l'action de la lumière et aussi pour créer des intermittences dans son arrivée, qui sont favorables à la pénétration de l'air à travers la masse, condition indispensable pour une bonne épuration.

« L'eau qu'on obtient ainsi est rigoureusement pure et fraîche, car sa température est à peu près constante d'un bout de l'année à l'autre. »

Garniture de la cuve. — Sur le radier un peu incliné, on place une première couche de cailloux plus gros qu'un œuf, d'environ 0^m,20 de hauteur, une deuxième couche de cailloux plus petits puis une couche de gravillons. Ces trois couches ayant ensemble une épaisseur de 0^m,50 laissent donc au-dessus un vide de 1^m,70 rempli par du sable pur, blanc, très fin, venant d'Ermenonville, de Chantilly, de Fontainebleau, ou de dunes marines (tout sable de carrière peut être employé, à la condition d'être pur et très fin). Il n'a besoin d'être changé que tous les cinq ou six ans, mais il faut au moins, une fois par mois, en renouveler la surface.

Arrivée de l'eau. — Un tuyau de plomb, en communication avec le réservoir supérieur, débouche au-dessus de la cuve contre le mur de l'habitation; un robinet de réglage est à portée de la main. Le tuyau est prolongé au moyen d'un raccord, par un tube horizontal en étain de 12 millimètres de diamètre intérieur, d'un millimètre d'épaisseur, supporté librement à la hauteur du dessus de la cuve. Sur la longueur du tube, deux ou trois trous sont percés, par dessus, au moyen d'une fine aiguille à coudre. C'est par ces trous que l'eau s'élance verticalement en jets de $1^m, 50$ à $2^m, 50$ de hauteur, selon la pression plus ou moins grande donnée par le robinet de réglage. Elle retombe donc à l'état de pluie très fine sur la surface du sable.

Pour éviter que l'eau tombant sur les murs de la cuve ne glisse dans celle-ci le long de ses faces verticales, la surface cimentée de ces murs est légèrement inclinée vers l'extérieur. Lorsque les trous d'aiguille s'obstruent, on les dégage ou on en perce d'autres à côté.

Sortie de l'eau. — A la partie inférieure de la cuve se trouve une boîte de sortie formant siphon et nettoyable par le caveau pour que le sable fin, entraîné par une trop grande ouverture du robinet ou par une grosse pluie d'eau du ciel, puisse se déposer dans la boîte métallique.

L'eau sort à la partie supérieure de la boîte pour se rendre, par un tube flexible, au tonnelet de cristal portant le robinet de prise; celui-ci est placé assez haut au-dessus du sol du caveau pour qu'on puisse poser en dessous les récipients ou les carafes à remplir. Le trop-plein du tonnelet se perd par le sol du caveau où une cuvette avec trou absorbant a été ménagée. La hauteur totale est d'environ 3 mètres.

Dimensions pratiques. — Pour une installation à faire, il convient de compter deux litres à deux litres et demi par personne et par jour, et un mètre carré de surface de cuve pour vingt personnes; le débit d'eau doit être réglé proportionnellement au nombre d'habitants.

Ce dispositif, des plus ingénieux, superpose de la manière la plus heureuse l'action de trois facteurs d'ordre différent et complémentaires :

1° Le pouvoir bactéricide de la lumière;

2° L'oxydation des matières organiques vivantes ou mortes ;

3° La filtration intermittente sur le sable.

Selon les circonstances et notamment dans les régions où l'on doit redouter l'apport des poussières contaminées (au voisinage des villes en particulier), l'installation peut être utilement pourvue d'un séparateur automatique éliminant la partie de l'eau de pluie souillée. La combinaison des deux systèmes doit assurer une purification très satisfaisante.

Il est à la fois pratique et économique d'employer pour la construction de ces filtres des cuves en ciment armé, et pour les petites installations nécessitant une surface filtrante inférieure à un mètre carré, des anneaux en ciment armé analogues à ceux que l'on emploie de plus en plus pour le revêtement des puits ou le fonçage en terrain mouvant.

Nappes renforcées. — Il convient, avant de clore ce chapitre de la filtration sur le sable, de signaler le projet de renforcement des nappes souterraines dans les terrains sableux.

La figure 90 concerne le projet de renforcement de la

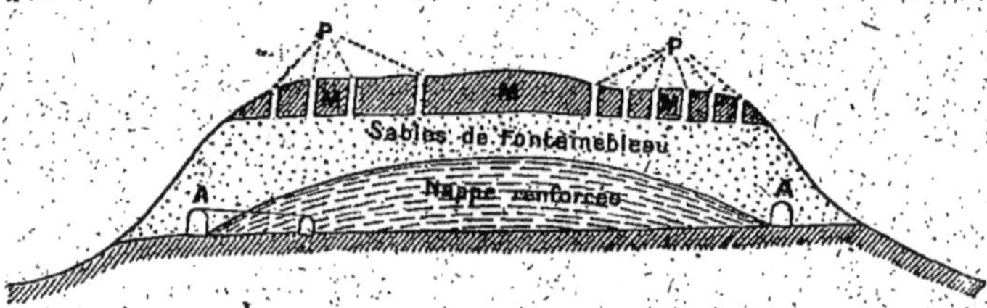

Fig. 90. — Coupe schématique au travers de la butte de Montmorency en vue du projet de renforcement de la nappe des sables de Fontainebleau. (D'après M. H. Mager.)

nappe des sables de Fontainebleau dans la butte de Montmorency. La couche des sables fins dits de Fontainebleau est comprise entre les argiles et meulières de la Brie à la base et de la Beauce au sommet.

Le projet, auquel il n'a d'ailleurs pas été donné de suite, consistait à relever les eaux de l'Oise au niveau du plateau et d'en répartir le volume dans un assez grand nombre de puits absorbants.

Les eaux fluviales, filtrées par la masse des sables, devaient « renforcer » la nappe naturelle ; elles étaient ensuite captées par une galerie A, dite galerie de pourtour.

Il s'agissait bien, dans ce projet, d'une tentative de filtration « en grand » selon le principe de la filtration sur sable non submergé.

2° Filtrage des eaux sur le charbon.

Propriétés du charbon artificiel. — Les propriétés filtrantes, décolorantes et désodorisantes du charbon artificiel sont mises en évidence par un certain nombre d'expériences classiques :

1° Une couche de charbon de bois pilé clarifie les eaux vaseuses d'une rivière ou d'un étang ;

2° Le charbon absorbe les gaz ; des expériences de laboratoire ont montré qu'un volume de charbon absorbe :

Gaz ammoniac	90 volumes.
Acide chlorhydrique	85 —
Acide sulfureux	65 —
Acide sulfhydrique	55 —
Protoxyde d'azote	40 —
Acide carbonique	35 —
Éthylène	35 —
Oxyde de carbone	9,5 —
Oxygène	9,25 —
Azote	7,5 —
Méthane	5 —
Hydrogène	1,75 —

Les propriétés absorbantes du charbon sont d'autant plus élevées que la température à laquelle s'effectue cette absorption est plus basse. Placé dans le vide, le charbon restitue le gaz qu'il a absorbé. Le pouvoir absorbant du charbon est d'autant plus grand que sa densité est elle-même plus grande.

C'est ainsi que le charbon obtenu par la carbonisation du buis, plus dense et présentant des pores très fins, jouit d'un pouvoir absorbant plus élevé. Il est intéressant de remarquer que ce sont précisément les gaz les plus solubles dans l'eau qui sont les plus absorbables par le charbon.

3° Le charbon (d'origine animale en particulier) retient

entre ses pores la matière colorante. L'industrie utilise pour ses qualités décolorantes des quantités considérables de noir animal, c'est-à-dire d'un charbon obtenu par la calcination des os en vase clos.

Doué de précieuses qualités, le charbon devait nécessairement tenir honorable rang parmi les substances filtrantes et l'on peut dire sans exagération que des filtres de cette catégorie ont été répandus par milliers.

Nous donnons — à titre documentaire bien entendu — le détail de deux de ces filtres primitifs.

Filtre primitif. — Le premier, ainsi que le montre la figure 91, se rapporte à une fontaine filtrante destinée aux usages domestiques.

L'appareil consiste essentiellement en un récipient A, en bois, en tôle, etc., pouvant être d'ailleurs facilement remplacé par une vieille futaille qu'on divise intérieurement en compartiments. Le compartiment C D forme presque la moitié de l'appareil. L'eau impure en occupe une partie plus ou moins grande D ; il est fermé par un fond en bois, ayant au centre une sorte de pomme d'arrosoir percée de trous et couverte d'une éponge.

Le compartiment inférieur est formé d'une couche épaisse de charbon entre deux couches de sable. Au-dessous, autre fond en bois percé de trous à travers lesquels l'eau s'écoule.

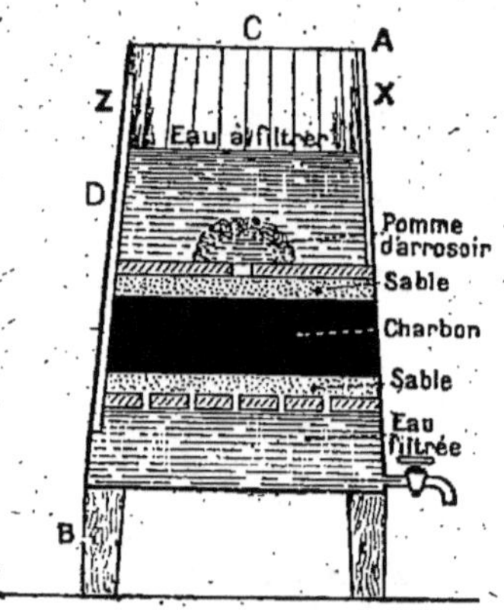

Fig. 91. — Fontaine filtrante au charbon.

Le long des parois du vase, il y a deux tubes à air, X et Z, qui montent à la partie supérieure. Le premier doit descendre jusqu'à la première couche de sable, et le second jusqu'au dernier compartiment, qui renferme l'eau filtrée. Ces deux tubes sont nécessaires pour faire communiquer toutes les parties de l'appareil avec l'air extérieur. L'emploi de ce filtre était vivement préconisé, il y a un demi-siècle.

Tonneau-filtre. — Le second dispositif connu sous le nom de « tonneau-filtre » est encore en honneur dans certaines régions, où l'on n'a pour toute eau de boisson que celle des mares.

La figure 92 montre l'extrême simplicité de l'appareil. C'est un tonneau renfermant, entre les planches perforées d'un double-fond, une couche de charbon de bois B comprimée entre deux couches de sable C.

Le tonneau, ainsi préparé, est fixé à l'extrémité d'un bras de levier et partiellement immergé dans la rivière ou la mare, le fond reposant sur une élévation de pierres plates.

L'eau pénètre par le fond du tonneau, filtre au travers du sable et du charbon, puis vient remplir le compartiment supérieur. Lorsque celui-ci est plein, on retire l'appareil et l'on transvase l'eau dans un récipient étanche.

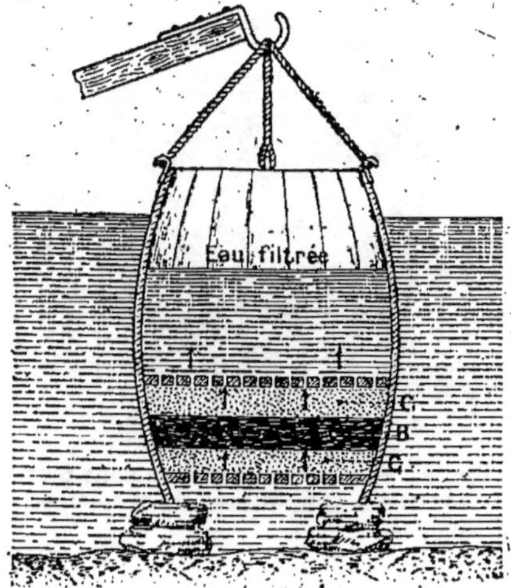

Fig. 92. — Tonneau-filtre.

Filtre hygiénique au charbon. — Il s'agit ici d'un appareil domestique extrêmement répandu. Beaucoup de familles ne consomment encore l'eau filtrée que par ces appareils. Ces fontaines filtrantes sont aussi connues sous le nom de « filtres à la pierre » parce que la filtration s'y effectue au travers d'une paroi rocheuse, dans des conditions que nous examinerons ultérieurement.

La fontaine filtrante n'a en réalité de commun avec le filtre à la pierre que la forme extérieure et l'ornementation. Si l'on examine la constitution intérieure, on remarque un système filtrant dans lequel le charbon tient la première place. Cette fontaine n'est en définitive qu'une copie quelque peu perfectionnée du filtre domestique que nous avons décrit au début de ce chapitre. Il n'y a donc pas lieu d'y insister.

Filtre au charbon sous pression. — Les appareils que nous venons de signaler fonctionnent sous la pression exercée par le poids de la couche brute d'eau versée à la surface de la masse filtrante. Leur débit est par conséquent proportionnel à la charge et inversement proportionnel au calibre des éléments constituant le filtre.

D'une manière générale, ces appareils ne fournissent qu'une quantité d'eau limitée qui décroît d'ailleurs assez rapidement avec la maturation

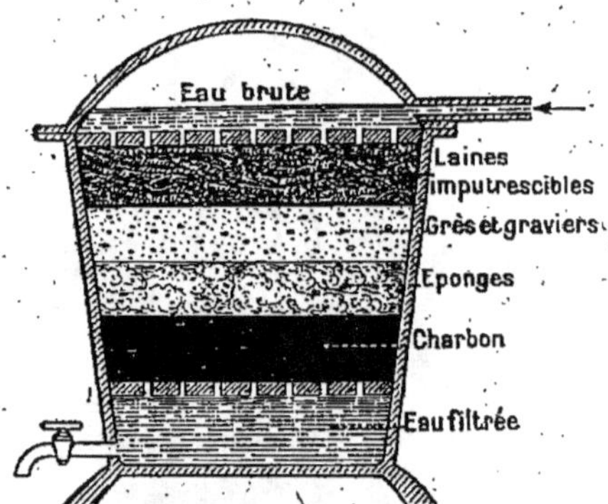

Fig. 93. — Filtre au charbon sous pression avec laines imputrescibles et éponges préparées.

du filtre. Il se forme ici, comme sur les filtres à sable, une pellicule filtrante qui aboutit nécessairement à l'imperméabilisation du filtre. Les constructeurs de filtres « au charbon » se sont appliqués à l'établissement d'appareils pouvant fonctionner sous une pression d'eau déterminée, correspondant à celle des canalisations publiques.

Filtres sous pression avec couches de laine imputrescible. — La figure 93 montre la disposition intérieure d'un de ces appareils ; la masse filtrante se compose de haut en bas de la superposition des lits suivants :

Laine imputrescible.	Éponges.
Grès et graviers.	Charbon.

Un second dispositif (*fig.* 94) comporte la superposition suivante, de haut en bas :

Éponges préparées.	Laines imputrescibles.
Laines imputrescibles.	Noir animal ou charbon.
Grès pulvérisé.	Sable ou gravier.

Pour la première fois, nous voyons intervenir des substances d'origine organique dans la composition des masses filtrantes. Il va de soi qu'en dépit de leur soigneuse préparation et de leur imputrescibilité, ces laines et éponges doivent être fréquemment renouvelées (1).

Ces matières, lorsqu'elles constituent la couche supérieure du filtre, sont destinées à opérer le dégrossissage de l'eau brute; elles ne tardent pas d'ailleurs à devenir le support d'une véritable membrane filtrante.

Lorsqu'elles sont situées au sein ou à la base de la série, elles doivent vraisemblablement favoriser le développement d'une membrane zoogléenne (2).

Le débit horaire de ces filtres en période de filtration normale varie, suivant les modèles et leurs dimensions, de 200 à 6 000 litres.

Ils sont susceptibles d'être montés en batterie pour les grands débits.

Filtre à aspiration. — La dénomination de ce filtre est impropre; il suffit de se reporter à la figure 95 pour remarquer que dans ce système la pression exercée par l'eau de la canalisation est remplacée par la pression hydrostatique exercée par l'eau du réservoir ou de la citerne.

Ce dispositif n'est en réalité qu'un filtre au charbon, du

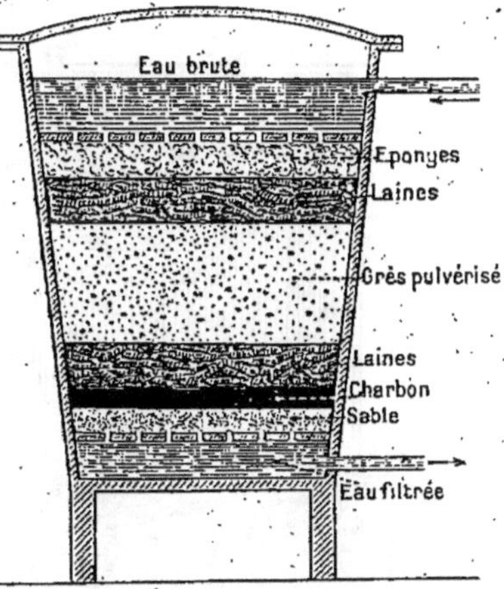

Fig. 94. — Filtre au charbon sous pression avec éponges, laines, grès et sable.

(1) Les constructeurs de ces appareils ne semblent pas très bien fixés eux-mêmes sur la durée de ces substances. Ils proposent le nettoyage de leurs appareils par abonnement, et chaque nettoyage comporte le renouvellement des matières filtrantes. Leur tarif d'abonnement envisage de 1 à 24 nettoyages par an; il est, dans ces conditions, bien difficile d'apprécier la juste mesure, de déterminer où s'arrête la nécessité et où commence le luxe.

(2) On appelle *zooglée* une sorte de muqueuse élastique constituée par l'accolement d'êtres microscopiques et entourée d'une membrane gélatineuse.

type que nous venons de décrire, renversé sur le fond d'un réservoir. La première couche filtrante se trouve située à la base de l'appareil, la réserve d'eau filtrée au sommet. L'eau brute pénètre dans le filtre par la partie inférieure et s'élève au travers de la masse filtrante sous l'effet de la pression hydrostatique. Un tube, coudé par le bas, conduit par simple gravité l'eau filtrée au robinet de puisage placé sur le côté du réservoir.

.En définitive, ces filtres sont capables d'assurer une désodorisation et une décoloration satisfaisantes des eaux lorsqu'elles sont chargées de substances ulmiques; ils peuvent en outre assurer une clarification convenable des eaux limoneuses.

L'épuration bactériologique des eaux de boisson est à peu près illusoire; on ne peut guère demander à ces appareils qu'un dégrossissage convenable.

Fig. 95. — Filtre au charbon dit « à aspiration ».

Les personnes qui possèdent des appareils de cette nature feront bien, en cas d'épidémie, de n'accorder aucun crédit à leur filtre et de faire bouillir convenablement leur eau de boisson.

Filtres à bloc de charbon aggloméré. — Il y a une dizaine d'années, certains filtres au charbon eurent grande vogue. Il s'agissait de petites fontaines peu encombrantes ou de filtres « entonnoirs » (*fig. 96*), ces derniers fonctionnant directement sur la carafe. Voulait-on de l'eau filtrée? Rien de plus simple! Il suffisait de placer le filtre entonnoir sur la carafe et de le remplir avec l'eau douteuse. Goutte à goutte la carafe se remplissait d'une eau cristalline. La vogue en est aujourd'hui passée, bien que certains constructeurs mènent encore grand bruit autour de leurs qualités.

Ces filtres ont, comme les précédents, pour point de départ les propriétés absorbantes du charbon.

L'appareil se compose essentiellement d'un récipient au fond duquel se trouve assujetti un bloc de charbon aggloméré; le bloc est cylindrique et évidé à l'intérieur. Sa face inférieure est percée d'une ouverture à laquelle s'adapte une tubulure communiquant avec l'extérieur. Ce bloc peut être comparé à un vase finement poreux placé au milieu d'une masse liquide. Sous l'effet de la pression hydrostatique, l'eau pénètre dans les pores et après avoir cheminé au travers de la paroi se trouve recueillie dans la cavité centrale du bloc. Etant donnée l'extrême ténuité des pores, l'eau avant d'y pénétrer doit se débarrasser de toutes ses impuretés y compris les microbes. Elle subit de plus, pendant son trajet au travers de l'aggloméré, l'action absorbante et désodorisante du charbon. Ce système de filtrage, à l'exclusion des propriétés particulières au charbon,

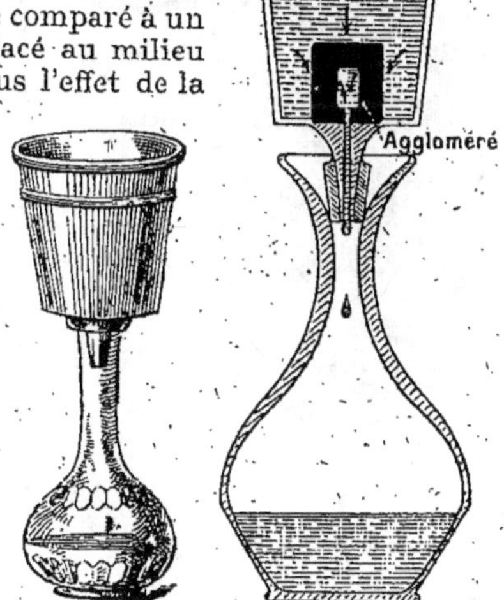

Fig. 96. — Filtre-entonnoir à bloc de charbon aggloméré.

se rattache à toute une série de filtres qui à l'heure actuelle font l'objet d'une publicité intensive.

Nous voulons parler du procédé d'épuration par filtrage des eaux au travers de corps poreux tels que les pâtes céramiques.

Les anciens filtres « à la pierre » se rattachent également à cette catégorie d'appareils filtrants. Tous ces filtres dérivant du même principe sont donc à peu de choses près assujettis aux mêmes critiques. Afin d'éviter d'inutiles redites, nous formulerons ces critiques après avoir décrit le principe et montré le fonctionnement des divers systèmes.

Filtre au charbon d'amiante. — Dans ce procédé, l'aggloméré n'est plus uniquement constitué par le charbon. C'est un mélange en proportions déterminées de charbon végétal, de manganèse et d'amiante pur.

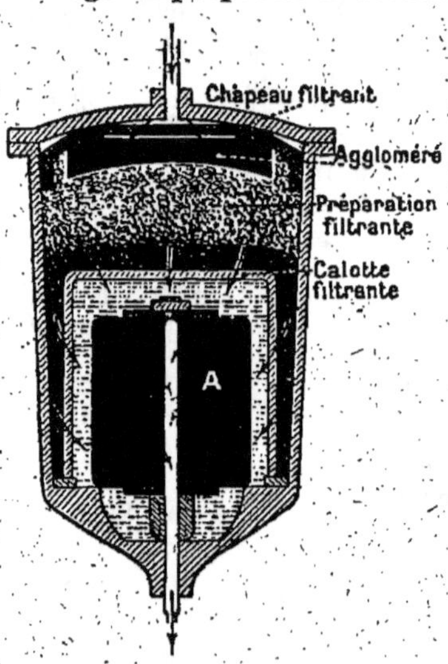

Ces éléments, finement broyés, sont malaxés avec du goudron, puis portés à une température élevée pendant une durée de seize jours.

Le cylindre A constitué par cet aggloméré est perforé suivant son axe (*fig.* 97). Le diamètre de la cavité intérieure est très restreint tandis que la paroi filtrante conserve une assez grande épaisseur.

Indépendamment de cette particularité, ce qui caractérise encore ce procédé c'est l'action oxydante du manganèse mélangé au charbon.

Chapeau filtrant
Aggloméré
Préparation filtrante
Calotte filtrante
A

Fig. 97. — Filtre au charbon, amiante et manganèse.

D'autre part l'amiante aurait pour effet d'augmenter le pouvoir rétentif de la préparation.

On pourrait, en définitive, résumer de la façon suivante les moyens d'action de ce filtre : retenir et oxyder les impuretés de l'eau.

Filtre à charbon et cellulose associés. — La masse filtrante est constituée par le mélange des substances suivantes :

Fibre de cellulose empruntée au chanvre et au lin, mesurant $0^{mm},5$ de longueur et quelques centièmes de millimètre de diamètre;

Charbon pilé;

Terre d'infusoires finement broyée.

Le tout est convenablement pétri dans une quantité d'eau

suffisante; l'eau est ensuite chassée à la presse et le mélange comprimé en « gâteaux ». Ceux-ci, desséchés à l'étuve, acquièrent une grande résistance après dessiccation complète.

La plaque filtrante ainsi obtenue est soutenue, dans le filtre, au moyen de toiles métalliques, le tout renfermé entre deux calottes de métal.

La faible perméabilité de ces disques de cellulose ne permet qu'une filtration lente, 1 litre à 1 l. 1/2 pour les appareils fonctionnant sans pression.

Ces filtres sont assujettis aux mêmes critiques que les appareils à bougies, blocs de charbon comprimé, etc. Cependant le prix peu élevé des plaques filtrantes permet leur renouvellement fréquent.

Il est indispensable de les remplacer tous les huit jours.

3º Filtrage sur pierres poreuses.

Si l'on examine à la loupe un morceau de calcaire, une variété de pierre à bâtir connue des carriers sous le nom de *vergelé*, on remarque qu'il est constitué par la juxtaposition de grains, assez grossiers d'ailleurs.

Prenons un cube *c* de ce calcaire bien sec et creusons une cavité, ainsi que le montre la figure 98. Fermons ensuite hermétiquement l'orifice de cette cavité en ayant soin de traverser le bouchon *b* d'un tube *t*; relions le tube par un raccord en caoutchouc *r* au manomètre *m*. Plongeons ensuite le bloc dans une cuve remplie d'eau. Presque instantanément, nous voyons le mercure s'élever dans la grande branche B du manomètre.

Cette simple expérience prouve que l'eau, en s'insinuant dans les vides qui séparent les grains de la roche, a chassé l'air qui

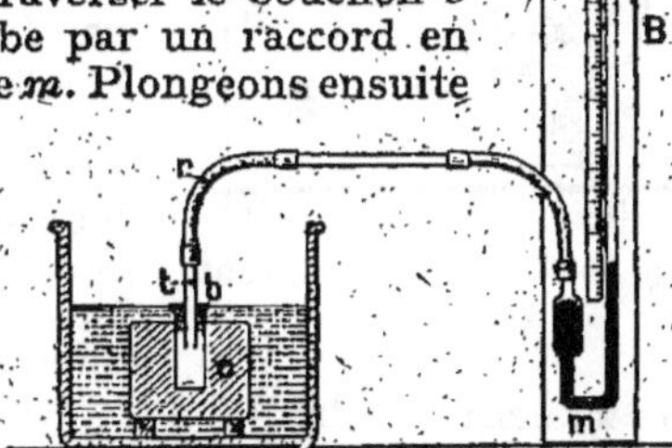

Fig. 98. — Dispositif permettant de démontrer la perméabilité des roches.

s'y trouvait et l'a refoulé dans la cavité centrale. La pression intérieure devenant supérieure à la pression atmosphérique, le mercure s'est élevé dans le manomètre. Ainsi se trouve démontrée la perméabilité du bloc de calcaire.

Si maintenant nous prenons une autre variété de calcaire à fine texture et que nous en examinions une lame mince au microscope, nous la trouverons comme la variété précédente formée de fines particules accolées les unes aux autres. Au point de vue physique, la différence entre les deux variétés ne portera que sur la grosseur des éléments constituants.

Renouvelons maintenant l'expérience précédente avec un bloc de ce calcaire, de mêmes dimensions que le premier et en se plaçant exactement dans les mêmes conditions. Nous obtiendrons des résultats analogues et la différence portera simplement sur les temps nécessaires à l'élévation, à une même hauteur, du mercure dans la branche B du manomètre.

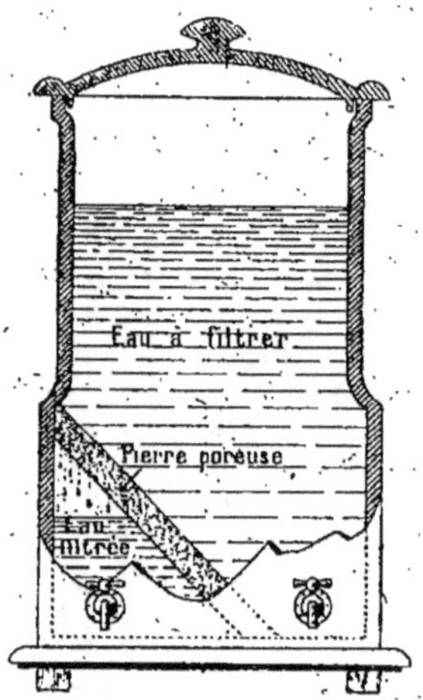

Nous constaterons qu'il a fallu plus de temps au liquide pour s'élever la seconde fois à la hauteur atteinte à la première expérience.

Nous devons conclure de ces expériences que les deux blocs sont perméables mais que le second l'est moins que le premier, en d'autres termes que chaque variété possède un degré de perméabilité qui lui est propre (1).

Cette perméabilité de certaines roches a été utilisée depuis très longtemps pour la filtration des eaux. Il fut une époque où les galeries de captage des eaux établies dans les alluvions des vallées étaient construites avec des dalles de « pierre sèche », de sorte que les eaux de la nappe alluviale ne pénétraient dans la galerie qu'après avoir filtré au travers des parois poreuses.

Fig. 99. — Fontaine filtrante à la pierre.

---

(1) Il est évident qu'il n'existe pas de degré de perméabilité absolu pour une même variété de roche, un même banc pouvant donner des échantillons de perméabilité sensiblement différente. D'une façon générale, celle-ci varie avec la texture de la roche, et cette dernière varie souvent au sein d'un même banc. Il existe néanmoins une moyenne qui peut être caractéristique d'une variété déterminée.

Fontaine filtrante « à la pierre ». — La figure 99 montre la disposition intérieure d'une fontaine filtrante « à la pierre » dont nous avons dit quelques mots déjà au sujet des fontaines à charbon.

Le dispositif est, on le voit, des plus simples : une plaque de calcaire de quelques centimètres d'épaisseur est fixée obliquement dans un angle de la fontaine et isole d'une façon rigoureuse un compartiment destiné à recevoir l'eau filtrée. Sous l'action de la pesanteur, l'eau traverse la dalle poreuse et s'accumule dans le compartiment sous-jacent.

La fontaine porte deux robinets communiquant l'un avec l'eau brute, l'autre avec la réserve d'eau filtrée.

La figure 100 montre l'aspect d'une carafe filtrante à la pierre. Le corps cylindrique est constitué par un bloc de calcaire tourné et évidé. Placée dans un récipient plein d'eau, la carafe se remplit par filtration de l'eau à travers la paroi perméable.

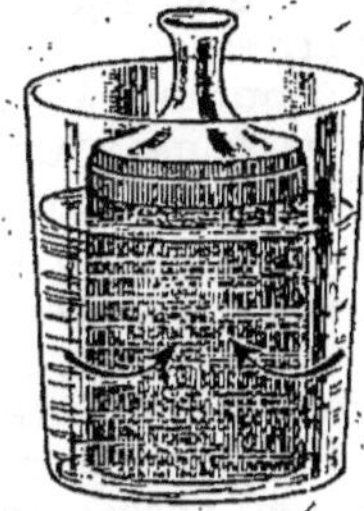

Fig. 100. — Carafe filtrante à la pierre.

Filtre à pierre « artificielle ». — A côté des filtres « à la pierre » utilisant les propriétés filtrantes de certaines roches, il convient de placer un filtre employant le pouvoir épurateur de pierres artificielles.

Le filtre est formé par la superposition de disques mesurant sept centimètres d'épaisseur et constitués par du sable quartzeux agrégé par une substance conjonctive particulière.

La préparation est fortement comprimée à la presse hydraulique et cuite à une haute température.

Ces appareils forment la transition entre les filtres à pierres poreuses et les filtres à pâtes céramiques ; ils peuvent assurer une purification satisfaisante à la condition de renouveler assez fréquemment les pièces filtrantes.

Une pratique assez avantageuse consisterait à remplacer progressivement les disques filtrants en plaçant la pièce neuve sous les autres de manière que la plus ancienne soit toujours en contact avec l'eau brute. De cette façon on réalise une filtration plus méthodique et sans dépense complémentaire, ni perte de temps importante.

4° Filtrage sur pâtes céramiques.

Les célèbres travaux de Pasteur devaient naturellement provoquer une véritable révolution dans l'art de purifier les eaux.

En apprenant à connaître les microbes, on acquit la certitude que les barrières que l'on opposait aux impuretés de l'eau n'étaient d'aucune efficacité à leur égard.

Il convenait donc de rechercher de nouvelles substances filtrantes susceptibles de retenir ces corps d'une extrême petitesse.

Doutant, avec juste raison, de l'efficacité des matières en usage jusqu'alors, des recherches furent entreprises avec l'espoir de trouver un corps qui, fabriqué de toutes pièces, serait capable d'assurer une filtration effective.

Le problème se résumait ainsi : fabriquer une substance suffisamment perméable pour assurer un volume d'eau filtrée en rapport avec la consommation journalière et offrant néanmoins une contexture suffisamment fine pour s'opposer au passage des organismes les plus ténus.

Les travaux entrepris dans ce but donnèrent la préférence aux pâtes céramiques : à la pâte à porcelaine, en particulier.

La pâte destinée à la fabrication des porcelaines et biscuits est le résultat du mélange intime et en proportions convenablement déterminées de trois substances minérales : le kaolin, le feldspath et le quartz.

Avant leur mélange, ces éléments sont débarrassés des substances étrangères qui les accompagnent dans leur gisement.

Il convient de remarquer que ces matériaux sont absolument neutres au point de vue chimique et, par conséquent, incapables de modifier la composition de l'eau.

Après avoir été façonnée par divers procédés, la pâte à porcelaine est mise à sécher à l'air libre, afin de lui faire perdre par évaporation une partie de son eau.

Elle subit ensuite une première cuisson ou « cuisson en dégourdi » à une température voisine de 1 000 degrés. Cette cuisson a précisément pour but de communiquer à la pâte une *consistance* et une *porosité* suffisantes pour pouvoir être immergée dans un bain de « couverte », c'est-à-dire dans une préparation qui, en se vitrifiant à la température de cuisson,

1 300 à 1 400 degrés, recouvre les objets d'une glaçure particulière.

La substance vitrifiable ou « couverte » est maintenue en suspension dans l'eau. Par immersion, l'objet se recouvre d'une couche d'eau et de couverte. La pâte absorbe l'eau par porosité, et seule la couverte est retenue à la surface.

On comprend que c'est la porcelaine incomplètement cuite et dépourvue de glaçure, autrement dit la porcelaine simplement cuite en dégourdi, qui est susceptible de constituer une substance filtrante répondant aux nécessités que nous avons indiquées.

A l'expérimentation, elle a montré qu'elle pouvait retenir à sa surface les infiniment petits, comme elle retient les fines particules de « couverte » dans la pratique de l'émaillage.

Sitôt reconnues, les propriétés filtrantes de la porcelaine furent industrialisées ; le succès commercial considérable de cette innovation fait bien ressortir la confiance illimitée que témoigna le public à ce nouveau procédé de filtration, grâce aussi, il faut en convenir, à l'appui qu'il reçut de savants qui n'hésitèrent pas à le couvrir de leur autorité.

Ces appareils sont actuellement très répandus et font l'objet d'une publicité intensive. Le filtrage de l'eau a lieu au travers d'une bougie ou d'une calotte hémisphérique de porcelaine.

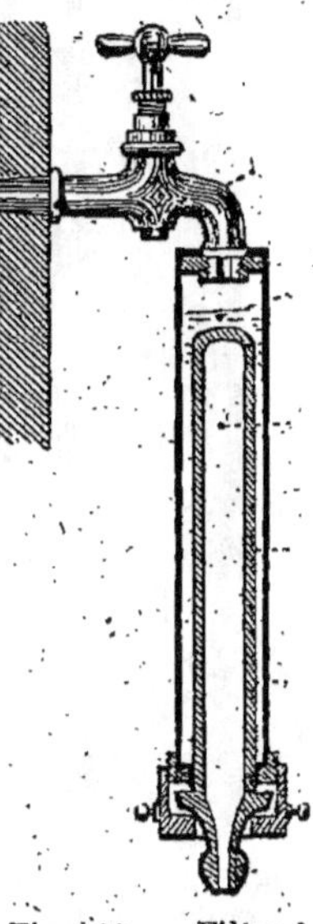

Fig. 101. — Filtre à bougie de porcelaine.

Filtre à bougie de porcelaine. — La figure 101 représente le type le plus simple d'un de ces appareils. Il se compose d'un tube métallique au centre duquel est fixée la bougie. L'eau entoure cette dernière, la traverse sous l'effet de la pression et s'écoule par l'orifice inférieur.

Pour effectuer le nettoyage du filtre, on dévisse l'écrou qui maintient la bougie ; celle-ci sortant aisément du tube métallique, il ne reste plus qu'à en brosser soigneusement la surface extérieure.

En période de fonctionnement normal, ce filtre, adapté

sur une conduite d'eau, débite 30 à 35 litres d'eau filtrée par 24 heures sous une pression de 10 mètres.

Filtre à plus grand débit. — Un dispositif qui comporte trois bougies donne par 24 heures et sous une pression de 10 mètres, 90 à 100 litres d'eau filtrée. Une série de six bougies double le débit dans les mêmes conditions.

Fontaine filtrante à bougies. — La figure 102 représente la coupe d'une fontaine filtrante destinée aux usages domestiques.

Elle se compose de deux cylindres en tôle émaillée s'emboîtant l'un dans l'autre et d'inégale longueur. Le réservoir supérieur est destiné à recevoir l'eau brute. L'espace compris entre le fond des deux récipients est réservé à l'eau filtrée.

Le réservoir d'eau brute contient l'organe de la filtration; ce dernier est constitué par une série de bougies reliées à un tube collecteur. Un tube coudé dirige l'eau filtrée du tube collecteur au récipient d'eau fitrée.

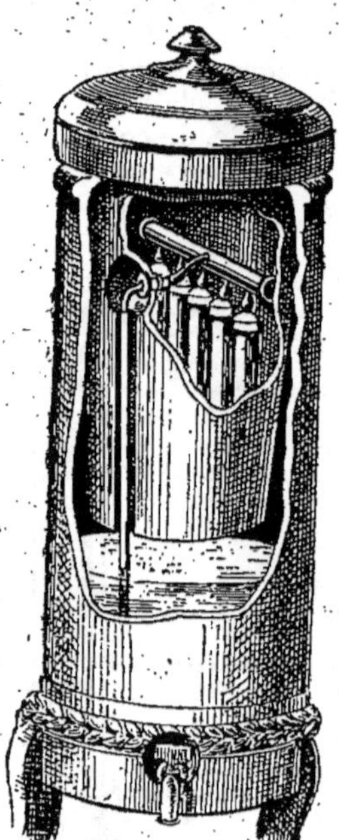

Fig. 102. — Fontaine filtrante avec batterie de cinq bougies.

Ce filtre fonctionne sous l'effet de la pression hydrostatique exercée par l'eau qui entoure la série des bougies; son débit est, par suite, assez faible : 5 litres en moyenne par bougie et par 24 heures.

Fontaine filtrante à grand débit (filtre ndustriel). — La figure 103 montre la disposition d'un filtre industriel à grand débit et sous pression. Il comporte une série de 100 bougies et fonctionne comme le précédent; Il est établi pour fournir de 300 à 1 000 litres par 24 heures.

Filtre à bougie en porcelaine d'amiante. — Ce procédé de filtration ne diffère pas en principe du précédent; sa caractéristique est l'incorporation de l'amiante à la pâte de porcelaine, cette addition ayant pour objet d'augmenter la finesse de cette dernière.

On voit (*fig.* 104) que la disposition et le fonctionnement de ce système sont identiques au type à bougie unique que nous avons décrit un peu plus haut.

Lorsque la pression est faible ou lorsqu'on désire augmenter le débit de l'appareil, on remplace la bougie simple par une bougie double. Celle-ci présente une invagination,

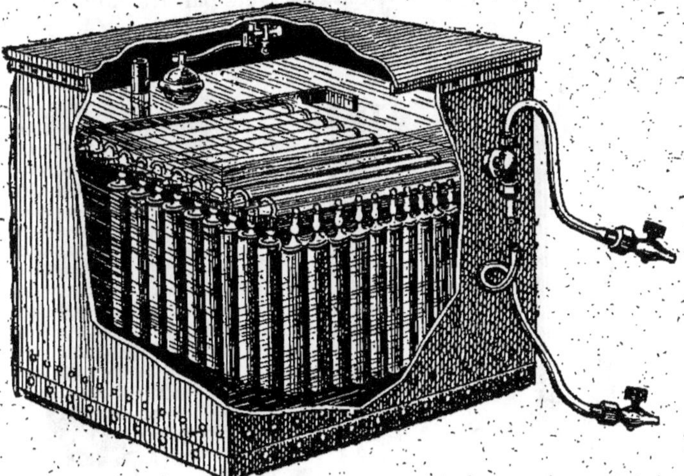

Fig. 103. — Filtre industriel de 100 bougies de porcelaine.

c'est-à-dire une poche intérieure qui augmente sensiblement la surface filtrante (*fig.* 105).

L'eau filtrée est recueillie dans la partie annulaire comprise entre les parois filtrantes internes et externes.

Fontaine à calotte filtrante. — Dans les fontaines filtrantes sans pression, la bougie ou série de bougies est remplacée par une calotte filtrante. On remarque (*fig.* 106) que cette calotte constitue le réservoir d'eau brute ; sa capacité varie de 3 à 12 litres et son débit par 24 heures est égal à sa capacité. Une calotte de 3 litres débite 3 litres ; une calotte de 12 litres donne 12 litres d'eau filtrée.

Filtre à bougie en terre d'infusoires. — La terre dite « d'infusoires » employée pour la confection de ces filtres semble bien être la roche connue sous le nom de « tripoli ».

C'est une roche formée par l'accumulation des carapaces siliceuses dont sont pourvues certaines variétés d'infusoires. Elle se présente en masse friable et devient pulvérulente lorsqu'on la presse entre les doigts. Au point de vue chimique, elle est entièrement formée de silice.

Bien que la composition définitive et le mode de préparation de ces bougies soient tenus secrets par les fabricants

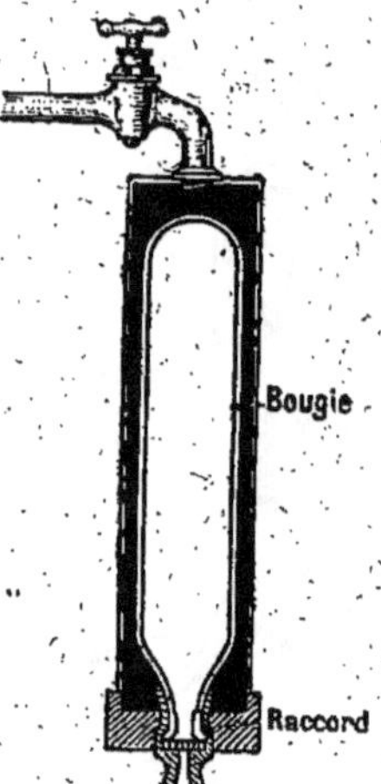

Fig. 104. — Filtre à bougie de porcelaine d'amiante.

Fig. 105. — Bougie double en porcelaine d'amiante.

Fig. 106. — Fontaine filtrante à calotte en porcelaine d'amiante.

on peut néanmoins les rattacher au groupe des filtres utilisant des pâtes céramiques comme substance filtrante.

Ces appareils ne se différencient pas sensiblement des dispositifs précédents à bougies de simple porcelaine ou de porcelaine d'amiante.

L'eau sous pression pénètre dans l'appareil et traverse la paroi filtrante ; elle est recueillie filtrée à l'extrémité d'un col de cigne adapté à la partie supérieure de la bougie.

A leur mise en service, ces filtres donnent par minute :

2 litres d'eau filtrée sous une pression de 20 à 25 mètres.
1 litre sous une pression de 10 mètres.
1/3 de litre — de 5 mètres.
1/5 de litre — de $2^m,50$.

Sous la pression moyenne de 10 mètres adoptée pour l'évaluation du débit des appareils précédents, ce filtre fournit
donc 1 440 litres d'eau filtrée en 24 heures.

Comme les précédents, ces filtres peuvent fonctionner
sans être soumis à la pression d'une
canalisation publique.

La coupe du « filtre-fontaine » représentée par la figure 107 montre
une disposition que nous avons déjà, à
peu de chose près, observée précédemment.

Le défaut de pression réduit naturellement d'une façon notable le débit
de ces fontaines. Celui-ci ne dépasse
guère à la mise en service que 4 déci-
litres par heure.

D'une façon générale, il convient,
pour assurer un fonctionnement satisfaisant de ces filtres à bougies sans
pression, d'observer les précautions
suivantes :

1° Veiller à ce que le récipient renfermant l'eau brute soit toujours plein.

2° Avant chaque mise en service,
plonger la bougie dans l'eau une heure
environ, en lui donnant une position verticale, l'ouverture
tournée vers le haut. Cette opération a pour but de chasser
l'air qui emplit les pores de la matière filtrante.

Fig. 107. — Coupe d'un
filtre-fontaine avec
bougie en terre d'in-
fusoires.

Efficacité des filtres à agglomérés, à pierres poreuses et à bougies de pâtes céramiques.

Lorsque les filtres basés sur les propriétés filtrantes de la
porcelaine cuite en « dégourdi » firent leur apparition, on
crut avoir découvert la solution définitive de l'épuration des
eaux à domicile.

Les bougies retenaient à leur surface toutes les impuretés
inertes ou actives de l'eau brute et n'altéraient en aucune
façon sa potabilité ; elles semblaient bien enfin apparaître
en temps opportun pour rassurer l'opinion publique qu'a-
vaient fort émue la découverte des microbes et le rôle que
jouent certains d'entre eux dans la propagation des maladies
infectieuses d'origine hydrique.

La pratique ne tarda pas à montrer que l'on avait exagéré les vertus de la pâte à porcelaine et qu'à l'usage celle-ci ne se montre malheureusement pas à l'abri de sérieuses critiques.

Nous allons résumer brièvement les objections formulées contre l'emploi des pâtes céramiques, des agglomérés de charbon et des pierres poreuses comme substances filtrantes.

Première objection. — On peut énoncer cette objection de la façon suivante : Ces substances, efficaces au début de leur activité, ne tardent pas à être infectées par les germes qu'elles retiennent à leur surface. L'expérience a prouvé, en effet, qu'après avoir fonctionné un certain temps, ces filtres perdaient leur pouvoir épurateur et que l'eau filtrée des appareils sans pression pouvait notamment contenir alors plus de germes que n'en renfermait l'eau brute.

L'examen des matières filtrantes a également montré que leurs pores étaient eux-mêmes envahis par des colonies microbiennes et qu'il convenait de voir en ces végétations les facteurs de contamination de l'eau filtrée.

Voici d'ailleurs comment on explique l'envahissement des substances filtrantes par les micro-organismes.

Les microbes se reproduisent avec une incroyable rapidité; un seul individu introduit dans un milieu favorable suffit pour peupler ce milieu de milliers d'individus semblables à lui-même. La reproduction de ces organismes s'effectue par division simple et indéfinie. En d'autres termes, un de ces êtres transporté dans un milieu renfermant en abondance des substances nutritives, progresse rapidement, puis atteint une véritable maturité correspondant à son développement maximum. A ce moment il se sépare en deux; chaque partie recommence une nouvelle existence et donne naissance à deux nouveaux individus et ainsi de suite. Les microbes se reproduisent également par la production de spores, c'est-à-dire de germes qui donnent naissance à de nouveaux microbes lorsque les conditions extérieures sont favorables. Certains enfin utilisent ces deux modes et assurent la continuité de l'espèce par sisisparité et par sporulation.

C'est à la faveur de cette multiplication intensive que sont envahis les pores des substances filtrantes. La surface externe de la bougie ou de la calotte (1) se recouvre peu de temps après leur mise en service d'un feutrage analogue à la mem-

---

(1) Il en est évidemment de même des blocs de charbon ou des pierres poreuses.

brane filtrante et constitué par toutes les impuretés inertes ou vivantes de l'eau. Ce feutrage renferme des substances inorganiques, des matières organiques et des microbes. On conçoit que ces derniers, entourés d'une si abondante nourriture, se multiplient avec rapidité. Certains individus, notamment ceux qui sont doués d'une structure bacillaire, c'est-à-dire d'une forme allongée « en bâtonnet », s'insinuent dans les pores superficiels. Une fois engagés dans le réseau des pores, ils ne tardent pas à l'envahir de proche en proche par une véritable végétation. Mélangés à l'eau filtrée, ils se multiplient avec une telle rapidité qu'on peut les trouver en plus grand nombre que dans l'eau brute. On constate dans ce cas un accroissement numérique et une réduction du nombre des espèces. Le seul résultat obtenu par la filtration porte, dans la circonstance, sur une élimination spécifique.

Deuxième objection. — Il résulte de ce qui précède que la période d'efficacité réelle de la filtration est égale au temps nécessaire à l'envahissement des bougies et calottes filtrantes par les colonies microbiennes.

Les hygiénistes et les constructeurs eux-mêmes (ce qui prouve amplement le bien-fondé de la critique qui vient d'être formulée) recommandent de stériliser, au moins tous les 8 jours, les bougies ou autres pièces filtrantes (1).

Voici, d'après la Commission technique du Touring-Club de France, les précautions qu'il convient d'observer pour assurer aux pâtes céramiques une sérieuse efficacité :

1° Les filtres à bougies ne donnent une eau pure qu'après quelques heures de fonctionnement. Toutefois, si les bougies ont été préalablement stérilisées, elles donnent aussitôt une eau pure ;

2° La durée d'efficacité d'une bougie est limitée à 8 ou 10 jours ; après cette durée de fonctionnement, les bougies doivent être nettoyées et stérilisées ;

3° Les bougies filtrantes doivent être rigoureusement nettoyées et stérilisées à la température de l'ébullition de l'eau, avant d'être montées et mises en marche ;

4° Après 8 ou 10 jours de marche, les filtres doivent être démontés ; toutes les parties en contact avec l'eau à filtrer doivent être nettoyées à la brosse ;

---

(1) Cette stérilisation conseillée d'abord tous les mois est maintenant prescrite tous les huit jours. (Dʳ GALTIER-BOISSIÈRE, *Hygiène nouvelle*, Librairie Larousse.)

5° Les bougies lavées doivent être stérilisées à la température de l'ébullition. On les place horizontalement dans une poissonnière ou tout autre vase pouvant les contenir à plat, puis on les *couvre entièrement d'eau* et on porte à l'ébullition pendant au moins une heure, en ayant soin d'ajouter de l'eau bouillante au fur et à mesure de l'évaporation, de telle manière que les bougies soient toujours recouvertes par l'eau;

6° Les bougies stérilisées doivent être essayées dans le but de s'assurer qu'elles ne contiennent pas de fêlures (1);

7° Les filtres et les bougies nettoyés et stérilisés, on procède au montage des filtres en s'assurant de la parfaite étanchéité des joints;

8° La conservation de l'eau filtrée doit se faire en vases stérilisés, bouchés et à l'abri des poussières.

Il ressort de la manière la plus évidente de l'exposé de ces prescriptions :

1° La nécessité absolue de stériliser soigneusement les bougies où autres pièces filtrantes, tous les huit jours;

2° La nécessité de s'assurer que ces bougies ou pièces filtrantes ne sont pas fêlées.

Or il convient de remarquer que la fréquence des nettoyages est la cause habituelle des fêlures et que d'autre part la régénération des bougies ou pièces filtrantes s'atténue progressivement (2). Notre conclusion sera formelle; chaque fois qu'on ne pourra, soit par incompatibilité du procédé, soit par négligence, observer rigoureusement les prescriptions énoncées précédemment, il y a lieu de rejeter tous les filtres qui ont fait l'objet de cette étude ou qui s'y rattachent par le principe.

Les filtres à la pierre doivent être écartés parce qu'ils échappent par construction à l'application des mesures précitées.

Les agglomérés de charbon, charbon d'amiante, les pâtes céramiques ne doivent être utilisés que s'ils se montrent par construction aptes à subir une stérilisation efficace et se *prêtent également* à la vérification relative aux fêlures.

Il sera prudent, dans le cas même où toutes ces conditions

---

(1) Le procédé de vérification le plus simple consiste à immerger les bougies sous l'eau filtrée ou bouillie et à y comprimer de l'air au moyen d'une pompe à bicyclette. Si la bougie est fêlée, des bulles d'air apparaissent le long de la fêlure. Les calottes filtrantes échappent naturellement à ce mode de vérification.

(2) Dr GALTIER-BOISSIÈRE, *Hygiène nouvelle* (Librairie Larousse).

seraient remplies, de remplacer fréquemment les pièces filtrantes, la régénération devenant, nous l'avons dit, de moins en moins complète.

Emploi de bougies collodionnées. — L'efficacité des appareils à bougies filtrantes peut être notablement accrue par l'application d'une couche de collodion à la surface des bougies.

On trouvera la description du mode opératoire dans le paragraphe suivant consacré aux filtres à membrane de collodion.

5° Filtres divers.

Filtre à membrane de collodion. — Le collodion (du mot grec *kollodès*, qui signifie collant) est un corps obtenu par la dissolution du coton-poudre dans un mélange d'alcool et d'éther.

Coulé en feuille mince, le collodion constitue une membrane semi-perméable adhérente, insoluble dans l'eau, douée d'un pouvoir dialysant. Il peut ainsi s'opposer au passage des molécules appartenant à certains corps dissous dans l'eau.

Ces propriétés ont été appliquées à la filtration des eaux à domicile.

On a ainsi construit des filtres à membrane de collodion formés d'une armature en toile métallique supportant la pellicule filtrante.

Ces filtres sont intéressants à signaler parce qu'ils permettent de remplacer fréquemment, une fois usé, l'organe filtrant d'un prix d'ailleurs peu élevé.

Il importe néanmoins de manipuler ces filtres avec beaucoup de soins, la membrane de collodion étant fragile.

On doit toujours s'assurer que celle-ci ne présente aucune solution de continuité résultant d'un défaut de fabrication ou d'un accident postérieur.

Préparation des bougies collodionnées. — Une application intéressante des propriétés filtrantes du collodion consiste dans la protection des bougies en porcelaine, verre d'infusoires, etc. La matière poreuse se trouve alors à l'abri de toute invasion microbienne et conserve ses qualités.

MM. Grenet et Salembeni, les auteurs de ce procédé, préconisent le mode opératoire suivant :

La bougie filtrante est immergée dans un bain de collodion renfermant 8 à 10 pour 100 de glycérine.

Lorsque l'adhérence du collodion à la surface de la bougie est obtenue, on plonge la préparation dans l'eau.

Le colmatage s'effectue alors sous la forme d'un dépôt périphérique ne pénétrant pas l'épaisseur de la bougie; il est donc facile de nettoyer l'organe de filtration.

Le nettoyage s'effectue de la façon suivante :

On place la bougie collodionnée sous le jet d'un robinet et l'on débarrasse le collodion de sa gaine de matières étrangères en frottant légèrement avec le doigt.

Un second procédé consiste à frotter la surface collodionnée à l'aide d'un tampon de ouate hydrophile imbibé d'eau.

Nous préférons cette manière d'opérer qui expose moins le collodion aux éraflures.

La membrane doit être remplacée assez fréquemment; il suffit pour cela de la laisser sécher à l'air; le collodion, en se desséchant, se brise et se détache de lui-même.

La préparation des bougies collodionnées est une opération assez délicate qui exige une certaine pratique. On agira donc sagement en faisant enduire les bougies par un pharmacien.

La supériorité des bougies collodionnées n'est pas contestable; leur emploi est une pratique excellente qu'il convient de recommander aux possesseurs de filtres à bougies.

Filtres à fibres d'amiante. — La paroi filtrante est constituée par des fibres d'amiante; on compte environ 33 000 pores par centimètre carré. En raison de la structure particulière de l'amiante, la partie active du filtre se laisse très difficilement colmater par les matières déposées à sa surface.

Il est vraisemblable qu'un filtre ainsi conçu et construit dans de bonnes conditions assure une filtration satisfaisante; cependant il conviendrait, avant de se prononcer sur sa valeur, de contrôler son efficacité pendant un temps suffisamment long et sous certaines conditions.

Les séparateurs d'eau de pluie.

A côté des appareils filtrants, il convient de placer les séparateurs d'eau de pluie; ces appareils sont destinés à protéger les citernes contre les risques d'une contamination par les germes de l'air drainés par le ruissellement des eaux météoriques sur les toits.

Ils isolent la première partie de l'eau produite par une

averse, c'est-à-dire une quantité que l'on estime suffisante pour laver le toit et entraîner toutes les impuretés qui y sont déposées.

On admet ainsi que 50 litres d'eau suffisent pour laver 100 mètres carrés de la toiture, ce qui correspond à 1 demi-millimètre de pluie tombée.

Le citerneau. — Deux séparateurs méritent d'attirer l'attention.

Le premier, connu sous le nom de citerneau (*fig.* 108), a été décrit par M. Abadie (1) :

L'eau venant des toitures passe dans un tuyau qui traverse un petit réservoir. Le tuyau est percé d'un trou par où l'eau s'écoule dans le petit réservoir, jusqu'à ce qu'il soit plein ; à ce moment, une soupape à flotteur vient fermer l'orifice et l'eau continue son chemin, sans se déverser dans le citerneau.

On calcule la capacité du petit réservoir en admettant que 50 litres d'eau suffisent pour laver 100 mètres carrés de toiture. On vide le citerneau au moyen d'un robinet situé à la partie inférieure. On peut également régler le débit

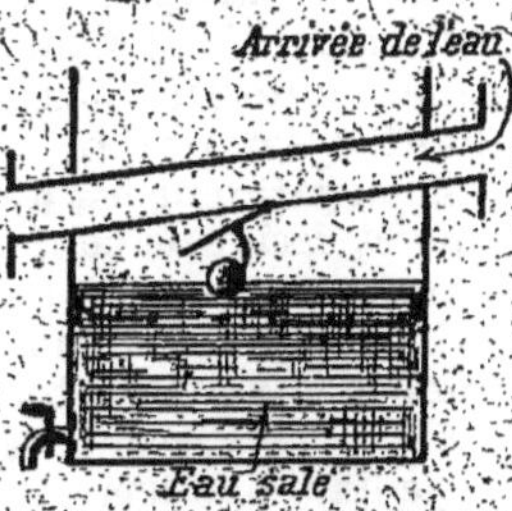

Fig. 108. — Citerneau.

du robinet de manière que le bassin se vide de lui-même dans un temps correspondant à l'intervalle de deux pluies.

Si le citerneau n'est pas complètement vide, il n'y a pas d'inconvénient, car la toiture n'a pas le temps de se salir beaucoup depuis la pluie précédente.

Séparateur horizontal. — Le second séparateur a été inventé il y a une trentaine d'années par l'ingénieur anglais Roberts, qui l'a nommé *séparateur horizontal pour l'eau de pluie*.

Le séparateur d'eau est fait en feuille de zinc, monté sur un cadre de fer.

Il consiste en une tête fixe qui reçoit l'eau, et une boîte de sortie également fixe avec deux tuyaux d'écoulement pour l'eau sale et la propre. L'entonnoir ou troisième pièce du

---

(1) ABADIE, *La Ferme moderne*. 1 vol. in-8°. — Librairie Larousse (*Bibliothèque rurale*).

séparateur peut être enlevé et tourné sur un pivot reposant dans deux rainures ménagées dans le cadre de fer placé dessous.

Son mouvement est automatique; il dirige dans un tuyau de décharge ou un réservoir spécial, la première partie de la pluie tombée qui a lavé la toiture et en a enlevé la suie et autres impuretés. Après que la pluie est tombée un certain temps, le séparateur bascule et conduit l'eau propre dans la citerne d'approvisionnement.

Un poids lourd, fixé derrière l'entonnoir, maintient l'avant ordinairement relevé comme dans la position montrée dans la figure 108; il y a deux canaux ouverts dans la partie supérieure de l'entonnoir; quand l'entonnoir est debout, le canal de l'avant dirige l'eau qui vient de la tête dans le tuyau d'écoulement (bas) à eau sale; quand l'entonnoir a basculé, le canal de derrière dirige l'eau dans un tuyau d'écoulement (haut) à eau propre.

Le séparateur est ajusté de façon à ce que l'entonnoir bascule et dirige le courant d'eau dans le réservoir d'approvisionnement, aussitôt qu'une certaine quantité d'eau de pluie (3 litres, plus ou moins, sur chaque 10 mètres carrés) est tombée et a lavé le toit, soit rapidement, soit lentement.

Fixage. — Placer le séparateur sur un plan bien uni. Quand on le fixe sous terre, il est préférable en général de faire à cet effet une chambre en briques de 1^m,15 carré à peu près, dont le sol est à 30, 33 ou 35 centimètres (proportionnellement à la taille du séparateur que l'on emploie), au-dessous de la partie inférieure du tuyau qui est à l'entrée. Lorsque l'on veut enlever l'entonnoir pour faire le lavage occasionnel, le mieux est de couvrir la petite chambre avec un couvercle à charnière assujetti dans un cadre de bois.

Mettre en communication la sortie du haut avec l'eau pure du réservoir et la sortie du bas avec le tuyau d'eau sale ou le trop-plein.

Réglage. — Un appareil moyen est suffisant pour recueillir l'eau d'une surface de toiture variant entre 70 et 120 mètres carrés. Une petite glissière permet de le régler proportionnellement à la surface considérée. Elle sera arrêtée au minimum d'ouverture pour une petite surface, au maximum pour une grande ou dans une position intermédiaire, suivant le cas.

Une ouverture est percée dans une plaquette mobile en cuivre. Trois de ces plaquettes sont fixées au couvercle de

chaque appareil et portent les n⁰ˢ 1, 1 1/2 et 2. Elles sont
construites pour laisser passer respectivement 2, 3 et 4 litres
de pluie pour laver chaque 10 mètres de toit avant que l'eau
aille dans le réservoir de réserve. Le n° 1 peut être employé
à la campagne et le n° 2 convient pour les toits des villes,
généralement plus sales.

Lavage du séparateur. — Le séparateur devra être lavé oc-
casionnellement pour empêcher l'accumulation de la saleté
dans les trous. A la campagne, il est bon de faire le lavage
au moins deux fois par an, et plus souvent en ville. Après
avoir nettoyé la surface du filtre de la tête, il importe de
le retirer et de laver soigneusement. Veiller à ce que les
trous des organes de réglage soient bien propres.

Il convient d'observer rigoureusement, au montage de cet
appareil, les prescriptions que nous venons de rapporter ; le
fonctionnement de ce séparateur est parfait, si le réglage a
été convenablement effectué.

Cet appareil est maintenant tombé dans le domaine public,
de sorte que n'importe quel ouvrier zingueur un peu habile
peut le construire d'après ces données.

Il serait illusoire d'escompter une purification même satisfaisante des eaux par ces deux procédés. L'action de ces séparateurs est nécessairement limitée ; ils constituent cependant des organes de préservation des citernes qu'il ne faut
pas méconnaître et préparent, dans d'excellentes conditions,
les eaux pluviales à une filtration efficace.

IV. — PROCÉDÉS CHIMIQUES D'ÉPURATION DES EAUX

Les procédés qui caractérisent ce groupe sont basés sur
l'emploi de substances chimiques agissant sur les impuretés
de l'eau de deux façons différentes :

Dans un premier cas, elles tuent les microbes et ne sont
par conséquent douées que d'un pouvoir bactéricide n'exerçant aucune action sur les substances inertes.

Dans un second cas, elles agissent à la façon des filtres
par une action séparative ; elles précipitent à la fois les
substances organisées vivantes, les substances organiques
et les matières inorganiques.

Dans la plupart des circonstances, les procédés agissant

de cette façon sont soumis à une filtration consécutive; nous les retrouverons à ce titre dans le quatrième groupe, celui des procédés mixtes.

Les procédés chimiques peuvent encore se répartir, suivant leur affectation, en deux groupes :

1º Procédés destinés à l'épuration des eaux à domicile.

2º Procédés destinés à l'épuration en grand.

1º Épuration chimique des eaux à domicile.

Aux procédés de cet ordre se rattachent un certain nombre de recettes plus ou moins éprouvées et aussi quelques préjugés trop répandus.

Nous signalons ces recettes, les unes pour mémoire, les autres pour mettre en garde contre les dangers qui peuvent résulter de leur pratique.

Emploi de l'acide citrique. — D'après le Dr Riegel, l'acide citrique constitue un produit excellent pour stériliser l'eau. Une solution, contenant 0,6 pour 100 de ce corps et environ 5 pour 100 de sucre de canne, tue en moins de quinze minutes le vibrion cholérique et en vingt-quatre heures le bacille du typhus.

Suivant le même expérimentateur, l'action de la lumière solaire augmenterait très sensiblement l'action bactéricide de la solution; les germes du choléra périraient alors en cinq minutes, ceux du typhus en une heure et demie.

Le Dr de Christmas préconise aussi l'emploi de l'acide citrique pour la purification des eaux de boisson. Voici le résultat des expériences effectuées en 1892 par le Dr de Christmas à l'Institut Pasteur :

« Mélangé à des cultures de choléra, cet acide paralyse, à la dose de 4 pour 10 000, le développement du microbe; à 8 pour 10 000 il l'arrête tout à fait. Pour le bacille de la fièvre typhoïde, il suffirait de doses encore plus faibles. »

Il résulte de ces données expérimentales qu'on obtiendrait une eau à peu près complètement stérilisée en faisant dissoudre 10 grammes d'acide citrique dans 10 litres d'eau mise à part dans un réservoir bien propre et à l'abri de l'air. Le litre d'eau stérilisée reviendrait environ à cinq centimes.

On ne possède malheureusement aucune donnée statistique susceptible de fixer sur la valeur pratique de ce mode de stérilisation à la fois simple et économique.

L'emploi de l'acide citrique étant sans danger pour l'organisme, on pourrait en période d'épidémie ou dans les régions, ne disposant que d'une eau de qualité douteuse ou même mauvaise, ajouter l'acide citrique à l'*eau bouillie*. La saveur acidulée et agréable de la préparation masquerait avantageusement le goût fade de l'eau portée à l'ébullition.

Vertus microbicides des boissons alcooliques et fermentées. — Une croyance, malheureusement trop répandue dans toutes les classes de la société, attribue des propriétés microbicides aux boissons alcooliques et fermentées.

C'est là un préjugé absurde et dangereux ; absurde parce qu'il s'oppose — comme tous les préjugés — à la recherche et à la pratique d'une solution efficace, dangereux parce qu'il offre un prétexte à l'intempérance et contribue de ce fait au développement d'un mal social pire que la plus cruelle épidémie, l'alcoolisme chronique dont se meurent des provinces, des races entières.

On a prétendu que le vin tuait les microbes et que pour purifier l'eau il suffisait d'y ajouter le jus fermenté du raisin. Est-il exact que le vin jouisse de vertus microbicides ? Il semble en effet résulter d'expériences effectuées à ce sujet que certaines espèces pathogènes sont détruites par le vin après un certain temps de contact.

Ce n'est pas à l'alcool du vin qu'il faudrait d'ailleurs attribuer ces propriétés bactéricides, mais aux divers acides qui lui forment cortège.

L'alcool concentré est certes un antiseptique éprouvé ; il est, en maintes circonstances, employé pur ou associé à d'autres antiseptiques comme le camphre, l'iode, etc. Dilué, son efficacité devient très contestable ; il semble plutôt qu'il agisse comme stupéfiant et que son action à l'égard des microbes soit simplement paralysante.

Les acides renfermés dans les boissons fermentées comme le vin, le cidre, la bière, etc. (acides tannique, malique, gallique, citrique, succinique, etc.) constituent des antiseptiques infiniment plus énergiques, et c'est, on peut dire, exclusivement à leur présence que ces boissons doivent leur pouvoir destructeur à l'égard de quelques espèces microbiennes.

En tout cas, ces boissons sont de mauvais agents de purification des eaux et il ne viendrait à la pensée d'aucun hygié-

niste de prescrire un antiseptique d'une efficacité aussi relative.

On évite l'emploi de substances chimiques sous prétexte
que la persistance de traces de réactifs dans l'eau purifiée
peut être nuisible à l'organisme ; nous ajouterons que l'usage
des boissons alcooliques, quelles qu'elles soient, se trouve
exactement dans ces conditions. Si la javellisation est à ce
titre un procédé suspect, l'alcoolisation des eaux est également un procédé suspect ; si l'on prohibe l'un, il faut prohiber
l'autre.

L'hygiéniste ne lutte pas seulement contre les épidémies,
il lutte aussi contre l'alcoolisme ; il n'ignore pas, d'autre part,
que le microbe ne triomphe que s'il s'implante sur un terrain préparé, propice à son développement, c'est-à-dire sur
un terrain dépossédé de son pouvoir de réaction. Or l'alcoolisme est précisément un agent de désorganisation physiologique ; il épuise l'organisme dans une lutte continuelle
contre ses propres ravages ; il annihile les moyens de défense
naturels du corps humain contre les germes infectieux.
L'alcool est l'adversaire perfide et sournois ; il pénètre dans
la place par un véritable talent de séduction que favorise
notre faiblesse ; il accomplit alors lentement son œuvre de
dévastation. Il surmène d'abord les défenseurs de la cité par
d'incessantes alertes ; il les affaiblit, chaque jour davantage,
par son action paralysante ; bientôt l'organisme offre cet
aspect d'une ville assiégée, apeurée et livrée aux violences
de l'ennemi par une garde paralysée ou endormie. C'est un
fait reconnu et proclamé que l'alcoolisme est le plus puissant
auxiliaire des manifestations épidémiques. Ce serait donc
pratiquer la prophylaxie à rebours que d'entretenir l'alcoolisme pour détruire les microbes. Les microbes sont en fait
moins dangereux, car ils n'attaquent guère les organismes
résistants ; si l'homme sain n'a pas à redouter la violation
de ses organes par les myriades d'infiniment petits qui l'environnent, l'homme débile peut en redouter un seul.

Un dicton populaire, plein de bon sens, nous apprend que
Gribouille se jette à la rivière pour n'être point mouillé par
l'averse ; le trait est saisissant et nos raisons ne sont pas
toujours plus judicieuses que celles de Gribouille.

Il convient de remarquer, d'autre part, que ceux qui pra-
tiquent cette prophylaxie déplorable ne songent pas à laver
leurs salades ou les ustensiles de cuisine avec l'eau additionnée de vin.

Or on sait que la propagation des épidémies s'effectue fréquemment par les légumes crus ou par des liquides comme le lait ayant été renfermés dans des vases lavés avec de l'eau contaminée.

On comprend donc le danger qui se rattache à l'adoption de ces demi-mesures qui, si elles étaient efficaces par elles-mêmes, ne demeureraient pas moins insuffisantes pour conjurer le danger que l'on croit éviter.

Jamais les statistiques n'ont montré que les pays dans lesquels la consommation du vin est plus élevée jouissent de l'immunité vis-à-vis des maladies infectieuses.

L'Yonne, pays viticole, n'eut-il pas ses épidémies typhiques? Cherbourg, dont nous avons parlé au sujet de sa morbidité typhique élevée, n'est pas viticole; c'est néanmoins une ville où la consommation des boissons alcooliques est fort élevée.

Dans beaucoup de pays on boit le vin, ou le cidre, ou la bière, parce que l'eau est trop mauvaise.

Un grand nombre de personnes pensent être à l'abri d'une infection microbienne d'origine hydrique parce qu'elles « tuent le microbe de l'eau » avec le vin qu'elles y ajoutent. Nous prétendons non seulement que la mesure est parfaitement illusoire et ne confère nullement l'immunité, mais qu'elle constitue encore un réel danger par l'illusion de sécurité qu'elle apporte.

Nous ajouterons, pour terminer, qu'un grand nombre de compagnies d'assurances sur la vie, reconnaissant une plus grande résistance à la maladie chez les individus qui s'abstiennent de toutes boissons alcooliques ou fermentées, consentent des réductions sensibles sur les primes d'assurances aux abstinents.

Emploi des halogènes et des sels haloïdes. — On appelle en chimie *halogènes* les corps qui entrent dans la première famille des métalloïdes; ils comprennent : le fluor, le chlore, le brome et l'iode.

On nomme par suite *sels haloïdes* les corps qui résultent de l'action d'un acide halogène sur une base.

Les halogènes et les sels haloïdes jouissent d'un pouvoir bactéricide très énergique et leur emploi a été vivement préconisé en vue de la purification des eaux potables.

Fluor. — Il est employé à l'état de fluorure d'argent. Ce corps répond à la formule chimique AgF; c'est un composé binaire formé par l'union directe du fluor avec l'argent. En solution, à la dose de 1/500 000°, il réduit à néant, paraît-il, la population microbienne d'une eau ; il présente en outre l'avantage de préserver l'eau exposée à l'air de toute infection et cela plusieurs mois après son traitement.

La purification de l'eau exige un contact intime de la solution fluorée et de l'eau d'une demi-heure au minimum.

Ce procédé peut être très énergique et certainement inoffensif à la dose indiquée ; néanmoins nous n'en conseillons l'emploi qu'aux personnes suffisamment familiarisées avec les manipulations des produits chimiques.

Ce peut être un palliatif employé, comme la javellisation, dans des circonstances exceptionnelles et pour des raisons d'urgence.

Nous préférons ne pas le voir appliqué pour l'épuration domestique.

Chlore. — Cet halogène peut être employé :

1° A l'état pur, c'est-à-dire gazeux ;

2° A l'état de sel haloïde ; dans ce cas le chlore actif est combiné à l'oxygène dans le rapport de 1 à 1 (acide hypochloreux, $ClOH$) ou dans celui de 1 à 2 (acide chloreux, ClO_2H).

En réalité ces deux derniers états du chlore combiné se trouvent dans le commerce sous la forme d'hypochlorite de potassium ou eau de javelle. C'est une dissolution renfermant de l'hypochlorite de potassium et du chlorure de potassium et répondant à la formule

$$KCl \quad + \quad ClOK \quad + \quad H_2O$$

Chlorure de potassium. — Hypochlorite de potassium. — Eau.

Sous la forme de chlorure de chaux ($CaOCl_2$), il se présente sous l'aspect d'une poudre blanche désignée vulgairement, et improprement du reste, sous le nom de chlore.

Ces deux combinaisons du chlore sont extrêmement sensibles à l'action des acides même faibles comme l'anhydride carbonique.

Ce gaz (CO_2) agissant sur le chlorure de chaux libère complètement le chlore.

La réaction est la suivante :

$$CaOCl_2 \quad + \quad CO_2 \quad = \quad CO_3Ca \quad + \quad 2Cl$$

Chlorure de chaux. — Anhydride carbonique. — Carbonate de chaux. — Chlore.

Agissant sur l'hypochlorite de potassium, le gaz carbonique, comme les acides faibles, dégage du gaz hypochloreux :

$$2\,ClOK \;+\; CO^2 \;=\; CO^3K^2 \;+\; Cl^2O$$

| Hypochlorite de potassium. | Anhydride carbonique. | Carbonate de potassium. | Acide hypochloreux. |

Le chlorure de chaux du commerce est en réalité un hypochlorite de calcium — ou plus exactement un mélange d'hypochlorite de calcium et de chlorure de calcium. La préparation est d'ailleurs basée sur la réaction suivante :

$$4\,Cl \;+\; 2\,CaO \;=\; (ClO)^2Ca \;+\; CaCl^2$$

| Chlore. | Chaux éteinte. | Hypochlorite de chaux. | Chlorure de chaux. |

Le chlore à l'état gazeux n'a été proposé que pour l'épuration de grandes masses d'eau. D'ailleurs l'emploi des composés chloreux est basé sur la décomposition des hypochlorites par les acides faibles que renferment ces eaux.

Emploi du chlorure de chaux. — Les Américains sont actuellement très partisans de l'épuration par l'hypochlorite de chaux ; un grand nombre de stations d'épuration des États-Unis et du Canada traitent les eaux filtrées sur le sable par ce désinfectant. La vogue a atteint un tel point, qu'une circulaire du 25 novembre 1910 de l'Inspecteur du Conseil d'hygiène de la province d'Ontario préconise l'épuration à domicile par l'hypochlorite de chaux.

Nous reproduisons à titre documentaire les prescriptions de cette circulaire :

« Dissoudre une cuillerée de chlorure de chaux dans une tasse à thé pleine d'eau. Diluer cette solution avec le volume de trois tasses à thé et ajouter une cuillerée à café de cette dilution par 10 litres d'eau de boisson. »

La proportion de chlore libre s'élève ainsi à 4 ou 5 parties pour *un million* de parties d'eau.

D'après cette même circulaire, les espèces typhiques, coliformes et dysentériques sont détruites ; l'eau de la baie de Toronto, artificiellement contaminée par plusieurs milliers de microbes, aurait été complètement stérilisée. Il ne resterait plus de traces de chlore dans l'eau peu de temps après le traitement.

Nous ne conseillons pas l'usage de ce procédé, en France

du moins, estimant que les recettes de cette nature ne sont que des palliatifs dont on peut se dispenser.

Emploi du chlorure de protoxyde de sodium. — M. E. Roquette a imaginé récemment une méthode de purification des eaux, basée sur l'action combinée de l'oxygène ozonisé et du composé chloré à l'état naissant.

L'auteur propose pour cela de faire agir simultanément sur l'eau le peranhydrosulfate de sodium, $S^2 O^9 Na^2$ et le chlorure de protoxyde de sodium, $Na^2 O^2 Cl$, en proportions respectives de 1/10 en moyenne.

Les doses nécessaires peuvent varier dans les limites de 1 partie pour 1 à 5 millions de parties d'eau.

Après le traitement chimique, les eaux épurées doivent être filtrées. La filtration préalable n'est pas nécessaire, le pouvoir bactéricide de la solution agissant sur les eaux chargées de matières solides en suspension.

Ce procédé n'est pas positivement destiné à l'épuration à domicile et s'appliquerait mieux à une épuration en grand; nous l'avons néanmoins mentionné ici parce qu'il nous paraît pouvoir être utilisé — en cas d'imprévu et d'urgence — à la purification de l'eau d'agglomérations restreintes (écoles, casernes, etc.).

Il serait bon cependant d'attendre les résultats d'expériences véritablement concluantes.

Emploi de l'iode. — L'iode est un halogène d'un usage très répandu en médecine et en chirurgie. C'est un antiseptique énergique et, de plus, éprouvé par une longue pratique : il attaque fortement les muqueuses mais n'agit que d'une manière très insuffisante sur les substances organiques solubles contenues dans les eaux. C'est pour cette raison que l'on préfère l'utiliser simultanément avec avec un permanganate qui complète son action destructive.

L'iode seul. — Employé seul, l'iode est ajouté à l'eau (1) dans la proportion de 5 centigrammes ou 75 milligrammes par litre. Un contact de 10 minutes est suffisant pour assurer une purification convenable. On élimine l'iode en excès par une petite quantité d'hyposulfite de soude; on décante ensuite et l'eau a repris ses qualités naturelles.

---

(1) L'iode est insoluble dans l'eau. Voir page 212 la manière d'opérer pour l'incorporer à l'eau.

L'iode à l'état naissant. — Lorsque l'iodate de sodium est attaqué par l'acide tartrique, l'iode se sépare à l'état naissant.

L'usage de cette réaction a été mise à la portée de la pratique courante par la fabrication de comprimés dosés d'iodate de sodium et d'iodure de potassium, d'hyposulfite de soude, d'acide tartrique.

On procède de la façon suivante :

On dissout dans une petite quantité d'eau à épurer un comprimé bleu (iodate de sodium et iodure de potassium) et un comprimé rouge (acide tartrique).

Lorsque la dissolution est complète, on verse la solution dans le reste de l'eau.

On agite, puis on laisse le stérilisant agir ; le liquide est alors coloré en jaune. On ajoute un comprimé d'hyposulfite de sodium correspondant à la dose de 11 centigr. 6; l'eau se décolore immédiatement et peut être consommée.

La réaction dégagée est la suivante : l'iodate de sodium attaqué par l'acide tartrique libère de l'iode à l'état naissant; l'iodure de potassium dissout, d'autre part, l'iode libéré et prolonge ainsi son action.

Ce procédé, qui présente l'inconvénient de nécessiter une opération qui fait passer l'eau par des teintes évidemment peu engageantes, peut cependant être recommandé, faute de mieux, aux personnes appelées à voyager dans des régions où l'eau doit être considérée comme suspecte.

Emploi du brome. — Le brome est également un halogène; il se présente sous l'aspect d'un liquide rouge foncé, presque noir. Son odeur est forte, désagréable et provoque la toux ; il attaque fortement les muqueuses.

Le brome dégage à la température ordinaire des vapeurs dangereuses à respirer; ces vapeurs sont colorées en rouge orangé et ont pour densité 5,54. Un litre de vapeur de brome pèse donc 7 gr., 16 et un litre d'eau en dissout 30 grammes.

Les vapeurs de brome ont été parfois employées pour épurer l'eau des puits. On procède pour cela de la façon suivante : on suspend une assiette à l'orifice du puits et l'on verse avec précaution dans cette assiette 5 à 10 grammes de brome, selon le volume d'eau à purifier.

Les vapeurs se dégagent aussitôt et comme elles sont 5 fois 1/2 plus lourdes que l'air, elles débordent et tombent dans le puits. Elles se dissolvent dans l'eau et détruisent les germes qu'elle contient.

Il s'agit là d'un mode de désinfection des plus simples et peu coûteux, le brome chimiquement pur coûtant environ 15 francs le kilogramme, ce qui remet la dose de 10 grammes à 15 centimes.

L'opération demande de grandes précautions et il est préférable de lui substituer le procédé au permanganate, préconisé par le Service départemental de désinfection de la Gironde.

Emploi du bioxyde de manganèse. — *Filtre au manganèse.* — L'utilisation des propriétés purificatives du manganèse est due à M. Albert Schlumberger. Voici comment, en quels termes, l'auteur raconte sa découverte :

« Lorsque, en 1883, je fis les premiers essais de tissus teints ou imprimés au bioxyde de manganèse, j'avais observé que le contact, même à distance, de l'oxyde manganique était capable de retarder la décomposition de certaines substances organiques, à cause de la facilité avec laquelle l'oxyde manganique cède une partie de son oxygène, pour la répandre ensuite dans son milieu ambiant, après que l'attraction vers une substance avide d'oxygène a eu lieu. Partant de ce principe, j'ai eu l'idée d'enrober de bioxyde de manganèse des substances filtrantes poreuses, à la façon des tissus de coton teints au bistre, et de me servir de celles-ci pour remplir des colonnes au travers desquelles on ferait passer l'eau destinée aux boissons. »

Bougies manganésées. — La filtration manganique devait naturellement recevoir de multiples applications. C'est ainsi que des bougies filtrantes en porcelaines furent manganésées ; leur pouvoir épurateur fut, de ce fait, sensiblement élevé.

Charbon manganésé. — On est également parvenu à purifier des eaux renfermant jusqu'à 20 000 bactéries au centimètre cube, en les filtrant sur un mélange de charbon de bois granulé et manganésé. Des expériences entreprises à cet égard ont montré que le pouvoir purificateur du charbon s'était de ce fait augmenté d'un tiers.

Ces différents modes d'application de l'oxyde manganique paraissent avoir donné de bons résultats pour la filtration à domicile ; néanmoins, les résultats publiés se rapportent toujours à des expériences effectuées dans les meilleures conditions opératoires et fixant mal sur la valeur pratique des procédés. Seuls les enseignements qui se dégagent d'un usage continu dans des circonstances ordinaires sont véritablement instructifs; nous reviendrons d'ailleurs sur ce fait dans nos conclusions finales.

Emploi des permanganates. — La purification des eaux par les sels manganiques est encore préconisée par l'emploi des sels de manganèse peroxydé, résultant de la combinaison de l'acide permanganique MnO^4 avec une base qui peut être de la soude ou de la potasse, MnO^4Na ou MnO^4K.

L'emploi des permanganates a été surtout préconisé pour l'épuration des eaux de puits.

On sait, en effet, que l'eau des nappes phréatiques (c'est-à-dire des nappes superficielles qui alimentent le plus grand nombre des puits d'une région) est toujours plus ou moins polluée et qu'il y a danger à puiser à ces nappes l'eau de boisson ou de lavage à froid des légumes ou des récipients devant renfermer des substances alimentaires.

Les puits des niveaux profonds sont également susceptibles d'être pollués par des infiltrations venant de la surface ou de la nappe phréatique.

Les recettes suivantes peuvent être utilisées avec succès pour la purification de l'eau de ces puits.

Permanganate de potassium seul. — Le permanganate de potassium peut être employé seul pour la purification de l'eau contenue dans le réceptacle ou bassin de réception du puits.

On mélange à l'eau 20 grammes de permanganate par mètre cube d'eau, puis on jette ensuite dans le puits de la braise de boulanger afin de précipiter les matières en suspension détruites par le sel manganique.

Permanganate de soude et limaille de fer. — Une pincée de permanganate de soude et 200 grammes de limaille de fer pure exempte de traces de cuivre suffiront pour purifier 100 litres d'eau. Un précipité floconneux se forme et se dépose.

Le résultat de la réaction est le suivant : le permanganate précipite la chaux du bicarbonate soluble de l'eau, libère une partie de l'acide carbonique et oxyde les matières organiques.

La purification complète exige 15 heures.

Permanganate de potassium et sulfate d'alumine. — Ce procédé est préconisé par le Service de désinfection du département de la Gironde pour la purification des eaux de puits.

On utilise, à raison de 200 grammes par mètre cube d'eau à traiter, la poudre obtenue par le mélange intime de :

Permanganate de potassium....	25 grammes.
Sulfate d'aluminium	250 —
Kaolin lavé.................	725 —
TOTAL.......	1 000 grammes.

Au prix moyen de ces produits, le kilogramme du mélange revient à 55 ou 60 centimes.

On place dans un seau la dose nécessaire à l'épuration de l'eau contenue dans le puits, on immerge le seau et on brasse convenablement afin de bien mélanger la poudre. Quatre jours après cette opération, l'eau est clarifiée et peut être consommée.

Permanganate de potassium et thiosulfate de sodium. — Ce procédé, proposé par M. J. Laurent (1), est basé sur l'action du thiosulfate de soude en solution étendue sur le permanganate de potasse. Dans la réaction engendrée, ce dernier précipite à l'état de peroxyde de manganèse.

Les doses à employer par litre sont les suivantes :

30 milligrammes de permanganate de potassium.
60 — d'alun.

Laisser reposer 5 minutes et ajouter :

30 milligrammes de thiosulfate de soude cristallisé.
60 — de carbonate de soude.

Laisser reposer 10 minutes, puis filtrer sur la ouate.
L'effluent est inodore, incolore et sans saveur.
Si, après la période de repos de 5 minutes, l'eau n'a pas pris une teinte rosée, c'est que la dose de permanganate n'était pas suffisante; il convient alors d'en ajouter une nouvelle.

Permanganate de potassium et manganèse. — Ce procédé a pour point de départ les réactions que développe la mise en présence d'un sel de manganèse et d'un permanganate.

Il se forme alors un précipité d'oxyde de manganèse qui entraîne avec lui les matières en suspension ainsi que les microbes enveloppés d'une gaine de substances colloïdales. Ce procédé comporte, dans la pratique, l'emploi de deux réactifs livrés sous forme de poudre.

---

(1) *Journal de pharmacie et de chimie,* 1909. Vol. XXVIII, p. 390.

On mélange le premier réactif à l'eau brute, on agite vigoureusement la solution puis, après un repos de cinq minutes, on ajoute le second réactif. Un précipité brunâtre apparaît, formé dans les conditions indiquées précédemment. On laisse le précipité se déposer, puis on filtre l'eau épurée sur un tampon de ouate hydrophile.

Les exploitants de ce procédé construisent un dispositif dit « filtre de voyage », peu encombrant, et qui permet de réaliser le filtrage automatique de l'eau épurée.

Cet appareil (*fig.* 109 et 110) consiste en un siphon s'adaptant sur un récipient, une bouteille, par exemple; la petite branche du siphon est immergée dans l'eau du récipient, la grande branche se termine par un petit entonnoir en aluminium F garni d'un tampon d'ouate hydrophile O. Un dispositif, fort simple, permet l'amorçage du siphon; un robinet R règle le débit de l'appareil.

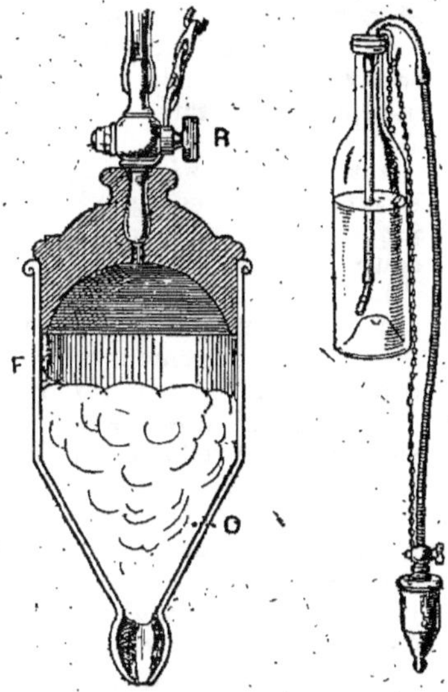

Fig. 109 et 110. — Filtre de voyage dit au permanganate de potassium et au manganèse (coupe et vue d'ensemble de l'appareil).

Les troupes coloniales font usage de ce « filtre de voyage » au Tonkin et dans l'Afrique occidentale notamment. Pour que ce procédé offre des garanties suffisantes, il est indispensable de renouveler le tampon de ouate chaque fois que l'on fait usage de l'appareil.

Efficacité de la purification par les permanganates. — La Station expérimentale de Lawrence, dont nous avons eu déjà l'occasion de parler au sujet de la recherche des lois de la filtration, a entrepris, en 1909, de déterminer la valeur exacte de la purification des eaux par l'emploi du permanganate.

Il résulte de ces essais que le traitement par ces réactifs n'assure jamais une stérilisation complète.

Une solution de 5 parties de réactif, pour un million de parties d'eau, élimine, après un contact variant de 4 à 6 heures, 98 pour 100 des germes.

Si l'on élève la dose de permanganate, la durée d'action se prolonge au delà de 6 heures, sans donner pour cela de meilleurs résultats.

Action simultanée des permanganates et des halogènes. — Les permangates agissent surtout sur les *matières organiques solubles;* leur action sur les *germes vivants* est beaucoup plus restreinte.

Les corps halogènes (fluor, chlore, brome, iode) exercent, par contre, une action diamétralement opposée.

On devait donc songer à associer, en vue d'une épuration complète, un permanganate et un halogène.

L'emploi simultané de ces deux corps présente en outre l'avantage de réduire sensiblement les doses tout en procurant des résultats beaucoup plus certains.

Permanganate de potassium et iode. — On utilise ainsi le permanganate de potasse associé à l'iode. Etant donné le prix assez élevé de l'iode, le procédé ne peut évidemment convenir qu'à une installation restreinte. On admet comme doses à employer pour traiter 1 litre d'eau :

        Permanganate de potassse..... 1 centigramme.
        Iode......................... 3 centigrammes.

1 gramme de permanganate et 3 grammes d'iode peuvent donc purifier 100 litres d'eau. Le permanganate vaut couramment en pharmacie 5 centimes le gramme et l'iode le même prix. Le prix de revient de l'épuration des 100 litres d'eau s'élève ainsi à 20 centimes.

L'iode est pratiquement insoluble dans l'eau, mais très soluble dans l'alcool. Pour l'incorporer à l'eau, il suffit donc de le solubiliser dans une petite quantité d'alcool à 90°, puis de l'ajouter à l'eau.

Lorsque les deux corps ont produit leur action, c'est-à-dire lorsque la matière organique soluble a été détruite par le permanganate et la matière organique vivante par l'iode, on détruit à leur tour ces produits en versant un peu d'hyposulfite de soude dans l'eau épurée qui ne conserve ainsi ni odeur, ni saveur; elle est également dépourvue de nocivité.

2° Épuration en grand par les procédés chimiques.

Les procédés chimiques, appliqués à l'épuration en grand, peuvent se répartir en deux groupes, suivant que les substances introduites dans l'eau brute sont douées de propriétés microbicides ou seulement d'un pouvoir coagulant.

Procédés basés sur l'emploi de substances antiseptiques.

Nous rappelons que les substances purifiant l'eau, en vertu de leurs propriétés bactéricides, sont dépourvues d'action vis-à-vis des autres impuretés de l'eau.

Seuls, les déchets d'origine organique sont susceptibles d'être détruits par ces substances chimiques.

L'application de ces procédés comporte donc toujours une clarification préalable de l'eau à épurer.

Emploi des halogènes et des sels haloïdes. — La purification chimique des grandes masses d'eau peut être également obtenue par l'emploi des halogènes ou de leurs sels.

Cependant la liste de ces corps proposés ou adoptés à cet effet est moins longue que celle destinée à l'épuration à domicile, en raison du prix élevé de certains des réactifs.

Le traitement « en grand » des eaux exige l'emploi d'un désinfectant ou d'un coagulant énergique livré par le commerce à des conditions telles qu'elles n'élèvent pas trop considérablement le prix de revient de l'eau épurée.

Parmi ceux-ci se placent en première ligne le chlore et certains sels de ses composés.

Chlore anhydre. — M. Darnall a proposé d'utiliser le chlore gazeux séché puis liquéfié dans les proportions suivantes :

0,5 partie pour 1 million de parties d'eau de rivière non limpide.

0,4 partie pour 1 million de parties d'eau limpide de lac.

L'action du chlore est mise en évidence par la réaction suivante :

$$2\,Cl + H^2O = 2\,HCl + O$$

Chlore.   Eau.   Acide.   Oxygène.
chlorhydrique.

Le chlore exercerait son action bactériologique, puis se combinerait avec l'hydrogène de l'eau pour donner de l'acide chlorydrique ; l'oxygène, mis en liberté, se porterait sur les matières organiques les plus oxydables et participerait ainsi à leur destruction.

Javellisation. — Cette dénomination est appliquée au traitement de l'eau par l'hypochlorite de potassium ou eau de Javel.

L'été de 1911 ayant été très sec, la portée des aqueducs alimentant Paris en eau de source baissa au point de devenir insuffisante. Pour remédier à la disette d'eau dont la capitale était menacée, le Service technique des eaux, après une étude ordonnée par le préfet de la Seine, distribua à la population parisienne de l'eau de la Marne filtrée et purifiée à l'hypochlorite.

Cette mesure, dictée par une situation imprévue, souleva un certain nombre de critiques relatives à la persistance du chlore dans l'eau épurée. Cette persistance aurait présenté le double inconvénient de communiquer une saveur désagréable à l'eau et de former avec le plomb des canalisations du chlorure de plomb nocif.

On craignait, en outre, que l'eau purifiée par la javellisation ne renfermât des traces sensibles d'arsenic, ce corps entrant dans la composition des matières premières employées pour la préparation de l'hypochlorite.

M. Colmet-Daage, chef de service des Eaux et de l'Assainissement, fit justice de ces critiques dans la séance du Conseil municipal du 23 décembre 1911.

Il résulte des déclarations de cet éminent ingénieur que la javellisation des eaux distribuées à Paris avait été entourée des plus grandes précautions.

Le dosage de l'hypochlorite a été rigoureusement surveillé et les analyses effectuées sous la direction de M. Dienert ont montré que les eaux distribuées ne contenaient ni trace de chlore, ni coli-bacille.

La ville de Givet a de son côté expérimenté, mais sans succès, la javellisation. A la suite d'une épidémie de fièvre typhoïde qui avait motivé l'évacuation de Givet par la garnison, la municipalité avait décidé de purifier les eaux d'alimentation par l'hypochlorite.

La Commission de surveillance des eaux de l'armée, consultée, s'est à l'unanimité prononcée contre la javellisation, pour des raisons que nous avons indiquées plus haut. Cette Commission prescrivait l'ébullition de l'eau destinée à l'alimentation des soldats lorsque celle-ci était soumise au procédé de javellisation, tel qu'il est pratiqué à Givet.

Dans la même communication au Conseil municipal de Paris, M. Colmet-Daage explique la dissemblance des résultats obtenus à Paris et à Givet (1) : « Mais je dois faire remarquer, dit-il, qu'à Givet la javellisation était défectueuse, et que l'on versait de l'eau de Javel sans aucun dosage.

« Les eaux distribuées à Givet n'étaient pas soumises à un contrôle aussi minutieux (que les eaux distribuées à Paris) et l'on constatait à l'analyse, parfois l'absence du coli-bacille, parfois, au contraire, sa présence en grande quantité.

« Cela tenait, je le répète, à ce fait que l'on ne dosait pas l'emploi de l'eau de Javel, ce qui est inadmissible.

« C'est pourquoi la Commission de l'armée n'a pas accepté ce que faisait Givet; encore M. Février, directeur du service de Santé, et M. Vincent, directeur du Val-de-Grâce, ont reconnu que les eaux distribuées cet été (été 1911) à Paris n'avaient eu aucun inconvénient pour la santé de la garnison de Paris. »

On peut, en définitive, considérer la javellisation des eaux d'alimentation comme un procédé d'épuration actif, susceptible de rendre des services dans des circonstances analogues à celles qui ont déterminé son utilisation pour les eaux de Paris en 1911. Son emploi exige les plus grandes précautions; le dosage de l'hypochlorite doit être effectué avec le plus grand soin et les eaux épurées rigoureusement surveillées avant leur distribution.

En matière d'épuration des eaux d'alimentation, ce procédé doit être considéré non comme une solution définitive, mais comme un palliatif destiné à répondre à une nécessité immédiate, à remédier à un état de choses qui ne comporte aucun délai.

Les municipalités qui ne sont pas organisées pour observer les prescriptions indispensables feront sagement en s'abstenant de recourir à la javellisation.

Hypochlorite de chaux (chlorure de chaux). — Nous avons dit déjà que les Américains avaient étendu le traitement par le chlorure de chaux à un grand nombre de stations d'épuration des États-Unis et prétendaient avoir obtenu de bons résultats par ce procédé.

Dans la *Technique sanitaire* du mois d'août 1909, M. Mason publie les résultats qu'il a obtenus en traitant une eau

____

(1) *Bulletin municipal officiel,* séance du 23 décembre 1911.

de lac très polluée par des doses croissantes de chlorure de chaux.

Le tableau suivant résume ces résultats :

Doses de chlorure de chaux par litre.....	0 gr.	0,51	0,85	1,70	2,12	4,25	8,5
Bactéries par centimètre cube,.........	102 900	410	320	175	100	95	45

Les eaux traitées étaient ensemencées sur les bouillons de culture après trois heures de repos dans l'obscurité.

L'auteur conclut que ce procédé d'épuration pourrait utilement compléter le filtrage. La cité d'Evanston, sur le lac Michigan, paraît avoir obtenu de bons résultats par le traitement des eaux du lac à l'hypochlorite de chaux.

L'épuration débuta avec 13 centigrammes de chlore actif par litre d'eau ; on passa ensuite à 1 gramme ; la dose fut définitivement fixée à 5 décigrammes à la suite des protestations de la population qui se plaignait du mauvais goût et de l'odeur de l'eau, ainsi que de son action irritante sur la peau.

La question des doses à employer présente donc une très grande importance dans l'application pratique. Au point de vue des résultats bactériologiques, la dose nécessaire à une épuration satisfaisante est fixée par la nature même de l'eau à épurer.

Au point de vue de la consommation, la teneur en chlore actif est assujettie à la persistance des produits chlorés dans l'eau épurée, aux caractères organoleptiques qu'ils lui communiquent, enfin à l'action du chlore sur l'organisme.

L'exemple de la cité d'Evanston que nous venons de rappeler est tout à fait significatif à cet égard ; il montre, en outre, l'extrême difficulté que présente la fixation, dans des conditions déterminées, de la dose optimum, c'est-à-dire celle qui convient à une purification satisfaisante tout en assurant une complète innocuité de l'eau traitée.

Hypochlorite de chaux et bisulfate de soude. — Ce mode d'épuration constitue une variante au procédé classique ; il a été proposé en 1912 pour la stérilisation des eaux en grand.

Il consiste à additionner l'eau brute d'une solution de bisulfate de sodium à laquelle on ajoute de l'eau oxygénée concentrée, puis de l'hypochlorite de chaux.

La production de composés peroxydés du chlore et la mise en liberté d'une certaine quantité d'ozone doivent assurer la destruction des germes renfermés dans l'eau.

Élimination des traces de chlore après traitement. — D'après M. Thresch, le meilleur procédé parmi tous ceux qui ont été essayés serait encore le simple filtrage, consécutif au traitement sur un lit formé de copeaux de fer.

Le chlore en excès serait ainsi retenu à l'état de chlorure de fer.

Valeur de la purification par les réactifs chlorés. — M. A. Jennings (1), se basant sur les renseignements bactériologiques émanant d'un grand nombre de stations américaines de désinfection des eaux d'alimentation publique par l'hypochlorite de chaux, accorde à ce traitement une grande efficacité. Celui-ci réduit dans de notables proportions la teneur bactérienne et élimine pratiquement toujours le bactérium-coli.

D'autre part, M. S.-N. Hill (2) ne semble pas partager l'opinion de M. Jennings et montrait, avant la publication des conclusions de ce dernier, que si certaines variétés de germes sont très sensibles aux effets du chlore, d'autres au contraire, comme les bactéries formant des spores, sont extrêmement résistantes.

La teneur en matières organiques a également une grande importance ; on a constaté que l'effluent d'un filtre contenait plus de germes que l'effluent du stérilisateur précédant ce filtre.

Les germes n'ont pas été touchés dans le stérilisateur, étant protégés par leur enveloppe de matières organiques.

Des essais effectués sur les eaux du Mississipi avec des doses fortes de 5 parties de chlore utile pour 1 million de parties d'eau donnaient après 30 minutes de contact 80 bactéries au centimètre cube et 70.000 bactéries après 73 heures.

D'autre part, la forte proportion de chlore donne mauvais goût et mauvaise odeur à l'eau (3).

Si l'épuration par le chlorure de chaux fait au delà de l'Atlantique l'objet d'un véritable engouement, en Allemagne par contre, on se montre en général désappointé quant à son efficacité.

Nous n'aborderons pas le débat ouvert entre partisans et non-partisans de l'épuration par le chlorure de chaux, nous

---

(1). *Engennering News,* 12 décembre 1912.

(2). *Engennering Record,* 1911, p. 491.

(3). Nous reproduisons cette opinion d'après la traduction parue dans le *Bulletin mensuel de l'Office international d'hygiène publique.*

contentant des conclusions que nous avons émises au sujet de la javellisation.

D'ailleurs, la simple divergence de vues qui motive ce débat suffit à justifier les réserves que nous avons formulées.

Emploi simultané d'un permanganate et d'un haloïde. — Comme suite à l'épuration par l'emploi d'un halogène (le chlore), nous retrouvons proposé pour le traitement des grandes masses d'eau le permanganate de potassium associé à un haloïde.

Permanganate de potassium et hyperchlorate alcalin. — L'emploi simultané de l'iode et du permanganate de potasse est peu coûteux lorsque le procédé est appliqué à un volume d'eau restreint (20 centimes pour 100 litres); il devient inabordable pour l'épuration en grand, le mètre cube revenant au prix de détail à 2 francs.

On préfère alors employer le permanganate de potasse valant au prix de gros environ 185 francs les 100 kilos et un hypophosphate alcalin revenant à 15 ou 20 francs le kilo (perchlorate de potasse).

Le permanganate est employé à la dose de 1 centigramme par litre.

L'hyperchlorate est employé à raison de 2 milligrammes de chlore par litre.

Le prix de revient du mètre cube d'eau stérilisée doit osciller autour de 20 centimes.

Ce procédé de purification combine l'action du permanganate et celle du chlore. Ces corps sont ensuite détruits par addition d'une petite quantité de sulfate ferreux.

D'après Bisserié, le précipité d'oxyde qui résulte de la destruction du permanganate et de l'oxydation du sulfate ferreux provoque une sorte de collage des matières en suspension; après dépôt, l'eau est parfaitement clarifiée.

Procédés basés sur l'emploi de l'ozone.

On définit, en chimie, l'ozone en disant qu'il constitue une modification allotropique, c'est-à-dire une autre manière d'être de l'oxygène. Ce corps est en d'autres termes de l'oxygène électrisé et condensé. Sa densité est égale à 1 fois 1/2 celle de l'oxygène ordinaire.

La molécule d'oxygène répond à la formule O^2; celle d'ozone répond à la formule O^3. La molécule d'oxygène renferme

2 atomes de ce corps tandis que la molécule d'ozone en renferme 3 : c'est donc bien de l'oxygène condensé.

La couleur de l'ozone est bleue; c'est à sa présence dans l'atmosphère qu'il convient d'attribuer la coloration bleue du ciel. Les gaz dégagés de l'eau forte de Bagnores du Monte Amiala renferment $0^{cm3},0064$ d'ozone par litre (*La Nature*).

Son odeur est désagréable et rappelle celle du poisson. Il se liquéfie plus facilement que l'oxygène ordinaire. Il se transforme en oxygène sous l'action de la chaleur; à 200° cette transformation est complète.

Les propriétés oxydantes de l'ozone sont beaucoup plus actives que celles de l'oxygène. Tandis que ce dernier gaz demeure sans action à la température ordinaire sur le fer, le zinc, le mercure, l'argent, l'ozone les oxyde à froid. Toutes les matières organiques sont attaquées; il blanchit toutes les matières colorées.

Il décompose l'iodure de potassium et met l'iode en liberté. C'est sur cette dernière propriété qu'est basée la préparation du papier ozonoscopique, réactif d'une grande sensibilité permettant de reconnaître les traces d'ozone même faibles contenues dans une masse gazeuse étudiée.

On avait remarqué depuis longtemps déjà que l'atmosphère prenait une odeur particulière au voisinage des machines électriques en mouvement. On avait de même remarqué la production de cette odeur spéciale pendant les orages quelque peu violents.

C'est Berthelot qui le premier prépara ce gaz en soumettant l'oxygène à l'action d'une effluve électrique, c'est-à-dire à l'action d'une décharge électrique sans étincelle, par conséquent sans production de chaleur.

Les remarquables propriétés oxydantes de l'ozone ont, dès leur découverte, attiré l'attention des physiciens et des hygiénistes qui voyaient en lui un agent énergique de stérilisation et de désinfection.

Cependant si les expériences de laboratoire effectuées dans ce but confirmèrent ces espérances, de réelles difficultés surgirent lorsqu'il fallut produire de l'ozone en quantité suffisante pour satisfaire aux exigences d'une application industrielle.

A l'heure actuelle, grâce aux progrès de l'électrotechnie, il existe plusieurs dispositifs dont le rendement relativement élevé suffit à alimenter des installations à grand débit.

L'ozone se produit, dans les divers procédés que nous allons examiner, dans un appareil appelé « ozoneur » et composé de deux électrodes pouvant être recouvertes par une substance isolante comme le verre.

Entre les deux électrodes est réservé un espace libre dans lequel doit jaillir l'effluve sous l'action d'un courant électrique à haute tension.

L'ozone se décomposant, ainsi que nous l'avons dit, en oxygène sous l'effet d'une élévation de température, il convient d'éviter toute production de chaleur; nous rencontrerons donc dans les différents ozoneurs un dispositif destiné à maintenir une température basse aux électrodes.

Il importe, d'autre part, que l'air soumis à l'ozonisation soit préalablement desséché afin d'éviter la constitution de composés nitrés et pour ne pas s'opposer à un isolement convenable des divers organes électriques de l'appareil.

En définitive, une installation d'ozonisation des eaux comportera donc essentiellement : un *ozoneur*, un *dessicateur d'air*, un *organe de mélange* de l'air ozoné avec l'eau à stériliser.

En d'autres termes, l'installation réalisera deux séries d'opérations :

Une première destinée à produire l'air ozoné;

Une seconde ayant pour objet la mise en contact de l'air ozoné avec l'eau, c'est-à-dire la stérilisation proprement dite.

C'est sur ce plan que nous envisagerons chaque procédé de purification des eaux par l'ozone.

D'autre part, et comme nous l'avons indiqué à plusieurs reprises, l'ozonisation nécessite une clarification préalable de l'eau brute; nous aurons en conséquence à décrire brièvement, pour chaque procédé, un organe préparant l'eau en vue d'une efficacité maximum de l'ozonisation.

Premier procédé. — *Clarification*. — La clarification, d'ordre chimique, est obtenue ici au moyen d'un coagulant qui est le sulfate d'alumine; elle est complétée par un filtrage sur le sable.

Le filtre à coagulant est constitué par un cylindre en tôle se terminant à sa base par une sorte d'entonnoir fermé au moyen d'une vanne de purge servant à extraire périodiquement les boues qui se sont accumulées. Dans l'axe de l'appareil se trouve un large tuyau évasé à sa base et à la partie supérieure duquel l'eau brute s'écoule et se mélange avec une solution de coagulant. Toute l'eau brute ne se déverse pas directement dans ce tuyau; une fraction bien déterminée est d'abord dirigée dans un récipient qui bascule et, dès qu'il est plein, actionne un mélangeur automatique déversant un volume fixé d'une solution de sulfate d'alumine.

L'eau ainsi mélangée avec le réactif est amenée, par le conduit axial, au fond du filtre; elle remonte assez lentement dans l'espace annulaire et passe ensuite sur le filtre proprement dit.

Le filtre comporte deux organes : un décanteur et un filtre à sable. Le décanteur est un récipient en ciment armé affectant la forme d'un pain de sucre renversé; il est muni à la partie inférieure d'une vanne de purge.

L'eau qui arrive du filtre à coagulant gagne le fond du décanteur, puis remonte avec une vitesse décroissante en raison même de la forme du récipient. Le précipité et les impuretés de toute nature qu'il entraîne, se déposent au fond du décanteur. L'eau passe ensuite dans le filtre à sable.

Ce filtre est muni d'un dispositif spécial destiné au nettoyage de la couche de sable et évitant le colmatage.

Ozonisation. — La marche de l'opération est des plus simples : l'eau sortant du filtre à sable pénètre dans une colonne de 9 mètres de hauteur, dite « colonne de stérilisation ».

L'arrivée de l'eau et celle de l'air ozonisé se font à la base même de cette colonne. La pression est de deux atmosphères environ à la base de la colonne. Cette pression facilite, bien entendu, l'incorporation de l'ozone dans l'eau; le mélange intime est encore complété par une circulation plus ou moins active du liquide au travers de quatre disques de celluloïd percés de trous de sept dixièmes de millimètre.

L'eau reste en contact avec l'air ozonisé dans la colonne environ cinq minutes; elle en sort ensuite purifiée par une conduite latérale qui la mène dans un bassin de déversement.

D'autre part, l'air parvient à la partie supérieure de la colonne de stérilisation avec une teneur en ozone qui peut atteindre la moitié de la teneur initiale; il y a donc lieu de récupérer cet air. Il est dirigé à cet effet sur le dessicateur, passe à nouveau dans l'ozoneur, puis est comprimé et chassé dans la colonne de stérilisation.

Ozoneur. — La figure 111 montre la disposition schématique de l'ozoneur employé dans ce procédé.

Le courant électrique est fourni par un alternateur construit spécialement pour cet usage. Un transformateur élève la tension du courant à la valeur utile, soit de 7 000 à 10 000 volts. Une des bornes du transformateur est relié par le conducteur H aux électrodes d'aluminium; l'autre conducteur H' est relié à la boîte de fonte de l'ozoneur et par conductibilité à l'eau qui constitue l'électrode extérieure.

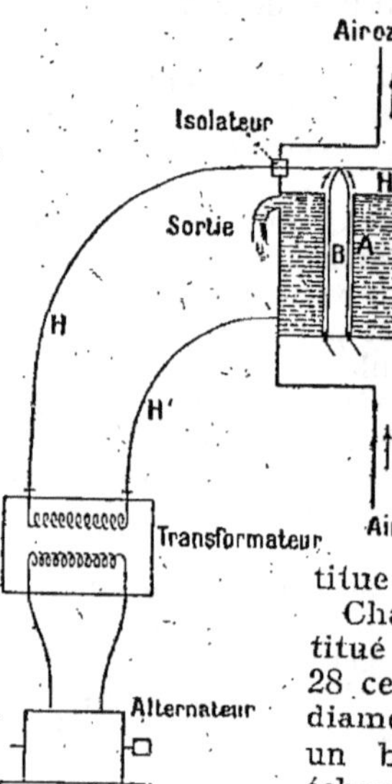

Fig. 111. — Coupe schématique d'un ozoneur au procédé au sulfate d'alumine.

Chaque élément de l'ozoneur est constitué par un tube de verre A mesurant 28 centimètres de long et 4 cent. 6 de diamètre, plongé extérieurement dans un bain d'eau afin d'empêcher tout échauffement et qui constitue en même temps l'électrode extérieure. L'autre électrode est constituée par un cylindre d'aluminium B, placé à l'intérieur du tube de verre. Entre le verre et l'aluminium, il reste un espace annulaire de $0^{mm},7$ d'épaisseur, dans lequel jaillira l'effluve et où circulera l'air. Huit éléments ainsi constitués sont placés dans le même bain d'eau contenu dans une caisse de fonte; l'eau constitue, pour tous les éléments, l'armature externe; les cylindres d'aluminium sont, d'autre part, tous reliés ensemble et isolés de l'eau.

L'air provenant de la partie supérieure de la colonne de stérilisation traverse le dessicateur et arrive par le tube T à la partie inférieure de l'ozoneur. Il se divise alors entre les huit éléments, où il se charge d'ozone, et se réunit à la partie supérieure de l'ozoneur. L'air ozoné ainsi produit s'échappe par le tube T' (1).

La dessication de l'air est effectuée au moyen d'un dessicateur à chlorure de calcium.

La température est maintenue basse au voisinage des électrodes par une faible circulation d'eau.

Nous examinerons la valeur de ce procédé à la fin du chapitre.

Deuxième procédé. — *Clarification.* — La clarification de l'eau est effectuée au travers de dégrossisseurs et de préfiltres.

Nous avons décrit le fonctionnement de ce clarificateur comme variante de la filtration sur sable submergé avec dégrossissage et préfiltration préalable; nous n'y reviendrons pas.

Ozonisation. — L'eau clarifiée sortant des préfiltres est refoulée par l'intermédiaire d'une pompe dans un compteur, puis de là dans l'appareil qui doit assurer son mélange intime avec l'air ozoné.

Ce mélange — par conséquent la stérilisation — commence dans un dispositif appelé émulseur et s'achève dans l'organe qui lui fait immédiatement suite : la colonne de self-contact.

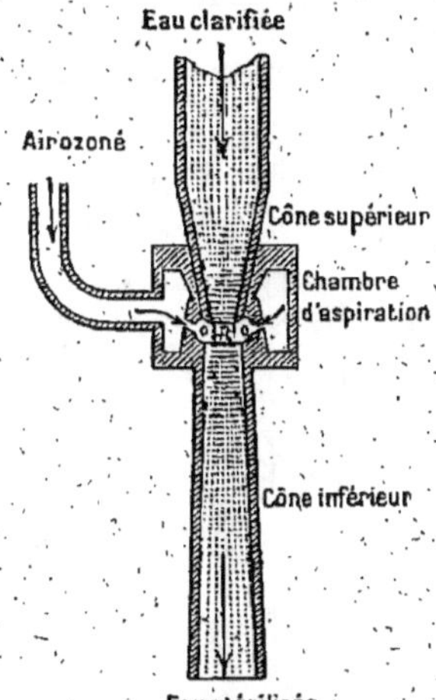

Fig. 112. — Coupe schématique d'un émulseur.

Emulseur. — Cet appareil rappelle l'aspirateur connu dans les laboratoires sous le nom de « trompe à eau ».

Un émulseur (*fig.* 112) est essentiellement constitué par deux cônes opposés par leur sommet et disposés dans une chambre d'aspiration.

Le cône supérieur (convergent) présente une ouverture d'un diamètre un peu inférieur à celle du cône inférieur (divergent); il résulte de cette disposition une captation complète et accélérée de l'eau. Ces deux cônes sont séparés

---

(1) Cette description est extraite du rapport présenté au nom de la Commission extra-municipale de contrôle des essais d'épuration de l'eau du canal alimentant la ville de Marseille.

l'un de l'autre par un court espace permettant la mise en contact du circuit d'eau avec l'atmosphère ambiante contenue dans une chambre (chambre d'aspiration) hermétiquement close, dans laquelle débouche la conduite amenant l'air ozoné des générateurs d'ozone. La circulation rapide de l'eau clarifiée dans ce dispositif détermine une dépression sensible dans la chambre d'aspiration.

Cette dépression continuellement entretenue par le circuit d'eau tend constamment à être comblée par l'air ozoné; mais celui-ci est entraîné dans le cône divergent par le courant d'eau au fur et à mesure qu'il arrive à la chambre d'aspiration.

L'entraînement simultané de l'air ozoné et de l'eau détermine une véritable émulsion de ces deux corps.

En résumé, l'émulseur détermine le mélange de l'ozone avec l'eau clarifiée par la jonction des circuits d'eau et d'air ozoné. C'est, d'autre part, le circuit d'eau qui anime le circuit d'air, par la dépression qu'il entretient dans la chambre d'aspiration de l'émulseur.

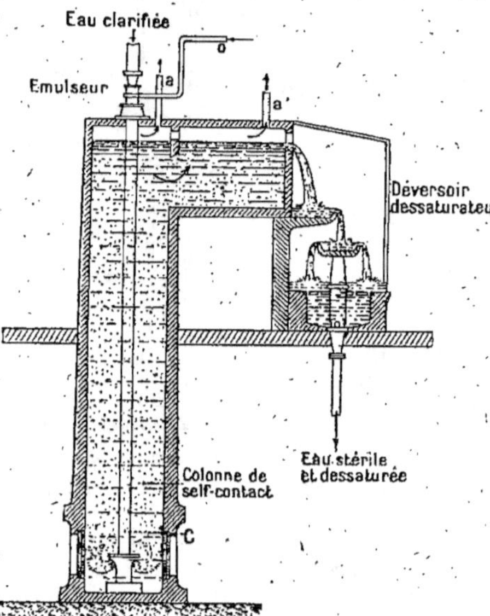

Fig. 113 — Colonne de self-contact.

Colonne de self-contact. — Elle fait immédiatement suite à l'émulseur et peut être comparée à la colonne de stérilisation du premier procédé. Une conduite C (*fig.* 113) constituant le prolongement du cône inférieur divergent de l'émulseur, conduit l'émulsion d'eau et d'air ozoné à la base de la colonne de self-contact.

Le mélange remonte dans la partie annulaire de la colonne et se rend dans le déversoir dessaturateur.

Le diamètre de la colonne de self-contact est calculé de

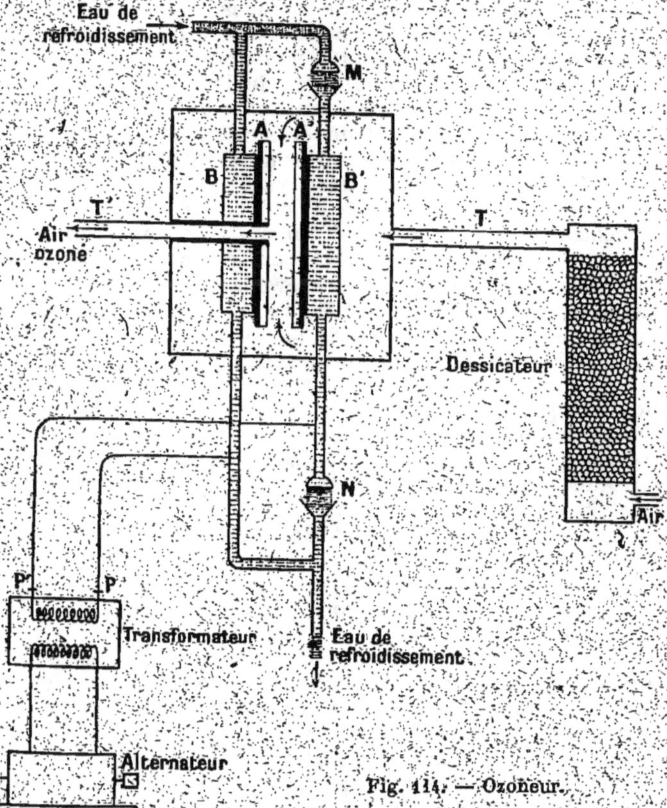

Fig. 114. — Ozoneur.

manière à prolonger le contact stérilisateur pendant un temps suffisant.

A la partie supérieure de la colonne une conduite recueille l'excès d'air ozoné.

Déversoir dessaturateur. — Le déversoir dessaturateur (*fig.* 113) termine le circuit d'eau; il est constitué par un bac entièrement fermé et muni, à sa partie supérieure — comme la colonne de self-contact — d'une conduite dirigeant l'air ozoné au dessicateur d'air.

La séparation de l'air ozoné de l'eau stérilisée est réalisée au moyen d'une succession de cascades.

L'eau débarrassée de l'ozone est recueillie à la partie inférieure du bassin placé sous le dessaturateur.

Circuit d'air. — La circulation de l'air est réglée, nous l'avons vu, par le débit de l'émulseur. Le circuit comporte les appareils suivants : 1° un dessicateur d'air; 2° une ou plusieurs batteries d'ozoneurs; 3° un émulseur.

Le *dessicateur* est constitué par une colonne en grès remplie de coke et recouverte de chlorure de chaux.

Ozoneurs. — Le courant est engendré par un alternateur de construction appropriée; un transformateur est intercalé dans le circuit électrique et élève la tension à la valeur nécessaire. Les deux pôles P, P' (*fig.* 114) du transformateur sont reliés aux électrodes B, B' de l'ozoneur.

Deux éléments d'une même batterie d'ozoneurs sont réunis dans une même cage en verre hermétiquement close et fonctionnent parallèlement.

Les électrodes sont constituées par des boîtes métalliques creuses pour permettre le passage du courant d'eau de refroidissement. La face interne de chaque électrode porte une grande lame de verre rectangulaire A ou A'.

C'est entre ces deux lames de verre que circule l'air et qu'il se charge d'ozone.

L'air est amené du dessicateur par le tube T; il emplit la cage de verre et est aspiré par la tubulure T' au centre même de la zone effluvée.

Le courant électrique est conduit aux électrodes par la tuyauterie destinée à la circulation de l'eau de refroidissement. Chaque pôle est isolé au moyen des solutions de continuité que présente la conduite en M et N. L'eau de refroidissement pénètre et sort de la tubulure isolée, correspondant à l'électrode B', par une chute « en pluie »; cette disposition a pour effet d'assurer la circulation de l'eau sans qu'il puisse s'établir de communication électrique entre les deux parties de la tuyauterie.

Résultats obtenus par le traitement à l'ozone. — Les résultats bactériologiques obtenus par ce mode de purification des eaux au concours de Marseille ont été satisfaisants.

Le premier des deux procédés à l'ozone a fourni une eau épurée ne renfermant que 11 bactéries pour 10 000 contenues dans l'eau brute, et pas de coli-bacille.

Le second procédé a donné des résultats un peu supérieurs : 8 bactéries pour 10 000 et pas de coli-bacille.

Voici d'ailleurs les conclusions de la Commission extra-municipale : « En définitive, les systèmes d'épuration par l'ozone ou par les rayons ultra-violets, combinés à une bonne clarification préalable, ont paru à la Commission susceptibles d'assurer une purification très satisfaisante de l'eau du canal de Marseille destinée à l'alimentation. Quel que soit le procédé adopté, il sera indispensable de contrôler par des analyses bactériologiques journalières le fonctionnement des appareils. »

D'autres résultats concernant ces procédés émanent du concours ouvert en 1907 par la Ville de Paris, pour l'expérimentation à l'usine municipale de Saint-Maur, des systèmes d'épuration des eaux potables susceptibles d'être appliqués à l'alimentation des villes.

Le rapport publié à la suite de ces expériences contient d'intéressantes relations (1) se rapportant :

1º Au rendement des ozoneurs des deux procédés concurrents ;

2º A la composition chimique de l'eau traitée et des modifications que l'ozonisation est susceptible d'y apporter ;

3º A l'efficacité de l'épuration bactériologique par ozonisation et à l'efficacité comparée des deux procédés ;

4º Au prix de revient de la purification par l'ozone.

Critiques. — Comme la stérilisation par les rayons ultra-violets, la purification des eaux par l'ozone a soulevé de nombreuses critiques dont quelques-unes parfaitement justifiées ont déterminé la réalisation de perfectionnements indispensables.

Nous résumons brièvement les objections les plus communes :

1º *Formation des composés oxygénés de l'azote.* — Dans diverses communications à l'Académie des sciences et dans le *Bulletin des sciences pharmacologiques*, M. Bonjean,

---

(1) On trouvera dans ce rapport une étude et une discussion technique approfondies d'un grand intérêt pratique et scientifique. Nous engageons ceux de nos lecteurs qui désireraient se documenter plus amplement sur cette méthode de purification des eaux à consulter cette publication du Service municipal de contrôle des eaux.

chef de laboratoire du Conseil supérieur d'hygiène publique de France, a montré que, dans les installations travaillant à des concentrations élevées, on constate une production assez sensible de ces composés.

Selon cet auteur, la formation de ces produits serait favorisée par la présence de la vapeur d'eau dont il est pratiquement impossible de préserver les batteries d'ozoneurs même au moyen de dessicateurs.

« C'est ainsi, écrit M. Bonjean, que dans une des plus grandes installations, j'ai pu recueillir, dans les cages des batteries d'ozoneurs et dans les canalisations employant des plaques et des tuyaux de fonte, de grandes quantités d'un mélange en proportions variables d'oxyde ferrique et de nitrate ferrique.

« Il m'a été possible de suivre le mécanisme et la marche de la formation de ces composés par l'analyse des produits recueillis successivement depuis l'arrivée de l'air aux ozoneurs jusqu'au contact de l'air ozonisé avec l'eau. Il y a successivement : oxydation et formation d'un oxyde ferrique sans nitrification (dans les batteries d'ozoneurs).

« L'oxyde ainsi formé constitue une poudre très fine qui favorise la production, puis la fixation des vapeurs nitreuses (première partie de la canalisation). Les vapeurs nitreuses s'oxydent au fur et à mesure que l'on s'éloigne des ozoneurs et se transforment en acide nitrique; l'attaque des canalisations en ciment, fer ou plomb est alors très intense : il y a production d'oxyde ferrique et de nitrate de chaux, de fer ou de plomb. »

En ce qui concerne la quantité de ces produits, M. Bonjean ajoute qu'elle est telle qu'ils peuvent paralyser la marche des diélectriques, obturer les canalisations de fonte et compromettre la stérilisation de l'eau.

« Lorsque l'air ozonisé circule dans les canalisations de plomb, il se forme du nitrate de plomb en fortes proportions qui reste d'abord fixé sur les parois des tuyaux puis s'en détache et peut en provoquer l'obturation; si ces produits arrivaient jusqu'à l'eau qui doit être stérilisée, soit par entraînement par l'air ozonisé, soit par dissolution dans l'eau condensée dans cette canalisation, il pourrait en résulter les plus graves conséquences pour la santé des individus consommant ces eaux. »

La conséquence logique de ces observations fut la proscription des corps comme le ciment, le fer, souvent le plomb, des organes destinés à être en contact avec l'air ozonisé.

On peut dire, que l'écueil est aujourd'hui complètement évité par le remplacement des matériaux attaquables par des grès et poteries.

2° La purification par l'ozone est subordonnée à l'efficacité de la clarification préalable. — Si l'on se reporte au détail des résultats bactériologiques relatifs au concours de 1907, publiés par la préfecture de la Seine, on voit que l'épuration des eaux est d'autant plus satisfaisante que celles-ci ont été plus soigneusement clarifiées. Il résulte de cette constatation que l'ozone, à lui seul, ne jouit pas d'un pouvoir bactéricide absolu; en d'autres termes, son action est solidaire d'une opération préalable qui doit tenir une large place dans l'établissement d'un projet visant la stérilisation d'une eau constamment ou accidentellement polluée.

Ajoutons que le fait est propre aux deux procédés mis en concurrence dans les expériences de Saint-Maur.

Les installations concurrentes étaient soumises à six épreuves; chaque épreuve comportait une modification qualitative de l'eau soumise à l'action de l'ozone.

Il résulte essentiellement des résultats bactériologiques fournis par ces divers groupes d'expériences :

1° Que la vitesse de filtration peut varier sans inconvénients, dans des limites assez étendues et qu'en général, une filtration rapide est suffisante pourvu qu'elle assure une bonne clarification de l'eau brute ;

2° Que la filtration préalable a moins pour but de concourir à l'épuration bactériologique de l'eau que de préparer un milieu physique favorable à l'ozonisation ;

3° Que si les eaux non clarifiées paraissent pouvoir subir une élimination bactérienne convenable à l'égard des espèces vulgaires inoffensives, cette élimination nécessite une consommation d'ozone beaucoup plus élevée ;

4° Que le bacillus-coli paraît mieux résister, même en présence d'une concentration plus grande d'ozone, dans les eaux non clarifiées.

En résumé, la clarification préalable des eaux purifiées par l'ozone constitue une condition indispensable à la marche des appareils et à un rendement satisfaisant du procédé.

L'ozonization des eaux de la Marne pour l'alimentation de Paris. — Comme suite au concours organisé par la Ville de Paris, M. Colmet-Daage a proposé d'accroître le volume d'eau nécessaire à l'alimentation de Paris en comblant la différence entre ce volume et la portée des aqueducs par une distribution d'eau de Marne, purifiée à l'ozone.

Le débit de l'usine de Saint-Maur doit, dans ce projet, être élevé à 90 000 mètres cubes par 24 heures. La surface totale du bassin filtrant atteindra ainsi 200 000 mètres carrés. Chaque filtre sera précédé de deux dégrossisseurs analogues à ceux que nous avons décrits pour le filtrage rationnel sur le sable submergé.

La stérilisation à l'ozone doit être effectuée par les deux procédés qui ont pris part au concours, chaque installation devant traiter 45 000 mètres cubes par vingt-quatre heures.

La dépense totale atteindrait 5 300 000 francs.

Ce projet fut approuvé le 3 mars 1909 par le Conseil d'hygiène publique et de salubrité du département de la Seine, et, le 7 juin de la même année, par le Conseil supérieur d'hygiène publique de France.

Nous ajouterons que l'épuration à l'ozone ne s'est jamais montrée exempte de faiblesse ; c'est ainsi que, dans le courant du mois de mars 1913, le ministre de l'Intérieur infor-

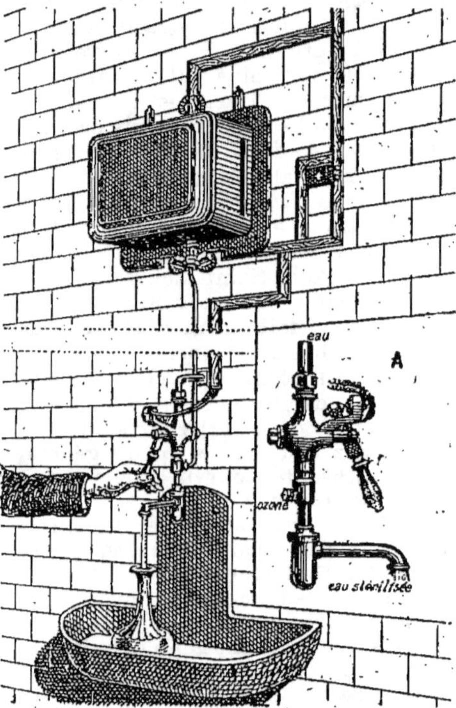

Fig. 115. — Stérilisateur à l'ozone pour usages domestiques.

mait le maire de Nice qu'il convenait, d'après le résultat de 73 analyses effectuées depuis 1910, de porter une attention constante à l'ozonisation pratiquée aux usines de Bon-Voyage et de Cimiez, afin qu'elle ne soit jamais inefficace, comme cela se produit quelquefois.

Emploi de l'ozone à domicile. — Divers constructeurs se sont efforcés d'appliquer l'ozonisation des eaux aux usages domestiques. Les ozoneurs sont alors construits pour être intercalés dans les circuits d'éclairage.

La figure 115 montre un de ces dispositifs. L'ozone est produit dans la cage visible au haut de la figure. Le robinet A commande à la fois la production d'ozone, l'émulsion et l'écoulement de l'eau purifiée.

La figure 116 concerne un stérilisateur domestique avec émulseur à pulvérisation giratoire. Le robinet règle l'écoulement de l'eau et la fermeture du circuit électrique. L'eau brute est projetée à l'état de très fines gouttelettes contre les parois de la cloche de verre formant chambre d'émulsion par un rapide mouvement de giration. Ce mouvement détermine l'aspiration de l'air ozoné à la partie supérieure de la cloche. Enfin, le tourbillonnement de l'eau et de l'air ozoné dans la cloche assure une émulsion suffisante.

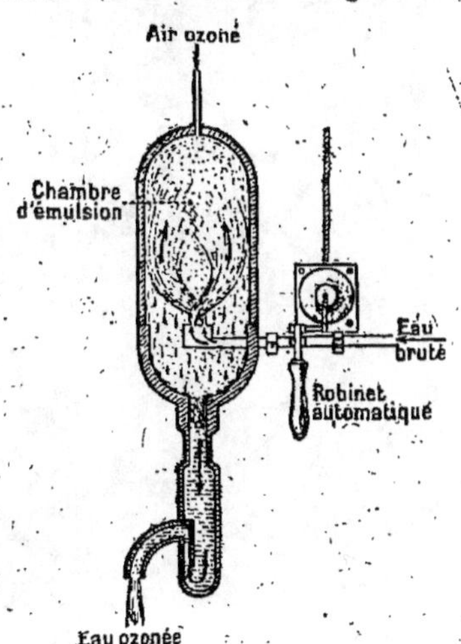

Fig. 116. — Stérilisateur à l'ozone avec émulseur à pulvérisation giratoire.

D'une manière générale ces appareils, destinés à la stérilisation à domicile, sont délicats. L'automaticité des commandes quoique ingénieuse n'apparaît pas comme une garantie suffisante au point de vue de la constance des résultats. D'ailleurs, les ozoneurs eux-mêmes sont d'une sensibilité qui n'exclue pas toute appréhension.

La figure 117 représente un chariot aménagé pour la

purification des eaux par l'ozone. Ce dispositif a été adopté par les services de Santé de l'armée. Sa conception est évidemment digne d'intérêt. Il sera intéressant de savoir quels

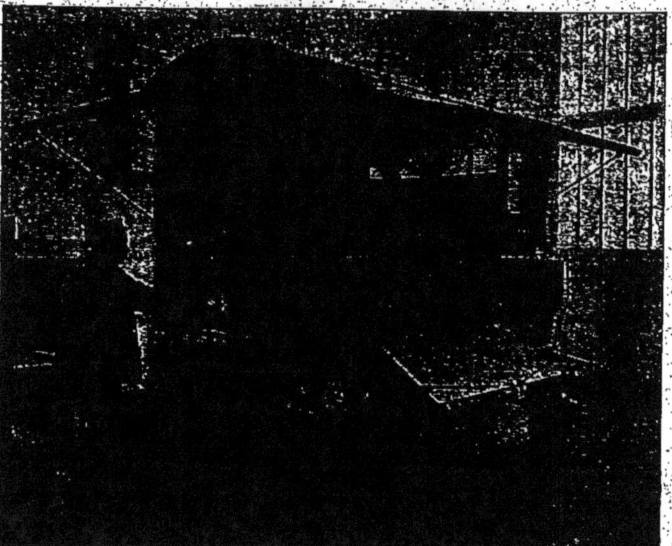

Fig. 117. — Chariot pour la stérilisation des eaux par l'ozone.

résultats le même poste aura assurés dans les multiples circonstances où il aura dû fonctionner.

V. — PROCÉDÉS MIXTES D'ÉPURATION DES EAUX

Dans l'ensemble, ces procédés font suite aux méthodes d'épuration par traitement chimique. On retrouve ici, en effet, l'usage des substances chimiques agissant en vertu de leur pouvoir coagulant; elles n'agissent pas ou peu en vertu de propriétés microbicides, mais essentiellement par leur action séparative sur les corpuscules tenus en suspension dans l'eau. En fait, la réaction chimique engendre une action mécanique.

Dans ces conditions, un filtrage consécutif au traitement chimique s'impose. On remarquera que la technique de l'épuration est alors exactement l'inverse de la technique imposée par l'emploi de substances exerçant directement leur action abiotique sur les organismes de l'eau.

Dans le cas précédent, la solution épurative devait traiter des eaux préalablement clarifiées; ici la destruction des germes se superpose à la clarification; les deux actions sont concomitantes et le filtrage est destiné à compléter l'épuration et surtout à débarrasser l'eau épurée traitée des substances colloïdales engendrées par la réaction.

Emploi du sulfate ferrique. — Le sulfate ferrique est employé en solution à 5 pour 100 pour épurer les eaux de turbidité moyenne; il faut, dans certains cas, élever la teneur à 7,8 pour 100.

L'eau traitée doit être abandonnée au repos pendant 48 heures afin de réaliser une sédimentation convenable des matières tenues en suspension et précipitées par le fer.

L'eau épurée est ensuite filtrée sur le sable.

On possède peu de renseignements concernant la valeur bactériologique de ce procédé. En tout cas, la nécessité d'immobiliser l'eau pendant 48 heures doit être considérée comme un sérieux inconvénient, surtout pour les installations destinées à l'alimentation de cités importantes; elle entraîne l'obligation de construire des réservoirs nombreux, encombrants et dispendieux.

Emploi du fer métallique. — L'épuration de l'eau est basée sur les propriétés clarifiantes du fer métallique.

Le contact entre l'eau et le fer est obtenu par la chute régulière d'une certaine quantité de métal convenablement pulvérisé dans un courant d'eau à faible vitesse.

L'usine de Boulogne-sur-Seine épure l'eau du fleuve par ce procédé :

L'eau est refoulée par une pompe dans un purificateur rotatif ou « revolver ». Celui-ci est constitué par un cylindre mesurant 7 mètres de longueur et 1^m,76 de diamètre; il est animé d'un mouvement de rotation très lent, un demi-tour par minute, au moyen d'une turbine hydraulique. Ce purificateur renferme 3.500 kilos de fonte neuve concassée et consomme environ 7 kilos de fer par 1 000 mètres cubes d'eau. En sortant du revolver, l'eau s'écoule par une sorte de « coulotte » pourvue de chicanes provoquant le dépôt des matières en suspension.

L'action clarifiante du fer assure une épuration très insuffisante; celle-ci est complétée par une filtration sur sable submergé.

L'installation comporte trois bassins filtrants rectangulaires, mesurant chacun 71 mètres carrés de surface et renfermant une couche de sable de 45 centimètres supportée par 20 centimètres de gravier.

La filtration s'effectue sous la pression de 1^m,20 d'eau. Sur les trois bassins, deux seulement sont simultanément en service et l'autre au nettoyage.

La clarification obtenue par le fer est énergique, mais l'épuration est surtout réalisée par la filtration sur le sable.

Les eaux de la Seine et de la Marne ont été ainsi épurées pour le compte du département de la Seine dans des usines établies à Choisy-le-Roi, Neuilly-sur-Marne et Nogent-sur-Marne.

Nous donnons ci-dessous, à titre documentaire, le résultat bactériologique de la purification des eaux par ce procédé il y a une vingtaine d'années.

	Choisy-le-Roi. Eau de Seine.		Neuilly-sur-Marne. Eau de la Marne.		Nogent-sur-Marne. Eau de la Marne.	
	Brute.	Épurée.	Brute.	Épurée.	Brute.	Épurée.
Moyennes annuelles:	28 980	550	20 115	245	17 945	198

Emploi du carbonate de fer. — D'après M. Brown (1), on aurait obtenu à Elysio (Ohio) une épuration variant de 65 à 98 pour 100 en traitant l'eau brute par du sulfate de fer et en ajoutant un peu de lait de chaux. Il se forme ainsi du carbonate de fer qui se dépose lentement.

La réaction est considérée normale lorsqu'on aperçoit très nettement le précipité floconneux en moins de 3 minutes.

Le lait de chaux pourrait être remplacé par une injection de vapeur après l'addition du sulfate de fer.

Purification dite « électrolytique ». — On a donné ce nom, d'ailleurs très impropre, au traitement des eaux de boisson

---

(1) *Enginnering Record* (1909).

par un antiseptique obtenu par l'électrolyse d'une dissolution de chlorure de sodium entre deux électrodes de fer.

Ce liquide antiseptique renferme de l'oxyde de fer détaché de l'anode.

Emploi de l'oxygène ionisé. — L'épuration par ce procédé comporte deux actions concomitantes :

1° Une action mécanique séparant par collage et filtration consécutive les corps tenus en suspension dans l'eau à épurer ;

2° Une action microbicide résultant de la production *in situ* d'oxygène dit « naissant » ou « ionisé » agissant sur les organismes à la manière de l'ozone.

L'élimination des particules solides par collage est obtenue par la formation d'un précipité colloïdal résultant de l'action du chlorure de chaux sur un sel de fer ou d'alumine.

L'utilisation simultanée du chlorure de chaux et d'un sel ferrique (chlorure ferrique ou perchlorure de fer) est basée sur la réaction :

$$3\,Ca(OCl)^2 \;+\; FeCl \;=\; 3\,Fe^2O^3 \;+\; 3\,CaCl^2 \;+\; 3\,Cl^2O$$

Hypochlorite de chaux.	Chlorure ferrique. (Perchlorure de fer.)	Oxyde de fer.	Chlorure de chaux.	Anhydride hyperchloreux

Avec un sel d'alumine (sulfate d'alumine) la réaction devient :

$$3\,Ca(OCl)^2 \;+\; (SO^4)^3Al^2 \;=\; 3\,SO^4Ca \;+\; Al^2O^3 \;+\; 3\,Cl^2O$$

Hypochlorite de chaux.	Sulfate d'alumine.	Sulfate de chaux.	Alumine.	Anhydride hypochloreux.

D'autre part, l'anhydrite hypochloreux ($3\,Cl^2O$) en présence de l'eau (H^2O) réagit selon l'équation suivante :

$$Cl^2O \;+\; H^2O \;=\; 2\,HCl \;+\; O^2$$

Anhydride hypochloreux.	Eau.	Acide chlorhydrique.	Oxygène ionisé.

Le point central de la réaction est la libération de l'oxygène ionisé ; le corps est, à cet état, un comburant des plus énergiques, il « brûle » ou oxyde les matières organiques et s'unit aux oxydes pour engendrer des peroxydes, c'est-à-dire des corps plus riches en oxygène combiné.

C'est ainsi que ce métalloïde se porte au fur et à mesure

de son émission aux dépens de l'oxyde de chlore sur la matière organique la plus rapidement oxydable.

La destruction de la matière organique caractérise ainsi la première phase de l'épuration chimique. La seconde phase est marquée par la fixation de l'oxygène émis par la même source sur les bases alcalino-terreuses contenues dans l'eau (chaux, magnésie) ; il se forme alors des peroxydes instables qui se dissocient ultérieurement. Enfin, le chlore dégagé de l'anhydride hypochloreux par soustraction de l'oxygène forme avec l'hydrogène de l'eau de l'acide chlorhydrique. Celui-ci se porte également sur les bases alcalino-terreuses pour constituer des chlorures absolument inertes.

Les matières organiques et les organismes vivants subissent ainsi deux actions simultanées. Ils sont directement attaqués par l'oxygène et subissent son pouvoir bactéricide. Ils sont également collés et entraînés par la précipitation des substances colloïdales (aluminate ou ferrate selon qu'on a employé un sel ferrique ou un sel d'alumine).

Les substances solides sont emprisonnées dans les flocons qui se sont séparés au sein de la masse liquide.

Cette série d'opérations essentiellement chimiques correspond en outre à une véritable clarification de l'eau. L'épuration est parachevée par une filtration rapide sur filtre à gravier.

Le choix des réactifs et la détermination des doses sont imposés par les caractères de l'eau épurée et, par conséquent, subordonnée à des cas d'espèces.

La figure 118 est relative à l'installation soumise aux épreuves du concours de Marseille de 1910. Les réactifs employés étaient :

Sulfate d'alumine + sulfate ferrique..	20 grammes par m. cube.
Chlorure de chaux	2 à 3 gr. 5 —

Le mélange de sulfate d'alumine et d'une petite quantité de sulfate ferrique était dissous dans 30 parties d'eau ; le chlorure de chaux dans 50 parties.

L'eau brute était admise dans le premier organe d'épuration appelé décanteur. Celui-ci est constitué par une cuve cylindrique en béton armé terminée par un fond conique pourvu d'une vanne de purge. Dans l'axe de ce cylindre est maintenu un corps cylindrique de plus petit diamètre ne pénétrant pas dans la partie conique. Le cylindre annulaire est pourvu, à sa partie supérieure, d'une couche filtrante constituée par un lit de graviers. L'eau pénètre dans le décanteur par la partie axiale et reçoit simultanément les réactifs versés par les distributeurs-doseurs automatiques, dont le fonctionnement est réglé par le distributeur d'eau brute placé au-dessus du bac décanteur.

L'eau brute additionnée de stérilisant gagne le fond du bac et remonte dans le corps annulaire ; pendant ce parcours, une certaine quantité de matières en suspension

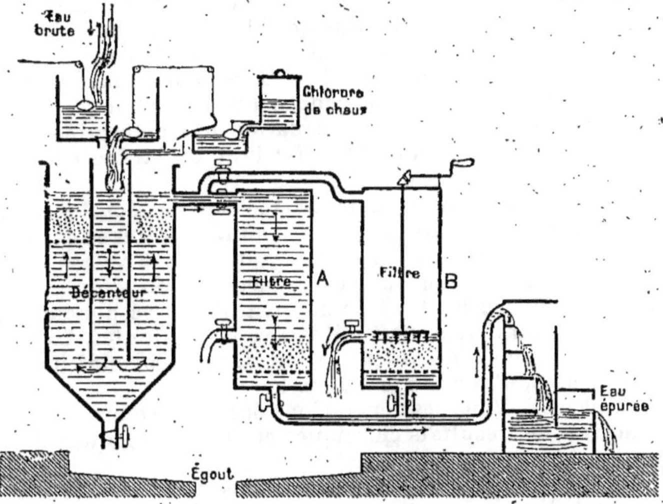

Fig. 118. — Coupe schématique d'une installation pour la purification des eaux par l'oxygène ionisé.

tombe dans la trémie et est périodiquement évacuée par la vanne de purge. Les flocons d'alumine chargés des matières séparées de l'eau sont alors retenus par la couche préfiltrante. Cette dernière est traversée de bas en haut.

L'eau ainsi dégrossie pénètre sur l'un des filtres à silex A et B. Ces filtres, construits en ciment armé, sont de forme cylindrique ; la couche filtrante est formée par des grains de silex calibrés à divers diamètres. La circulation s'effectue de haut en bas ; l'eau filtrée est drainée par un système de tubes perforés en grès et évacuée au moyen d'une conduite prenant sur le fond de l'appareil.

La nécessité de nettoyages fréquents (2 à 3 fois par jour) ayant déterminé la mise en service alternative de deux filtres pendant le fonctionnement de l'un, on procédait au nettoyage de l'autre.

L'isolement du filtre A s'effectuait de la façon suivante :

On fermait la vanne d'admission de l'eau venant du décanteur et la vanne d'évacuation de l'eau filtrée. On ouvrait celle qui commandait la conduite d'alimentation du filtre B et la vanne d'évacuation. Le filtre B se trouvait ainsi mis en charge et le filtre A isolé du circuit. Ce dernier filtre était vidé au moyen de la conduite de vidange latérale. Le décrassage de la couche était obtenu au moyen d'un rateau tournant analogue à celui du filtre B remaniant la surface du gravier. Le lavage de la couche filtrante était réalisé par l'ouverture de la vanne d'évacuation qui déterminait une circulation provenant du filtre B ; l'eau de lavage était évacuée par la conduite de vidange.

L'eau épurée était ensuite dirigée dans la bâche de distribution et s'y déversait en cascades afin de s'aérer et de se débarrasser des produits chlorés odorants.

L'écoulement dans le bac de décantation d'un volume déterminé d'eau brute et d'une quantité correspondante de solution épurative s'effectuait toutes les 7 minutes. La durée du contact dans le décanteur variait suivant les conditions des expériences, d'une heure à deux heures.

Résultats. — Voici les conclusions des rapporteurs en ce qui concerne les résultats chimiques et bactériologiques de l'épuration par ce procédé :

1° *Au point de vue chimique.* — « L'eau épurée était extrêmement limpide et transparente sous une épaisseur de 8 mètres, le traitement de l'eau du canal par le système..... ; dans les conditions des essais (20 grammes de sulfate d'alumine et 2 à 3,5 grammes de chlorure de chaux par mètre cube), ne présente au point de vue chimique qu'un inconvénient, celui de laisser dans l'eau épurée des traces de chlorure de chaux, faibles il est vrai, mais suffisantes pour être perceptibles à l'odorat, au goût, pouvant même assez souvent être décelées par les réactifs chimiques. »

2° *Au point de vue bactériologique.* — Au point de vue bactériologique, les résultats sont généralement satisfaisants.

Cette conclusion des rapporteurs exprime le résultat d'observations rigoureuses soutenues durant plusieurs mois.

Nous donnons ci-dessous les moyennes relatives aux mois de juillet et octobre 1910.

NATURE DE L'EAU.	BACTÉRIES.	MOYENNES	
		MOIS de juillet.	MOIS d'octobre.
Eau brute.....	Bactéries dans 1 centimètre cube.	3 827	7 611
	Coli-bacilles dans 100 centimètres cubes.	122	666
Eau épurée....	Bactéries dans 1 centimètre cube.	252	203
	Coli-bacilles dans 100 centimètres cubes.	1	0

« En résumé, le système assure une clarification parfaite de l'eau du canal ; au point de vue bactériologique, il réduit très notablement les germes ; il arrête à peu près constamment le coli-bacille. »

Résultats du Concours de la Ville de Paris en 1908. — Ce procédé, ayant été soumis aux épreuves du Concours de la Ville de Paris, obtint les résultats bactériologiques mentionnés dans le tableau suivant :

ÉPURATION BACTÉRIENNE.	MOYENNES DES CINQ GROUPES D'ESSAIS				
	1er groupe.	2e groupe.	3e groupe.	4e groupe.	5e groupe.
Bactéries par c. c. d'eau. { brute....	270	110	5 825	62 770	2 265
{ traitée...	1 420	1 180	2 185	245	80
Coli-bacille par 100 c. c. d'eau. { brute....	4	1	1 375	10 090	144 000
{ traitée....	0	0,2	0	0,22	0

1er groupe : Eau filtrée à la vitesse normale de $2^m,40$.
2e groupe : id. id. id. double de $4^m,80$.
3e groupe : id. id. additionnée de 15 % d'eau brute.
4e groupe : id. de Marne brute.
5e groupe : id. id. infestée.

Le tableau ci-dessus résume les conditions dans lesquelles furent effectuées les expériences, et leurs résultats, tant au point de vue chimique que bactériologique.

Il convient de remarquer que, dans le premier groupe d'essais, les eaux sortent de l'appareil six fois plus chargées de bactéries que l'eau brute.

Dans le second groupe, l'eau épurée en renferme dix fois plus.

Dans le troisième groupe, cette anomalie cesse et le chiffre de bactéries de l'eau épurée ne représente plus qu'une fraction du nombre de microbes de l'eau brute.

Dans les autres groupes, le pourcentage d'élimination numérique s'accroît.

Ce résultat, qui semble à priori inadmissible, est cependant assez fréquent ; l'observation a montré à cet égard que la présence de microbes vulgaires dans les filtres, les conduites ou les réservoirs non stérilisés, avait pour effet de provoquer un enrichissement en bactéries des eaux épurées, totalement ou partiellement, par n'importe quel procédé.

Or, l'analyse a montré que les bactéries qui concouraient à l'enrichissement bactériologique des eaux épurées par le procédé qui nous intéresse, appartenaient à peu près toutes à une espèce chromogène, jaune, relativement très rare dans l'eau brute.

Il ressort d'ailleurs de l'examen du tableau que cet accroissement n'a aucune répercussion sur l'élimination du colibacille et que l'épuration s'est par conséquent accomplie d'une manière normale.

Nous rapportons maintenant les principales conclusions du rapporteur :

Au point de vue bactériologique, le tableau permet de conclure que le procédé d'épuration proposé détruit aisément les espèces bactériennes des eaux, qu'il agit avec une très grande efficacité sur le bacille du colon, mais que les eaux épurées se chargent parfois très fortement de microbes en traversant le filtre clarificateur où peuvent se multiplier abondamment quelques espèces vulgaires. »

On voit, en outre, qu'au fur et à mesure que l'appareil fonctionne, ces microbes étrangers aux eaux brutes ont été délogés de la zone du filtre où ils pullulaient et sont devenus presque rares dans les eaux épurées. » (Dʳ Miquel.)

Il convient d'ajouter qu'un certain nombre de physiologistes. parmi lesquels le docteur Ogier, ont manifesté des craintes au sujet de la consommation d'eaux contenant des traces de chlorure et se sont demandé si une consommation soutenue de ces eaux ne deviendrait pas préjudiciable à l'organisme.

Emploi du sulfate d'alumine. — Ce système d'épuration présenterait avec le précédent une analogie de principe et ne s'en différencierait que par quelques particularités techniques si l'on devait faire abstraction du rôle de l'oxygène dans ce dernier.

Le procédé au sulfate d'alumine comprend deux opérations :

1° La formation d'un précipité floconneux d'alumine enrobant les germes et les corpuscules de l'eau brute ;

2° La filtration sur le sable parachevant la décantation.

Le réactif est constitué par une solution de sulfate d'alumine $(SO^4)^3 Al^2, 18 H^2O$.

Le sulfate d'alumine est décomposé par le bicarbonate de chaux de l'eau à épurer ; la chaux du bicarbonate forme, avec l'acide sulfurique du sulfate d'alumine, de la chaux sulfatée ; l'alumine et le gaz carbonique sont libérés isolément ; l'alumine précipite en flocons blanchâtres. La dose de sulfate ne doit pas excéder 40 à 50 grammes par mètre cube d'eau d'alumine à épurer sous peine de modifier trop sensiblement la minéralisation de l'eau épurée en élevant son titre hydrotimétrique permanent par un enrichissement en sulfate de chaux.

La réaction peut s'exprimer de la façon suivante :

$$(SO^4)^3 Al^2 + 3CO^3Ca + 3H^2O$$

Sulfate d'alumine.　　Carbonate de chaux.　　Eau.

$$= 3SO^4Ca + 3CO^2 + Al^2O^3, 3H^2O$$

Sulfate de chaux.　　Anhydride carbonique.　　Alumine hydratée.

Pour que la précipitation de l'alumine gélatineuse puisse avoir lieu, il importe que l'eau à traiter renferme une quantité suffisante de chaux à l'état bicarbonaté.

Or, les eaux telluriques, les eaux de rivière notamment, titrent généralement de 10 à 20 degrés hydrotimétriques, ce qui, au taux de la composition minérale ordinaire, assure une teneur de CO^3Ca largement suffisante.

La figure 118 représente la coupe schématique de l'installation de ce système au concours de 1910 pour l'épuration des eaux du canal de Marseille.

L'ensemble est constitué par :

1° Un distributeur de solution épuratrice ;

2° Un décanteur ;

3° Un filtre.

1° *Distribution de solution épuratrice.* — Cet organe n'est que partiellement représenté sur le schéma ; il est mis en mou-

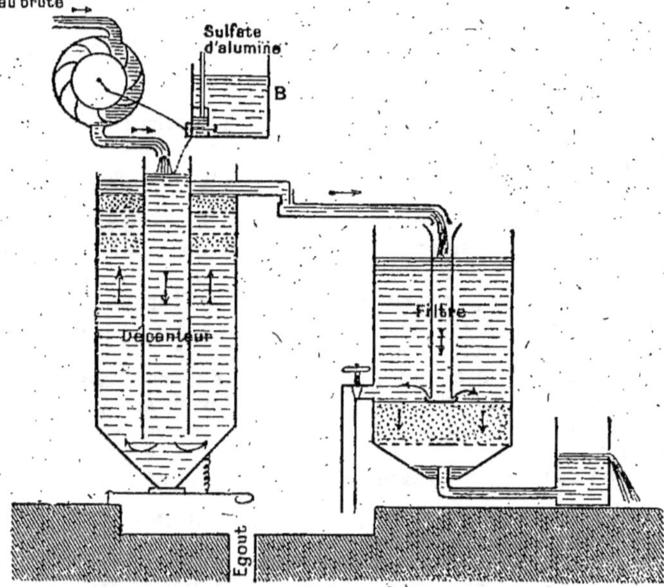

Fig. 118. — Coupe schématique d'une installation pour la purification des eaux par le sulfate d'alumine.

vement par la roue à auges actionnée par l'eau brute qui se rend dans le décanteur. Ce mouvement se transmet d'une part à un mélangeur à ailettes placé dans l'axe du corps cylindrique central du décanteur et, d'autre part, au bac distributeur B. Ce dernier est muni d'une jauge à deux orifices alternativement ouverts et fermés par une soupape.

A chaque tour de roue correspondant à l'écoulement d'un volume déterminé d'eau brute, l'orifice d'évacuation de la jauge s'ouvre et la dose de réactif correspondant au volume d'eau brute écoulé se déverse dans le bac décanteur.

2° Décanteur. — Le bac est exactement semblable au décanteur utilisé dans le procédé à l'oxygène ionisé, mais comporte deux couches filtrantes au lieu d'une seule. Les couches de 50 et 30 centimètres sont constituées par du silex concassé. L'espace cylindro-annulaire est cloisonné de manière à imposer à l'eau un parcours ascendant en spirale afin d'en prolonger la durée. Le bac décanteur est muni d'une vanne de purge placée à la partie inférieure du corps tronconique. Une conduite latérale dirige l'eau dégrossie sur le filtre à sable.

3° Filtre. — Celui-ci est constitué par une cuve cylindrique de 3 mètres de diamètre terminée à la base par un corps tronconique destiné à recueillir l'eau filtrée.

La partie inférieure du cylindre est pourvue d'une plaque de tôle perforée supportant une couche de sable fin.

L'eau pénètre sur le filtre par un tuyau central à entonnoir et descend par gravitation jusqu'au plateau diviseur placé en regard au niveau supérieur de la couche filtrante.

Le corps cylindrique se remplit jusqu'à une hauteur maintenue constante au moyen d'un régulateur à flotteur (non représenté sur le schéma); sortant du filtre, l'eau épurée se rend dans une cuve de jaugeage; le débit est calculé en mesurant la hauteur de la lame déversante.

Le nettoyage du filtre s'effectue de la même façon que celui des filtres du système d'épuration à l'oxygène ionisé.

Résultats. — *1° Au point de vue chimique.* — « L'eau épurée est d'une limpidité parfaite; observée sous une épaisseur de 8 mètres, elle est encore très transparente.

En résumé, le traitement de l'eau du canal par du sulfate d'alumine à la dose de 35 à 75 grammes par mètre cube n'a pas introduit dans l'eau d'alumine soluble. Il a été déterminé une augmentation de sulfate de chaux aux dépens du carbonate de chaux, avec hausse correspondante du degré hydrotimétrique permanent, les variations, à condition que la dose de sulfate d'alumine hydraté $(SO^4)^3 Al^2, 18H^2O$ ne dépasse pas 40 à 50 grammes par mètre cube (1), sont

---

(1) Une dose de 45 grammes fait disparaître 20 milligrammes de carbonate de chaux par litre d'eau et les remplace par 27 milligrammes de sulfate de chaux.

assez faibles pour qu'on puisse encore considérer l'eau du canal après son traitement comme une eau de bonne qualité au point de vue de sa minéralisation. »

2° *Au point de vue bactériologique.* — Voici la moyenne générale de l'épuration bactériologique :

BACTÉRIES.	NATURE DE L'EAU.	NOMBRE DE BACTÉRIES OU DE COLI-BACILLES par 100 centimètres cubes d'eau.		
Bactéries.....	Brute...	8 084. Extrêmes : 3 081	et	11 788
	Épurée..	557. —	268 et	779
Coli-bacilles..	Brute...	341. —	118 et	711
	Épurée..	19. —	3,4 et	31

L'élimination bactérienne s'est montrée très inégale ; on constate très fréquemment, par exemple, qu'à une persistance des germes dans des proportions élevées ne correspond pas une teneur bactérienne élevée de l'eau brute.

Il n'apparaît pas du tout, en d'autres termes, qu'il existe de corrélation entre le pouvoir épurateur de l'installation et l'épuration à réaliser.

Il semble que celle-ci s'effectue par « à coup » avec un coefficient d'élimination numérique tantôt relativement élevé (99,44 0/0), tantôt de beaucoup inférieur (60,27 0/0).

D'après M. Ed. Bonjean, la spécification des germes aurait démontré la présence dans l'eau épurée des espèces suivantes : micrococcus prodigiosus, bacillus fluorescens liquefaciens, bacterium termo, bacillus subtilis, coli-bacille.

Or toutes ces espèces abondent dans l'eau non épurée du canal ; on ne saurait donc admettre que ces écarts proviennent d'un enrichissement post-épuratoire, comme on se trouvait amené à l'admettre pour le procédé précédent, par la spécification des germes renfermés dans l'eau épurée.

Il s'agit donc bien, en l'espèce, d'une insuffisance du procédé, provenant essentiellement de fréquentes défaillances.

Nous reproduisons d'ailleurs ci-dessous les conclusions du rapporteur :

« Ces moyennes (les moyennes générales du tableau) permettent de calculer que sur 10 000 germes l'appareil... en a laissé passer 687 et que sur 1 000 coli-bacilles il en a laissé passer 55.

Étant donné que l'eau brute à épurer est très polluée, l'eau traitée par le procédé... est encore trop chargée en bactéries et contient des coli-bacilles en trop grande quantité.

En résumé, il ressort des expériences relatées ci-dessus que le système... assure une clarification parfaite de l'eau du canal, qu'il ne modifie pas très notablement sa minéralisation, mais qu'il donne au point de vue bactériologique, des résultats insuffisants. »

Emploi d'un excès de chaux. — M. le Dr Houston a décrit, dans son rapport sur les procédés susceptibles d'être appliqués à l'épuration des eaux nécessaires aux 7 millions d'habitants de la ville de Londres, une méthode de stérilisation par excès de chaux.

On avait depuis longtemps constaté que des eaux additionnées de chaux, afin d'en diminuer la dureté, accusaient une réduction sensible de leur teneur bactérienne.

L'observation fut soumise à l'étude et l'on dut admettre une réduction par voie de précipitation purement mécanique; on remarqua de plus que les bactéries ainsi précipitées peuvent se multiplier rapidement et réapparaître dans la partie supérieure de la masse liquide.

Partant de ce fait, le Dr Houston propose de tuer les microbes au moyen d'un grand excès de chaux (et non de les précipiter au moyen de doses plus faibles). En d'autres termes, l'auteur préconise l'emploi de doses produisant un effet définitif, par conséquent une véritable stérilisation au lieu de quantités produisant un effet séparatif temporaire.

L'épuration doit alors être suivie d'un traitement destiné à l'élimination de la chaux libre dont la présence en excès aurait pour conséquence la production de dépôts dans les conduites et dans les pompes et de communiquer une saveur fade, désagréable à l'eau.

L'effluent du bassin doit néanmoins être filtré sur le sable.

On fonde de grands espoirs sur l'application de la méthode préconisée par le Dr Houston. Les trois quarts de l'eau nécessaire à la cité londonienne seraient ainsi traités par ce procédé; le quart restant serait stérilisé par un autre procédé et ajouté aux trois premiers quarts; ce mélange aurait pour effet de diviser l'excès de chaux persistant et de l'amener à un état de dilution tel qu'on n'aurait plus à en redouter les conséquences.

La ville de Gand épure déjà ses eaux par ce procédé. Un

lait de chaux est mélangé à l'eau de l'Escaut par un énergique brassage; le précipité est éliminé par voie de sédimentation dans les bassins de décantation appropriés.

L'effluent de ces bassins contenant encore de la chaux traverse alors des chambres d'aérage ou sous l'action d'un fort courant d'air la chaux se carbonate. Le carbonate de calcium ainsi formé se dépose dans de nouveaux bassins de décantation.

Purification par sédimentation. — Tous les procédés d'épuration qui composent le groupe des procédés mixtes appartiennent jusqu'à présent au deuxième et troisième groupes; nous devons en mentionner un qui fait cependant exception et relève des premier et deuxième groupes. Ce mode d'épuration consiste tout simplement à emmagasiner de l'eau de rivière pendant un certain temps et à laisser la nature agir; elle est ultérieurement filtrée sur le sable.

L'épuration s'effectue en deux temps :

1° Épuration par repos;

2° Épuration par filtrage.

L'emmagasinage constitue un mode de purification actif agissant directement sur la population microbienne de l'eau et c'est en cela que ce mode d'action se rattache au groupe des procédés physiques, le facteur qui intervient étant la lumière solaire.

La filtration a pour but de parachever une purification qui pourrait être incomplète.

Ce procédé a été préconisé par le Dr Houston, directeur du contrôle des eaux au Métropolitan-Water-Works de Londres pour l'alimentation de la cité londonienne.

Dans un rapport consacré à cette question, le Dr Houston estime que l'eau de rivière abandonnée à la sédimentation pendant un temps suffisamment long — trente jours environ — serait fort probablement débarrassée de ses germes infectieux. Cette opinion repose sur des expériences de laboratoire, lesquelles ont montré que le bacille typhique et le vibrion cholérique disparaissent après une semaine environ de ce traitement; le coli-bacille disparaît après dix jours.

Nous verrons plus loin surgir une objection particulièrement grave tendant à s'opposer à l'application pratique du procédé inspiré de ces expériences; hâtons-nous d'ajouter que la valeur intrinsèque de celles-ci n'en demeure pas moins d'un réel intérêt.

Le tableau ci-dessous montre les résultats obtenus par le simple repos d'échantillons d'eau de la Tamise et de la Léa infestés artificiellement :

NATURE DE L'EAU		NOMBRE D'ÉCHANTILLONS.	COLI-BACILLES par centimètre cube après 3 jours.	SUR 100 ÉCHANTILLONS examinés, combien ont de coli-bacilles	
				dans 0,1 centimètre cube.	dans 0,01 centimètre cube.
Eau de la Tamise	brute.	89	4 465	38,2	10,1
	sédimentée.	83	175	0,0	0,0
Eau de la Léa	brute.	87	8 135	38,2	11,2
	sédimentée.	87	67	0,0	0,0

Ces résultats semblent d'ailleurs bien confirmés par les observations sur la nature des eaux d'étangs de barrage faites par le bactériologiste allemand Koch.

Ces observations peuvent être résumées ainsi : lorsque les eaux d'un cours d'eau superficiel séjournent dans une dépression lacustre formée par le barrage de la vallée, elles sont l'objet d'une auto-épuration très sensible. Le nombre de germes se réduit dans de notables proportions et la teneur bactérienne accuse, dans le temps, des variations bien moins brusques que celles que l'on observe dans les cours d'eau.

Notons à cet égard que cette sorte de fonction régularisatrice de la teneur bactériologique présente une réelle importance parce qu'elle facilite amplement le travail des filtres en leur évitant les « à-coups » si préjudiciables à leur fonctionnement, et par conséquent à leur rendement.

D'ailleurs, le Dr Houston arrive expérimentalement aux mêmes résultats.

La potabilité de l'eau sédimentée se trouve également améliorée. L'auteur ajoute enfin que les avantages d'une bonne sédimentation peuvent être obtenus par une circulation lente et continue de l'eau au travers des réservoirs.

Une filtration rapide sur le sable suffirait dans ces conditions à assurer une purification très satisfaisante.

Notre opinion à cet égard est très nette; ce procédé est certainement, dans l'état actuel de nos moyens, celui qui offre le plus de garanties. L'épuration n'est subordonnée à aucune cause faillible. On n'a pas à redouter un épuisement de l'énergie abiotique ou un affaiblissement de cette énergie dans des circonstances plus ou moins difficiles à déterminer et encore plus difficiles à constater en période de marche.

Cependant, nous ignorons dans quelles conditions les expériences du Dr Houston ont été effectuées et l'on peut se demander si l'épuration d'énormes masses d'eau dans des réservoirs de grande capacité ne serait pas exposée à subir l'influence de variations saisonnières.

Dans ce cas, l'opportunité d'appliquer ce procédé deviendrait une question de latitude et son adoption devrait s'inspirer des conditions climatériques locales.

Ce mode d'épuration présente en outre l'inconvénient d'exiger l'établissement de réservoirs énormes capables d'emmagasiner le volume d'eau nécessaire à l'alimentation d'une agglomération pendant un mois. C'est d'ailleurs la difficulté d'emmagasiner la quantité d'eau représentant la consommation mensuelle de 7 millions d'habitants qui a fait écarter ce système quant à la purification des eaux de Londres.

VI. — CONCLUSIONS

Efficacité des diverses méthodes d'épuration. — Nous avons décrit la majeure partie des procédés capables d'améliorer, dans des limites très variables, la valeur hygiénique des eaux de boisson; nous avons mentionné les résultats pratiques de la purification par ces divers procédés; nous avons, enfin, signalé les critiques dirigées contre certains d'entre eux.

Une question se pose alors. Existe-t-il un procédé d'épuration des eaux qui donne à l'hygiéniste toute satisfaction; qui puisse, par conséquent, être préconisé en toute certitude?

Notre avis est très net à cet égard : il n'existe pas à notre connaissance de procédé absolument satisfaisant; il n'y a pas de procédé parfait.

Ce que l'on exige d'une installation purificatrice, c'est en premier lieu *l'efficacité;* il faut, en d'autres termes, que cette installation satisfasse aux exigences bactériologiques que nous avons indiquées.

A cet égard, le plus grand nombre des appareils que nous avons décrits assurent, si l'on s'en rapporte aux références bactériologiques fournies par les constructeurs, une élimination bactérienne absolue.

Ces références proviennent de laboratoires officiels et sont signés par des bactériologistes d'une compétence et d'une bonne foi incontestables; or, nous avons la certitude que ces appareils sont loin de réaliser dans la pratique l'efficacité proclamée par les prospectus.

Cette discordance entre les essais effectués dans les laboratoires et les résultats de l'observation courante résulte de ce fait que les appareils soumis au contrôle bactériologique sont des appareils neufs, soigneusement mis au point et vérifiés, devant nécessairement assurer un rendement maximum; la durée des essais est en outre trop courte pour permettre d'apprécier la constance des résultats et leur efficacité réelle.

* *

Certains procédés sont pourvus d'une *efficacité constante;* en période de fonctionnement normal, ils assurent des résultats réguliers; en d'autres termes, l'énergie purificatrice ne s'épuise pas.

Les stérilisateurs par la chaleur sans ébullition, l'emploi de réactifs chimiques dosés et ajoutés automatiquement sont des procédés à efficacité constante.

L'installation fonctionnant dans des conditions déterminées pour l'épuration d'eaux offrant des variations de composition prévues doit se caractériser par la constance de ses résultats.

Les fluctuations qui se manifestent parmi ceux-ci procèdent alors de causes perturbatrices, anormales, affectant l'eau à épurer ou l'organe de purification.

C'est ainsi qu'on a reproché à l'ozone de montrer des défaillances par les temps de brume; dans ce cas, le rendement des ozoneurs s'est trouvé réduit par suite de circonstances accidentelles étrangères à la technique de l'épuration.

Il est de toute évidence que des causes perturbatrices de

cette nature sont loin d'être négligeables et que leur répétition fréquente ou périodique imposerait à l'installation un caractère d'efficacité intermittent.

Si, par exemple, l'action du brouillard sur le rendement des ozoneurs est exacte, il devient manifeste que, dans l'état actuel de la situation, le traitement des eaux par l'air ozonisé ne pourrait être appliqué à Londres, le pays du brouillard par excellence. Dans le cas où une dessication suffisante de l'air pourrait être réalisée, l'installation devra alors comporter une série d'appareils dessicateurs, desquels dépendront le rendement des ozoneurs et, par suite, la marche de l'épuration. Dans ce cas encore, la cause perturbatrice joue un rôle prépondérant et décide de l'adaptation du procédé à un milieu déterminé.

Les procédés d'épuration chimique dans lesquels le stérilisateur ou le coagulant sont automatiquement mélangés à l'eau brute se trouvent dans le même cas que l'ozone; en période de fonctionnement normal, ils se caractérisent par la constance de leurs résultats.

Les causes perturbatrices résultent plus particulièrement des modifications affectant la composition physique, chimique ou bactériologique de l'eau. Ici les « à-coups » sont à redouter parce qu'il n'est pas possible d'augmenter les doses de réactifs au delà d'une certaine limite sans modifier pour le moins la potabilité de l'eau. C'est pour cette raison qu'il est prudent de doter une installation de cette nature, surtout lorsqu'elle est destinée à traiter des eaux dont le degré de turbidité est susceptible de fluctuations brusques, de filtres rapides, véritables tampons amortisseurs contre les « à-coups ».

L'avantage réel des procédés à efficacité constante réside dans la régularité même des opérations due à l'automaticité des manœuvres. On n'a pas à tenir compte de l'épuisement ou de l'altération de l'énergie purificatrice. Si un procédé de cette catégorie assure, au moment de la mise en service, une élimination bactérienne satisfaisante, elle doit assurer un pourcentage d'élimination analogue tant que les mêmes conditions persistent.

La conduite de l'épuration se réduit à une simple surveillance et à la remise en état des organes fatigués ou détériorés par l'usage.

A côté des procédés de cette nature se place un groupe important de procédés dont l'efficacité n'est pas indéfinie, mais subordonnée à la conservation de l'agent purificateur ; ces procédés sont doués d'une *efficacité décroissante*.

En premier lieu se placent dans cette catégorie les appareils de stérilisation par les rayons ultra-violets ; l'efficacité de traitement décroît progressivement avec l'abaissement du pouvoir abiotique de la lampe en quartz, autrement dit avec son usure. Or, nous savons que la durée des brûleurs varie avec le régime sous lequel ils fonctionnent, avec leur immersion dans l'eau ou leur émersion, avec la perméabilisation du quartz, etc. ; non seulement la durée de ces lampes est limitée, mais leur durée, quoique assez longue, est très variable (1).

On se souvient que c'est là d'ailleurs la pierre d'achoppement de la stérilisation par les rayons ultra-violets.

Si, partant de mesures photométriques rigoureuses, on dresse la courbe exprimant l'affaiblissement progressif du rayonnement abiotique d'un brûleur, on obtient une courbe régulièrement décroissante qui exprime également l'amoindrissement de l'efficacité du traitement.

La pratique pour la purification des eaux par les procédés de cette nature se complique par la nécessité de surveiller constamment l'intensité de l'énergie abiotique.

Les filtres sont également des appareils à efficacité décroissante dont la période d'activité est subordonnée à la rapidité du colmatage.

Les filtres à membranes filtrantes présentent une *efficacité alternative* caractérisée par deux phases bien distinctes. La première phase correspond à la période de maturation, l'efficacité est croissante ; la seconde phase correspond à la période d'activité proprement dite limitée par l'élévation de la perte de charge et l'envahissement des zones inférieures du filtre par les végétations microbiennes. Durant cette seconde phase, l'efficacité est décroissante.

Dans des conditions de service normal, lorsque le degré de turbidité des eaux ne varie que dans des limites assez restreintes, l'efficacité du filtre est régulièrement décroissante. Or ces conditions sont rarement réalisées, les appareils filtrants de ce genre sont généralement soumis (lorsqu'ils épurent des eaux de rivière) à des « à-coups » assez brusques. Si l'on établissait la courbe exprimant la variation de la teneur de l'eau brute en matières solides tenues en suspen-

---

(1) 2 000 à 3 000 heures.

sion, on obtiendrait une ligne extrêmement sinueuse, d'allure capricieuse.

D'autre part, la courbe relative à l'efficacité du filtre traitant des eaux à teneur à peu près constante, décroîtrait régulièrement, légèrement influencée peut-être par l'état biologique de la membrane filtrante (1).

Si l'on rapprochait les deux courbes pour comparer leur allure à l'aspect du diagramme exprimant l'efficacité réelle du filtre, on constaterait nettement l'influence de la première sur la seconde. La courbe relative à l'efficacité réelle serait *irrégulièrement décroissante.*

Cette constation a pour conséquence immédiate de souligner les difficultés pratiques de la filtration sur membrane grouillante; il est extrêmement difficile, sinon impossible, de suivre la marche de l'épuration autrement que par des analyses quotidiennes; il est presque matériellement impossible, en dépit des limites d'activité déterminées empiriquement, d'amener une épuration régulière sans défaillances dangereuses.

La protection des bassins filtrants par des dégrossisseurs et préfiltres, la suppression de la membrane filtrante assurent à l'épuration une régularité remarquable en restituant au filtre son caractère d'efficacité régulièrement décroissante.

Les procédés à efficacité régulièrement décroissante ne doivent pas être considérés comme inférieurs aux procédés à efficacité constante. Nous répéterons ici ce que nous avons dit à plusieurs reprises : en matière de purification des eaux il n'y a que des cas d'espèce; nous ajouterons que cette vérité s'applique particulièrement aux procédés à efficacité régulièrement décroissante.

Ce qui importe surtout, c'est de pouvoir déterminer jusqu'à quel point la décroissance demeure compatible avec une purification maximum et de fixer ainsi la durée limite de la mise en service.

Sécurité des méthodes d'épuration. — Ce qu'on doit exiger en second lieu d'un procédé de purification des eaux, c'est la *sécurité.*

Or il ne suffit pas à un procédé d'être efficace au sens absolu du terme pour être sûr; il est indispensable qu'il

---

(1) Cet état est assujetti à un certain nombre de facteurs, tels que : insolation, variation de température, teneur en oxygène dissous, etc.

soit constamment efficace, qu'il ne soit sujet à aucune défaillance.

Cette notion de sécurité devient alors la conséquence logique de ce que nous venons de dire au sujet de l'efficacité.

Il est évident que les appareils à efficacité constante offrent à priori le plus de garanties de sécurité. C'est ainsi que la purification des eaux par la chaleur sans ébullition se place en première ligne, puis les procédés à l'ozone ou avec réactifs chimiques. Par contre les procédés à efficacité décroissante se montrent à cet égard beaucoup moins favorables.

Il convient cependant de faire parmi ceux-ci une différence entre les procédés à efficacité irrégulièrement décroissante, qu'il est préférable d'éliminer, et les procédés à efficacité régulièrement décroissante qui sont susceptibles d'assurer une sécurité très satisfaisante lorsque les limites de la mise en service ont été soigneusement établies.

Aux filtres à membrane filtrante, il convient de préférer les filtres à dégrossissage et préfiltration préalables pour l'épuration en grand. Les filtres domestiques au charbon, à la pierre, aux pâtes céramiques ne doivent être employés qu'avec beaucoup de circonspection lorsqu'ils ont à traiter les eaux non épurées des conduites publiques. Les fréquents nettoyages exposent les organes à des fêlures dangereuses et deviennent d'ailleurs rapidement inefficaces. Le contrôle de l'efficacité est difficile, et il convient en outre de tenir largement compte de la négligence qui s'oppose à une surveillance indispensable. Les bougies ou calottes à pâte serrée (porcelaine d'amiante et terre d'infusoires) sont en tous cas préférables aux pièces en simple biscuit.

Les fontaines à la pierre ou au charbon pulvérisé ou aggloméré doivent être rejetées. Le charbon d'amiante peut être assujetti aux mêmes réserves que les pâtes céramiques serrées.

L'emploi des bougies collodionnées est très recommandable dans les conditions que nous avons indiquées.

Lorsque les appareils à pâte céramique sont utilisés, par surcroît de précaution, pour le traitement d'eaux épurées par les soins de municipalités, les risques sont évidemment atténués.

La condition de sécurité comporte donc en dernière analyse une triple nécessité :

1° Le procédé doit être capable d'assurer une purification satisfaisante;

2° Il doit être à l'abri de toute défaillance;

3° Il doit être en mesure de résister aux causes perturbatrices à l'exclusion des accidents qui pourraient atteindre l'installation elle-même, cette installation devant être appareillée pour parer à toute éventualité de cet ordre.

Si nous examinons en partant de ce point de vue les divers procédés que nous avons décrits au cours de cet ouvrage, nous nous trouvons dans l'obligation de faire des réserves pour un grand nombre d'entre eux.

Or, ces réserves ne modifient nullement les objections que nous avons formulées en temps opportun. Dans l'ensemble des procédés basés sur l'élévation de l'eau à la température de stérilisation absolue nous rencontrons évidemment des appareils qui répondent aux conditions de sécurité que nous venons d'indiquer; il importe pour cela que le débit des appareils ne soit pas forcé et que l'eau demeure un temps suffisant dans le caléfacteur.

Nous croyons devoir rappeler cette notion élémentaire parce qu'elle impose la nécessité d'un choix judicieux dans un groupe d'appareils similaires. C'est ainsi qu'il est préférable, à notre avis, d'employer les types de stérilisateur à serpentin que les appareils à échangeur récupérateur simplement cloisonné.

On doit enfin exiger des procédés de purification qu'ils ne modifient aucunement la potabilité de l'eau.

Cette condition est essentielle, nous l'avons dit à maintes reprises; un procédé qui assurerait une purification absolue de l'eau devrait être néanmoins rigoureusement écarté si son emploi devait modifier sa potabilité au delà des limites admises.

L'ébullition pure et simple ne doit pour cette raison être pratiquée que d'une façon temporaire, lorsque les eaux publiques sont nettement suspectes ou en période d'épidémie;

Les eaux traitées par les réactifs chlorés sont évidemment douteuses au point de vue de la potabilité; la persistance du chlore non seulement en altère les caractères organoleptiques mais peut en rendre l'usage nettement nuisible pour l'organisme.

Les procédés chimiques se trouvent, pour la plupart, plus ou moins dans ce cas. Il convient d'ailleurs de se défier plus particulièrement des procédés empiriques ajoutant à l'eau des doses de réactifs qui ne sont pas toujours en rapport avec le volume d'eau à épurer.

C'est pour cette raison qu'il est préférable, dans la nécessité de recourir aux procédés chimiques, d'appliquer l'automaticité des manœuvres pour l'addition des doses de réactifs. L'échec de la javellisation des eaux à Givet est un enseignement à cet égard.

D'une manière générale, les procédés les plus simples au point de vue mécanique sont les plus réguliers. Il faut, en effet, toujours éviter l'emploi d'appareils compliqués, fragiles et déréglables, exigeant une surveillance soutenue. La simplicité et la robustesse sont les plus sûres garanties d'un bon fonctionnement. Seules, les villes possédant un service bien organisé dont le fonctionnement est assuré par un personnel compétent, peuvent purifier leurs eaux par des méthodes exigeant un contrôle permanent.

Les installations purifiant les eaux par les rayons ultra-violets ou par l'ozone sont exposées aux interruptions du courant électrique. Il s'agit là d'un inconvénient qui est loin d'être négligeable pour l'épuration en grand, surtout lorsque le courant est pris sur un secteur. Les causes d'interruption sont alors multiples et de durée extrêmement variable.

Il est prudent de compléter la station d'épuration d'une installation électro-génératrice de secours s'il est plus économique de consommer le courant d'un secteur. Dans le cas où il est plus avantageux de produire sur place le courant nécessaire, il est pratique, à défaut de machines de secours, de posséder, lorsque la chose est possible, un branchement sur le secteur.

En tout cas, il serait préférable de renoncer à l'épuration des eaux au moyen de l'électricité s'il était impossible de se prémunir contre les risques d'interruption du courant.

Lors des inondations, exceptionnelles il est vrai, de 1910, plusieurs usines de production d'énergie électrique se sont trouvées immobilisées par la crue du fleuve. Or, cette interruption survint juste au moment où les eaux de rivière se montraient le plus suspectes et où il convenait de les purifier aussi complètement que possible. En réalité, si les eaux de la ville avaient été à cette époque purifiées par l'ozone et que le courant fasse défaut à l'usine de Saint-Maur, il aurait fallu distribuer une eau de Marne simplement préfiltrée.

L'épuration des eaux à domicile par l'électricité est soumise aux mêmes inconvénients.

Nous croyons intéressant de citer l'exemple de quelques installations outillées pour la distribution simultanée de l'eau et de l'énergie électrique ; en dehors des heures où la consommation est maximum, le courant est dirigé sur les pompes élévatoires ; celles-ci font l'office de batteries-tampons en utilisant de l'énergie électrique non consommée au refoulement de l'eau dans les bassins de distribution.

Cet exemple pourrait être suivi en bien des endroits et les eaux purifiées économiquement par le courant électrique.

** **

L'ensemble des procédés qui ont fait l'objet de cet exposé constitue un des aspects du problème de l'eau d'alimentation.

Or, cet aspect est la conséquence de l'état de pollution habituel des eaux ; il comporte une série de mesures destinées non à s'opposer à un état défectueux, mais à le corriger, à rendre aux eaux leur pureté naturelle compromise ou altérée par des causes extérieures, presque toujours provoquées par l'intervention humaine.

Ce sont en définitive des *mesures curatives*.

L'hygiéniste qui bornerait ses efforts au choix ou à la recherche d'un procédé d'épuration parfait, fût-il même infaillible, ferait preuve d'une singulière cécité. Son inclairvoyance serait aussi coupable que celle d'un médecin fasciné par la découverte de la plus admirable des panacées qui se désintéresserait de la prophylaxie en songeant : « le remède spécifique est trouvé, donc le mal n'existe plus. »

Le problème de l'eau pure s'écarterait de sa véritable solution s'il devait se restreindre à la recherche et à l'application des palliatifs, s'il devait tendre à rendre définitif ce qui ne doit être que provisoire.

Le vieil adage « mieux vaut prévenir que guérir » n'a jamais été aussi réel qu'à notre époque et les grands réformateurs de la médecine n'ont jamais tant fait pour leur art que le jour où ils l'ont placé en épigraphe du premier traité de médecine « préventive ».

Si nous devions définir le problème de l'eau pure tel qu'il se pose à l'heure actuelle, nous n'hésiterions pas à proclamer que son but consiste moins dans le choix judicieux d'une méthode d'épuration, que dans la recherche des causes de contamination et la prescription des mesures propres à les enrayer.

Il faut bien se pénétrer de cette vérité que les germes sont pour nous une menace continuelle parce que nous entretenons continuellement des conditions favorables à leur développement.

Lorsque nous mélangeons à la nappe d'eau des sources ou des puits des substances putrescibles ou des eaux chargées de détritus, nous faisons insconsciemment et à grande échelle ce que provoque sciemment et en petit le bactériologiste dans ses tubes ; nous préparons ou entretenons un milieu de culture et l'ensemençons même parfois.

Des observations les plus rigoureuses ont mis en évidence le rôle des eaux polluées dans la diffusion des maladies infectieuses.

C'est ainsi que l'eau des sources alimentant Paris et jouissant d'une pureté relative ne renferme que peu d'organismes parmi lesquels se montrent rarement des germes nocifs.

L'eau de Seine, par contre, très chargée en matières organiques aux abords de la capitale, présente une teneur bactérienne fort élevée ; on y rencontre fréquemment des germes pathogènes, notamment le bacille typhique.

Des expériences que nous avons signalées au cours de cet ouvrage ont montré que la virulence des espèces morbifiques s'exaspère lorsque des individus de ces espèces sont ensemencés dans un milieu nutritif. C'est ainsi qu'en 1893, MM. Blachstein et Sanarelli ont recueilli dans les eaux de la Seine le bacille virgule de Koch (vibrion cholérique) dix-huit mois après la fin de l'épidémie de choléra.

Inversement, d'autres expériences ont montré que des individus de ces mêmes espèces, ensemencés dans un milieu d'une pureté relative, perdaient rapidement de leur virulence et finissaient par disparaître totalement.

L'évocation de ces observations suffit amplement pour justifier toute l'importance qui se rattache à la protection des eaux potables.

Nous avons fait de l'examen de ce sujet la première partie de notre travail. Nous pensons devoir clore ce dernier en insistant à nouveau sur la nécessité de tendre les efforts vers la solution unique du problème de l'eau. Nous nous sommes efforcés d'indiquer les moyens consacrés par l'expérience. Si notre plume a bien servi notre pensée nous pouvons considérer notre tâche comme achevée. Ceux de nos lecteurs que nous aurons su convaincre trouveront rapidement des imitateurs. La contagion de l'exemple accomplira son œuvre plus rapidement et plus efficacement que la puissance des lois.

BIBLIOGRAPHIE

(OUVRAGES A CONSULTER)

Auscher, *L'Art de découvrir les sources et de les capter.* — 1 vol. avec 88 fig. Baillière, édit., Paris, 1907.

F. Baucher, *Épuration biologique intensive des eaux résiduaires.* — Étude et applications du procédé dit « Septic Tank » avec fosse septique automatique et lits bactériens. — 1 vol. in-8°. Vigot frères, édit., Paris, 1907.

Louis Baudet, *Filtration des eaux alimentaires. Filtres à sable non submergé.* — 1 vol. Dunot et Pinat, édit., Paris, 1908.

Georges Bechmann, *Note sur un nouveau dispositif des bassins filtrants à sable fin.* — 1 vol. Bernard, édit., Paris, 1908.

Ed. Bonjean, *Analyse des eaux potables.* — Méthodes, procédés du laboratoire du Comité consultatif d'hygiène de France. — 1 vol. Rousset, édit., Paris, 1907.

H. Boursault, *Recherche des eaux potables et industrielles.* — 1 vol. Gauthier-Villars, édit., Paris, 1900.

Dr A. Calmette, E. Rolants, *Recherches sur l'épuration biologique et chimique des eaux d'égout, effectuées à l'Institut Pasteur de Lille et à la Station expérimentale de La Madeleine.* — 1 vol. grand in-8° avec 45 fig. Masson et Cie, édit., Paris, 1907. — *L'Assainissement des villes et les procédés modernes d'épuration des eaux d'égout.* — 1 vol. avec fig. Berger-Levrault, édit., Paris, 1905.

L. Combaut, *Le Filtre à sable non submergé et l'épuration des eaux d'alimentation.* — 1 vol. avec 7 fig. Dunod et Pinat, édit., Paris, 1912.

Le capitaine Condamy, *Stérilisation de l'eau en colonne aux colonies.* — 1 vol. Charles-Lavauzelle, édit., Paris, 1907.

A. Debauve et E. Imbeaux, *Assainissement des villes. Distribution d'eau.* — 3e édit., 3 vol. gr. in-8° avec atlas in-4° de 72 planches, Dunod et Pinat, édit., Paris, 1906.

CAMILLE DESGORCES, *L'Eau pure à Chartres.* — Description de l'usine de clarification et de stérilisation des eaux de Chartres. — 1 vol. avec plans et gravures. Lester, édit., Chartres, 1909.

M. DUPONT, *Des Eaux filtrées dans l'alimentation des grandes villes* (thèse). — 1 vol. avec fig. Rey, édit., Lyon, 1903.

E. FOURNIER, *Études sur les projets d'alimentation, le captage, la recherche et la protection des eaux potables.* — 1 vol. Béranger, édit., Paris, 1903.

G. GASSER, *Analyse biologique des eaux potables* (*Encyclopédie des Aide-mémoire*). — 1 vol. Masson, édit., Paris, 1900.

P. GOUPIL, *Tableaux synoptiques pour l'analyse bactériologique de l'eau.* — 1 vol. avec fig. J.-B. Baillière, édit., Paris, 1902.

L. GRANDEAU, *La Purification des eaux potables et l'épuration des eaux d'égout.* — 1 vol. Aux bureaux du « Temps », Paris, 1905.

P. GUICHARD, *La Question de l'eau potable devant les municipalités.* — 1 vol. Gauthier-Villars, édit., 1902. — *Analyse chimique et purification des eaux potables.* — 1 vol., Gauthier-Villars, édit., Paris, 1901.

Dr E. IMBEAUX et DEBAUVE, *L'Alimentation en eau et l'assainissement des villes.* (Compte rendu des derniers progrès et de l'état actuel de la science sur ces questions). — 3 vol. gr. in-8° avec atlas in-4° de 12 planches. Dunod et Pinat, édit., Paris, 1906.

H. LABIT, *L'Eau potable et les maladies infectieuses.* — 1 vol. Masson, édit., Paris, 1904.

H. DE LA COUX, *L'Eau dans l'industrie.* (Composition, Influences, Désordres, Remèdes, Épuration, Analyse). — 1 vol. avec 134 fig. Ve Dunod, édit., Paris, 1900.

JEAN LANCELOT, *Purification des eaux par l'ozone* (thèse). — 1 vol. Rey et Cie, édit., Lyon, 1906.

A. LARBALÉTRIER, *Les Eaux potables.* — Caractères, composition, etc. — 1 vol. Bornemann, édit., Paris, 1902.

Dr L. LAUNAY, *Les Infections pyocyaniques. Le bacille pyocyanique dans les eaux d'alimentation* (thèse). — 1 vol. Jacques, édit., Paris, 1905.

DE LAUNAY, *Le Sol et l'eau.* — 1 vol. avec 173 fig. Baillière, édit., Paris, 1906.

L. LUTROT, *Épuration des eaux de boisson en campagne* (thèse). — 1 vol. Storck et Cie, édit., Lyon, 1904.

F. MALMÉJAC, *Comment épurer son eau.* — 1 vol. avec 42 fig. Vigot frères, édit., Paris, 1908. — *L'Alimentation en eau potable des armées en campagne.* — 1 vol. Chapelot et Cie, édit., Paris, 1903. — *L'eau dans l'alimentation.* — 1 vol. avec grav. Alcan, édit., Paris, 1902.

E. MARAIS (thèse), *De l'Alimentation d'une ville en eau potable.* — 1 vol. Rousset, édit., Paris, 1905.

F. MIRON, *Les Eaux souterraines* (Eaux potables; eaux thermo-minérales). — Recherches, captage. — 1 vol. avec fig. Gauthier-Villars, édit., Paris, 1902.

J. MUNIER, *Appareils pour recevoir les eaux de pluie et les préserver de tout contact et de tout mélange avec les souillures des toits.* — 1 vol. avec fig. Desforges, édit., Paris, 1908.

OLLIVIER, *Perfectionnements apportés à la filtration des eaux potables.* — Dunod et Pinat, édit., Paris, 1913.

D⁰ PIGNET et HUE, *Nouveau procédé rapide pour l'analyse chimique de l'eau.* — 1 vol. avec grav. Maloine, édit., Paris, 1902.

PAUL BAZOUS, *Eaux d'égout et eaux résiduaires industrielles* (épuration, utilisation). — 1 vol. Société d'éditions techniques, 1908. — *Filtration, stérilisation et épuration des eaux potables et des eaux employées dans l'industrie.* — 1 vol. Société d'éditions techniques, Paris, 1908.

INDEX ALPHABÉTIQUE

TABLE DES MATIÈRES

Paris. — Imp. LAROUSSE, 17, rue Montparnasse.

LIBRAIRIE LAROUSSE

EXTRAIT DU CATALOGUE

13-17, rue Montparnasse, PARIS.

Dictionnaires Larousse

Les *Dictionnaires Larousse* ont eu, par leur documentation claire et pratique, toujours soucieuse des exigences de l'actualité, le rare privilège de légitimer la faveur de plus en plus grande dont ils jouissent si heureusement en France et à l'étranger. Sans doute, la cause de cette vogue réside notamment dans l'adaptation rationnelle et méthodique du vocabulaire aux formes et aux exigences variées de la vie, qu'il s'agisse de l'intellectuel ou simplement de l'homme de métier. Une autre raison de ce succès est la multiplicité des formats grâce auxquels les éditeurs ont pu se mettre à la portée de toutes les bourses et satisfaire à tous les besoins.

DICTIONNAIRE ILLUSTRÉ DE LA LANGUE FRANÇAISE. Édition extraite du *Larousse Élémentaire illustré*, publié sous la direction de Claude et Paul Augé. Ce petit dictionnaire de la langue française, allégé de la partie historique et géographique des autres dictionnaires manuels Larousse, convient particulièrement aux écoles, aux familles et aux étrangers. Un vol. de 956 pages (format $10,5 \times 16,5$), 1 900 gravures, 37 tableaux encyclopédiques. Cartonné...... 3 francs
Relié toile .... 3 fr. 75

(Cet ouvrage est majoré temporairement de 20 %.)

LAROUSSE ÉLÉMENTAIRE ILLUSTRÉ. Édition refondue et augmentée sous la direction de Claude et Paul Augé. Un vol. de 1 275 pages (format $10,5 \times 16,5$), 2 500 grav., 37 tableaux encyclopédiques dont 2 en couleurs, 24 cartes, 600 portraits. Cartonné, 4 fr.; relié toile, titre or ... 5 francs

(Cet ouvrage est majoré temporairement de 20 %.)

LAROUSSE CLASSIQUE ILLUSTRÉ, par Claude Augé. Dictionnaire manuel à l'usage des écoles, plus complet qu'aucun autre dictionnaire de même prix. Beau volume de 1 100 pages (format $13,5 \times 20$), 4 150 gravures, 70 tableaux encyclopédiques dont 2 en couleurs et 114 cartes dont 7 en couleurs. Cartonné.............................. 8 francs
Relié toile (reliure originale de Giraldon)....... 9 fr. 50

(0 fr. 75 en sus pour frais d'envoi à l'étranger.)
(Cet ouvrage est majoré temporairement de 20 %.)

*13-17, Rue Montparnasse, Paris
et chez tous les libraires* ════

Bibliothèque Larousse
encyclopédique et illustrée
Directeur : GEORGES MOREAU

L A *Bibliothèque Larousse*, collection véritablement encyclo-
pédique, assemble dans un but de culture française intégrale
les ouvrages les plus divers répartis en neuf sections : *Littérature
— Beaux-Arts — Sciences — Histoire et Géographie — Médecine
et hygiène — Vie sociale et droit usuel — Agriculture — Connaissances pratiques — Sports*. Chaque section renferme en son cadre les
connaissances qu'il fallait autrefois rechercher péniblement dans
les ouvrages spéciaux, généralement coûteux et, souvent, d'une
lecture aride. Cette collection se distingue en outre par une illus-
tration documentaire abondante, par une présentation artistique
où se manifeste le goût français, et par son prix des plus modiques.

> *Les ouvrages de cette collection sont majorés temporairement de 30 %
> pour la Série « Littérature » et de 20 % pour toutes les autres séries.
> Ils sont envoyés franco contre mandat-poste (pour l'étranger, ajouter
> 20 centimes par volume).*

LITTÉRATURE

I — Chefs-d'œuvre des grands écrivains français

RABELAIS : GARGANTUA ET PANTAGRUEL. Avec biographie
et notes, par H. CLOUZOT. *Trois vol.* illustrés de 12 grav.
hors texte. Chaque vol., sous couverture rempliée. . 2 francs
Relié toile ivoirine, titre bleu et or, tête bleue. . . . . 3 francs

RONSARD : ŒUVRES CHOISIES. Avec notices et annotations,
par GAUTHIER-FERRIÈRES, lauréat de l'Académie française.
Un vol., 4 gravures hors texte, sous couv. rempliée. . 2 francs

CORNEILLE : THÉATRE CHOISI ILLUSTRÉ. Avec biographie
et notes, par Henri CLOUARD. *Trois vol.* illustrés de 24 gravures dont 13 hors texte d'après Gravelot (édition de 1764).
Chaque volume, couverture rempliée. . . . . 2 francs

RACINE : THÉATRE COMPLET ILLUSTRÉ. Avec biographie et
notes, par Henri CLOUARD. *Trois vol.* illustrés de 32 gravures dont 12 hors texte d'après J. de Sève (édition de 1767).
Chaque volume, couv. rempl., 2 fr. ; toile ivoirine. . . 3 francs

MOLIÈRE : Théatre complet illustré. Avec biographie et notes, par Th. Comte, agrégé de l'Université. *Sept vol.* illustrés de 63 grav., dont 36 hors texte d'après Boucher (édition de 1734). Chaque vol., broché, 1 fr. ; relié toile souple.   1 fr. 30

CHEFS-D'ŒUVRE COMIQUES des successeurs de Molière. Avec notices et annotations de G. Roth, agrégé de l'Université. *Deux volumes* illustrés de 5 grav. hors texte. Chaque volume, sous couverture rempliée........ 2 francs
Relié toile ivoirine, titre bleu et or, tête bleue......   3 francs

LA FONTAINE : Fables illustrées. Avec biographie et notes, par M. Morel, agrégé de l'Université. *Deux vol.* illustrés de 24 gravures d'après Oudry (édition de 1755) et 4 hors-texte. Chaque volume, sous couverture rempliée....   2 francs

BOILEAU : Œuvres poétiques illustrées. Avec biographie et notes, par L. Coquelin. *Un vol.*, illustré de 8 gravures d'après Cochin (édit. de 1747), sous couvert. rempliée.   2 francs

LA BRUYÈRE : Les Caractères. Avec biographie et notes, par René Pichon, agrégé de l'Univ. *Deux vol.*, 8 gravures hors texte. Chaque vol., broché, 1 fr. ; relié toile souple..   1 fr. 30

LA ROCHEFOUCAULD : Maximes. Avec biographie et notes, par M. Roustan, agrégé de l'Univ. *Un vol.*, 4 grav. hors texte, couv. rempliée, 2 fr. ; relié toile ivoirine.   3 francs

BOSSUET : Œuvres choisies illustrées. Avec biographie et notes, par Henri Clouard. *Deux volumes*, 18 gravures. Chaque volume, broché, 1 fr. ; relié toile souple....   1 fr. 30

MME DE LA FAYETTE : La Princesse de Clèves. Avec biographie et notes, par L. Coquelin. 9 grav.   (*En réimp.*)

MME DE SÉVIGNÉ : Lettres choisies illustrées. Avec biographie et notes, par Marguerite Clément, agrégée de l'Université. *Deux vol.*, 8 gravures hors texte. Chaque vol., sous couverture rempliée, 2 fr. ; relié toile ivoirine.   3 francs

REGNARD : Théatre choisi illustré. Avec biographie et notes, par Georges Roth, agrégé de l'Université. *Deux vol.*, 8 grav. Chaque vol., couv. rempliée, 2 fr. ; rel. toile ivoir.   3 francs

SAINT-SIMON : Mémoires (extraits suivis). Avec biographie et notes, par Aug. Dupouy, agrégé de l'Université. *Quatre volumes*, 17 hors-texte.....   (*En réimpression*)

*13-17, Rue Montparnasse, Paris
et chez tous les libraires*

ABBÉ PRÉVOST : Manon Lescaut. Avec biographie et notes, par Gauthier-Ferrières. *Un vol.*, illustré de 6 gravures dont 4 hors texte, sous couverture rempliée. . 2 francs

J.-J. ROUSSEAU : Les Confessions (extraits suivis). Avec biographie et notes, par H. Legrand, agrégé de l'Univ. *Un vol.*, 6 gr. d'après Le Barbier (1774), couv. rempliée. 2 francs

J.-J. ROUSSEAU : Émile (extraits suivis). Avec notices et annotations, par H. Legrand. *Un vol.*, 4 grav. hors texte, sous couverture rempliée, 2 fr. ; relié toile ivoirine. . 3 francs

VOLTAIRE : Romans. Avec biographie et notes, par H. Legrand. *Deux vol.*, 6 grav. hors texte. *(En réimpression)*

VOLTAIRE : Théâtre choisi illustré. Avec notes et notices, par H. Legrand. *Un vol.*, 4 grav. hors texte d'après Moreau le Jeune (édit. de 1784). Br., 1 fr. ; rel. t. souple. 1 fr. 30

VOLTAIRE : Œuvre poétique. Avec notes, par H. Legrand. *Un vol.*, 4 grav., couv. rempliée, 2 fr. ; rel. t. ivoir. 3 francs

VOLTAIRE : Histoire de Charles XII. Avec notes et notices par H. Legrand. *Un vol.*, 1 grav. hors texte et 1 carte en coul., couv. rempliée; 2 fr. ; rel. t. ivoirine. 3 francs

DIDEROT : Œuvres choisies illustrées. Avec biographie et notes, par Aug. Dupouy. *Trois vol.*, 12 gravures. Chaque vol. sous couverture rempliée, 2 fr. ; relié t. ivoirine. . 3 francs

MONTESQUIEU : Lettres persanes. Avec biographie et notes par Ch. Gaudier, agrégé de l'Université. *Un volume*, 4 gravures hors texte, sous couverture rempliée. . . . . 2 francs

BEAUMARCHAIS : Théâtre choisi illustré. Avec biographie et notes, par M. Roustan, agrégé de l'Université. *Deux vol.*, 8 grav. Chaque vol., br., 1 fr. ; rel. t. souple. 1 fr. 30

BERNARDIN DE SAINT-PIERRE : Paul et Virginie. Avec biographie et notes, par Aug. Dupouy, agrégé de l'Université, 4 grav. hors texte. . . . . *(En réimpression)*

BENJAMIN CONSTANT : Adolphe et Œuvres choisies. Avec biographie et notes par M. Allem. *Un vol.*, 2 hors-texte, couverture rempliée, 2 fr. ; relié toile ivoirine. 3 francs

CHATEAUBRIAND : Œuvres choisies illustrées. Avec biographie et notes, par Dupouy. *Trois vol.*, 18 gravures. Chaque volume, couverture rempliée. . . . . 2 francs

STENDHAL : La Chartreuse de Parme. Avec biographie et notes, par Dupouy. *Deux volumes*, 4 gravures hors texte. Chaque volume, couverture rempliée.................... 2 francs

STENDHAL : Le Rouge et le Noir. Avec introduction et notes, par C. Stryienski. *Deux volumes*, 4 gravures hors texte. Chaque volume, couverture rempliée....... 2 francs

STENDHAL : Chroniques italiennes. Avec notices et annotations, par Dupouy. *Un vol.*, 4 grav. hors texte, couverture rempliée, 2 fr. ; relié toile ivoirine.............. 3 francs

BALZAC : Œuvres choisies illustrées. *Huit volumes* illustrés de 7 gravures et 2 autographes : *Le Père Goriot*, 1 vol. ; *Eugénie Grandet*, 1 vol. (*en réimpression*) ; *La Cousine Bette*, 2 vol. ; *Le Cousin Pons*, 1 vol. (*en réimpression*) ; *Le Lys dans la vallée*, 1 vol. (*en réimpression*) ; *Le Médecin de campagne*, 1 vol. ; *La Peau de chagrin*, 1 vol. Chaque volume, broché...... 1 franc Relié toile souple................................ 1 fr. 30

BALZAC : La Rabouilleuse. *Un volume*, 1 gravure hors texte, couverture rempliée....................... 2 francs

GÉRARD DE NERVAL : Œuvres choisies illustrées. Avec biographie et notes, par Gauthier-Ferrières, *Un vol.*, 4 grav., couverture rempliée, 2 fr. ; relié toile ivoirine... 3 francs

MURGER : Scènes de la vie de Bohème. Avec notice biographique. *Un vol.*, 4 grav. hors texte, couverture rempliée, 2 fr. ; relié toile ivoirine................ 3 francs

MUSSET : Œuvres complètes illustrées. *Huit vol.*, 7 grav. et 2 autogr. Chaque vol., couverture rempliée. 2 francs

VIGNY : Œuvres illustrées. Avec biographie et notes, par Gauthier-Ferrières. *Sept volumes*, 27 grav. hors texte. Chaque vol., couv. rempliée, 2 fr. ; relié toile ivoirine.. 3 francs

VICTOR HUGO : Œuvres choisies illustrées. Avec biographie et notices, par Léopold-Lacour, agrégé de l'Université, et préface de G. Simon. *Deux vol.* d'environ 550 pages chacun, 60 grav. (*Poésie*, 1 vol. ; *Prose*, 1 vol.). Chaque volume, couverture rempliée, 5 fr. ; relié toile ivoirine...... 6 francs

II — Chefs-d'œuvre des grands écrivains étrangers

TOURGUENEV : Eaux printanières. Avec biographie et notice par Michel Delines. *Un vol.*, 1 gravure hors texte, couverture rempliée....................... 2 francs

GOGOL : L'INSPECTEUR. Avec biographie et notice. Traduction nouvelle par Em. COMBES. *Un volume*, 1 gravure hors texte. Sous couverture remplée .... 2 francs

SHAKESPEARE : ŒUVRES CHOISIES. Avec biographie et notices, par G. ROTH, agrégé de l'Université. Traduction nouvelle de G. ROTH. *Trois volumes*, 11 gravures hors texte. Chaque volume, sous couverture remplée .... 2 francs

III — Anthologies.

ANTHOLOGIE DES ÉCRIVAINS FRANÇAIS DES XVe ET XVIe SIÈCLES. Avec biographies et notes, par GAUTHIER-FERRIÈRES. *Deux vol.* (*Poésie*, 1 vol.; *Prose*, 1 vol.). 36 grav. dont 8 hors texte, 18 autogr. Chaque vol., couvert. remplée .. 2 francs Relié toile ivoirine, titre bleu et or, tête bleue ..... 3 francs

ANTHOLOGIE DES ÉCRIVAINS FRANÇAIS DU XVIIe SIÈCLE. Avec biographies et notes, par GAUTHIER-FERRIÈRES. *Deux vol.* (*Poésie*, 1 vol.; *Prose*, 1 vol.). 45 portraits dont 8 hors texte, 51 autogr. Chaque vol., sous couvert. rempl.. 2 francs

ANTHOLOGIE DES ÉCRIVAINS FRANÇAIS DU XVIIIe SIÈCLE. Avec biographies et notes, par GAUTHIER-FERRIÈRES. *Deux volumes* (*Poésie*, 1 vol.; *Prose*, 1 vol.). 61 portraits, dont 8 hors texte, 56 autographies. Chaque volume, sous couverture remplée, 2 fr.; relié toile ivoirine. .... 3 francs

ANTHOLOGIE DES ÉCRIVAINS FRANÇAIS DU XIXe SIÈCLE. Avec biographie et notes, par GAUTHIER-FERRIÈRES. *Quatre volumes* (*Poésie*, 2 vol.; *Prose*, 2 vol.). 89 portraits, dont 16 hors texte, 83 autographies. Chaque volume, sous couverture remplée, 2 fr.; relié toile ivoirine. ..... 3 francs

ANTHOLOGIE DES ÉCRIVAINS FRANÇAIS CONTEMPORAINS (*Poésie*). Avec notices, par GAUTHIER-FERRIÈRES. 4 portr. hors texte et 36 autogr. *Un vol.*, sous couvert. rempl. 2 francs
Sous presse : ANTHOLOGIE DES ÉCRIVAINS FRANÇAIS CONTEMPORAINS (Prose).

ANTHOLOGIE DES ÉCRIVAINS SUÉDOIS CONTEMPORAINS, par T. HAMMAR, professeur au collège d'Upsal. 4 gravures hors texte. Broché, 1 fr.; relié toile souple .... 1 fr. 30

IV — Histoire des littératures.

LA LITTÉRATURE FRANÇAISE AU XIXe SIÈCLE, par Ch. LE GOFFIC. Tableau d'ensemble absolument unique de la littérature française contemporaine : tous les genres, tous les écrivains, 76 gravures. .... (*En réimpression*)

LITTÉRATURE ALLEMANDE, par W. THOMAS, agrégé de l'Univ. 57 grav. Br., 1 fr. 20 ; relié toile souple. 1 fr. 50

LITTÉRATURE ANGLAISE, par W. THOMAS, agrégé de l'Université. 56 grav. Br., 1 fr. 20 ; rel. toile souple. 1 fr. 50

LITTÉRATURE ITALIENNE, par G.-M. GATTI, professeur au lycée de Bologne. 23 gravures. (*En réimpression*)

HISTOIRE DE LA LITTÉRATURE RUSSE, par L. LÉGER, membre de l'Institut. 26 grav., 5 autographies. Broché, o fr. 75 ; relié toile souple.................. 1 fr. 05

V — *Monographies.*

FRANÇOIS VILLON, par J.-M. BERNARD. Sa vie et son œuvre (avec extraits). 5 grav. Sous couv. rempliée. 3 francs

MONTAIGNE, par L. COQUELIN. Sa vie et son œuvre (avec extraits). 6 grav. Br., o fr. 75 ; relié toile souple. 1 fr. 05

MUSSET, par GAUTHIER-FERRIÈRES. Sa vie et son œuvre (avec extraits). 4 grav. Br., o fr. 75 ; rel. t. souple. 1 fr. 05

VIGNY, par Aug. DUPOUY. Sa vie et son œuvre. 4 gravures. Broché, 1 fr. ; relié toile souple................. 1 fr. 30

DAUDET, par P. et V. MARGUERITTE, etc. Sa vie et son œuvre (avec extraits). 8 gr. Br., o fr. 75 ; rel. t.. 1 fr. 05

GŒTHE, par Ch. SIMOND. Sa vie et son œuvre (avec extraits). 4 gravures.................... (*En réimpression*)

SCHILLER, par Ch. SIMOND. Sa vie et son œuvre (avec extraits). 4 grav. Br., o fr. 75 ; relié toile souple. 1 fr. 05

HEINE, par A. TOPIN. Sa vie et son œuvre (avec extraits). 4 gravures. Broché, 1 fr. ; relié toile souple.... 1 fr. 30

TOLSTOÏ, par OSSIP-LOURIÉ. Sa vie et son œuvre (avec extraits). 4 grav. Br., o fr. 75 ; relié toile souple. 1 fr. 05

IBSEN, par OSSIP-LOURIÉ. Sa vie et son œuvre (avec extraits). 4 gravures .... (*En réimpression*)

BEAUX-ARTS

ANTHOLOGIE D'ART FRANÇAIS : XIXe SIÈCLE (PEINTURE), par Ch. SAUNIER. *Deux vol.* contenant 240 reprod. photogr. en pleine page. Chaque volume, broché........ 2 fr. 50

ANTHOLOGIE D'ART FRANÇAIS : XXe SIÈCLE (PEINTURE), par Ch. SAUNIER. 128 reproductions photographiques en pleine page. Broché................. 3 fr. 50

13-17, Rue Montparnasse, Paris
et chez tous les libraires

REMBRANDT, par A. Bréal. 24 grav. h. texte. Br.   1 fr. 20
Relié toile souple...........................   1 fr. 50
L'ART a l'école, par Ch.-M. Couyba et les membres du
Comité de la Société française de l'Art à l'Ecole.
70 gravures.................... *(En réimpression)*

HISTOIRE ET GÉOGRAPHIE

HISTOIRE DE RUSSIE, par L. Leger. 12 grav., 2 cartes.
Broché, o fr. 75; relié toile souple...........   1 fr. 05
GÉOGRAPHIE rapide de l'Europe, par Onésime Reclus.
16 gravures, 1 carte. Br., 1 fr. 20; rel. toile souple.   1 fr. 50
GÉOGRAPHIE rapide de la France, par Onésime Reclus.
18 gravures. Broché, 1 fr. 20; relié toile souple..   1 fr. 50

SCIENCES PURES ET APPLIQUÉES

QU'EST-CE QUE LA SCIENCE? par F. Le Dantec.
88 gravures. Broché....................   1 fr. 20
Relié toile souple......................   1 fr. 50
L'ÉVOLUTION DE L'ASTRONOMIE au XIXe siècle,
par P. Busco. Pages choisies des grands astronomes. 63 gr.
dont 16 hors texte. Br., 1 fr. 50; rel. toile souple.   1 fr. 90
L'ÉVOLUTION DE LA PHYSIQUE au XIXe siècle,
par M. Cosmovici. Pages choisies des grands physiciens.
8 portraits hors texte. Br., 1 fr. 50; relié t. souple.   1 fr. 90
L'ÉVOLUTION DE LA CHIMIE au XIXe siècle, par
Marcel Oswald. Pages choisies des grands chimistes. 16 por-
traits hors texte. Broché....................   1 fr. 50
Relié toile souple......................   1 fr. 90
LE RADIUM, sa genèse, ses propriétés et ses emplois,
par André Lancien. 39 gravures et 1 planche hors
texte. Relié toile souple....................   1 fr. 90
L'ÉLECTRICITÉ a la maison, par H. de Graffigny.
100 gravures. Broché, 1 fr. 50; relié toile souple..   2 francs
LES ALLIAGES métalliques, par Hémardinquer. 9 gr.
Broché, o fr. 50; relié toile souple............   o fr. 75
LA VOIX professionnelle, par le Dr P. Bonnier. 39 grav.
Broché, 2 francs; relié toile souple...........   2 fr. 50

*13-17, Rue Montparnasse, Paris
et chez tous les libraires*

LE VISAGE, CORRECTION DES DIFFORMITÉS, par le Dr M. LA-
GARDE. 75 gravures. Broché, 1 fr. 20 ; relié toile . . 1 fr. 65

LES NERFS ET LEUR HYGIÈNE, par le Dr GUILLERMIN. Bro-
ché, 0 fr. 75 ; relié toile souple . . . . 1 fr. 05

LES MALADIES DE POITRINE, par le Dr GALTIER-BOISSIÈRE.
63 gravures. Broché, 1 fr. 35 ; relié toile souple . . 1 fr. 75

CHIRURGIE D'URGENCE, par le Dr L. BILLON. 46 gravures. Broché, 1 fr. 35 ; relié toile souple . . . . . . 1 fr. 75

ARTHRITISME ET ARTÉRIO-SCLÉROSE, par le Dr LAUMONIER.
Broché, 1 fr. 80 ; relié toile souple . . . . 2 fr. 50

HERNIES ET VARICES, par L. et J. RAINAL. 55 gravures.
Broché, 0 fr. 90 ; relié toile souple . . . . 1 fr. 20

PRÉCIS D'ALIMENTATION RATIONNELLE, par le
Dr PASCAULT. Broché, 1 fr. 80 ; relié toile souple. 2 fr. 50

LA CUISINE HYGIÉNIQUE, par Mme Cl. FAURE, avec
introduction du Dr GUILLERMIN. Br., 1 fr. 50 ; rel. t. 1 fr. 95

POUR ÉLEVER LES NOURRISSONS, par le Dr GAL-
TIER-BOISSIÈRE. 62 grav. Broché, 1 fr. 50 ; relié t. 2 francs

POUR PRÉSERVER DES MALADIES VÉNÉRIENNES, par le
Dr GALTIER-BOISSIÈRE. 34 grav. Br., 1 fr. 25 ; rel. t. 1 fr. 75

LES VACCINS MICROBIENS, par le Dr RENAUD-BADET.
12 gravures. Broché, 1 fr. ; relié toile souple . . . . 1 fr. 30

PHARMACIE DOMESTIQUE, par P. HUBAULT, pharmacien diplômé. Préparation et emploi des médicaments.
80 gravures. Broché . . . . 2 fr. 50

AGRICULTURE

ROUTINE ET PROGRÈS EN AGRICULTURE, par
DUMONT. 92 grav. Broché, 1 fr. 80 ; rel. t. souple. 2 fr. 25

LE JARDIN DE L'INSTITUTEUR, DE L'OUVRIER ET DE
L'AMATEUR, par P. BERTRAND. Manuel pratique de jardinage.
60 grav. et 9 pl. Broché, 1 fr. 50 ; rel. toile souple. 2 francs

LE VERGER DE L'INSTITUTEUR, DE L'OUVRIER ET DE
L'AMATEUR, par P. BERTRAND. 193 gravures. Br. . 1 fr. 50
Relié toile souple . . . . 2 francs

LE BÉTAIL, par Marcel VACHER. 10 gravures. Br. 0 fr. 75
Relié toile souple . . . . 1 fr. 15

LE PORC, par Marcel VACHER. 10 grav. *(En réimpression)*

Prix : **6** fr. **50**

Majoration temporaire
30 °/₀